插图本
宇宙生命简史

LIFE IN THE UNIVERSE

［美］约瑟夫·A. 安吉洛 —— 著

迟文成 ———————— 丛书主译

张 丹 ———————— 译

U0174004

上海科学技术文献出版社
Shanghai Scientific and Technological Literature Press

图书在版编目（CIP）数据

插图本宇宙生命简史/（美）约瑟夫·A. 安吉洛著；张丹译.
—上海：上海科学技术文献出版社，2023
ISBN 978-7-5439-8863-7

Ⅰ.① 插…　Ⅱ.①约…②张…　Ⅲ.①地外生命—青少
年读物　Ⅳ.① Q693-49

中国国家版本馆 CIP 数据核字（2023）第 104908 号

图字：09-2019-707

选题策划：张　树
责任编辑：苏密娅　张雪儿
封面设计：留白文化
审　　校：梁　妍

插图本宇宙生命简史
CHATUBEN YUZHOUSHENGMING JIANSHI
[美]约瑟夫·A. 安吉洛　著　迟文成　丛书主译　张　丹　译
出版发行：上海科学技术文献出版社
地　　址：上海市长乐路 746 号
邮政编码：200040
经　　销：全国新华书店
印　　刷：商务印书馆上海印刷有限公司
开　　本：720mm×1000mm　1/16
印　　张：18.75
字　　数：313 000
版　　次：2023 年 9 月第 1 版　2023 年 9 月第 1 次印刷
书　　号：ISBN 978-7-5439-8863-7
定　　价：78.00 元
http://www.sstlp.com

主译的话

当抬起双眼遥望星空之时，我们一定会惊叹于星空的美丽，并对太空充满敬畏与好奇。虽然，人类无时无刻不受着地球重力的束缚，但从来没有停止过对太空的向往、对飞行的渴望。世界航天技术的突飞猛进使人类文明编年史从国家疆域、地球视野进入"光速世界"。

为了满足广大航天爱好者特别是青少年对最新航天技术及太空知识的渴求，上海科学技术文献出版社从美国Facs On File出版公司引进这套"太空探索"系列丛书，旨在介绍世界最新的航天技术和太空科普知识。

丛书不仅向人们介绍了众多科学原理和科技实践活动，还向人们介绍了太空科技对现代人类社会的诸多影响。从火箭推进原理到航天器发射装置，从航天实验设备到宇航员，从卫星到外空生命，丛书以其广博丰富的科普内容，向读者展现了一个神秘璀璨的世界。

受上海科学技术文献出版社的委托，我组织了此次丛书的翻译工作。这是一项责任重大、意义深远的工作。为了把原著的内容科学、准确地传递给我国读者，每本书的译者都做了许多译前准备工作，查阅了大量相关资料、核校相关术语。在近3个月的工作中，他们一丝不苟的态度，严谨、科学的精神令我感动，也使我对该丛书的成功翻译、出版充满信心。诚然，受译者专业知识的局限，书中难免有不足之处，望读者给予理解和支持。

迟文成

前　言

....

　　世界上很难说有什么事情是绝对不可能的，因为昨天的梦想不仅是
今天的希望，而且也是明天的现实。
　　——罗伯特　·　哈金斯　·　戈达德（美国物理学家，现代火箭技术之父）

　　"太空探索"是一套综合性的科普读物。它向人们介绍了众多科学原理和科技
实践活动，以及太空科技对现代人类社会的诸多影响。实际上，太空科学
涵盖了许多不同学科的科学探索。例如，它涉及利用火箭推进原理使航天器进入外
层空间的发射装置；又如，它涉及在太空中或在其他星球上执行航天任务的各种航
天器；此外，它还会涉及执行一系列航天任务的航天器上所搭载的各种实验设备和
宇航员。人类正是通过这些设备和宇航员实现了各项航天目标。在太空时代，与火
箭有关的航天技术不断地帮助人类实现新的梦想。本丛书向人们介绍了与上述技术
相关的人物、事件、发现、合作和重要实验。同时，这些科普读物还有火箭推进系
统是如何支持人类的太空探索和航天计划的相关内容，这些计划已经并将继续改变
人类文明的发展轨迹。

　　人类航天技术的发展史、天文学的发展史和人类对航天飞行的兴趣密不可分。许
多古代民族针对夜空出现的奇异光线创作出流传千古的神话传说。例如，古希腊神
话传说中就有一则讲述一位老人渴望摆脱地球引力的束缚，在天空中自由地飞翔的
故事。自从人类社会进入文明时代以来，巴比伦人、玛雅人、中国人和埃及人都研
究过太空，并有太阳、月亮、可观测的行星和"固定的"恒星的运动过程的相关记载。
任何短暂的天文现象，例如彗星的经过、日食的出现或超新星的爆炸，都会在古代
人类社会中引起人们的不安。人类的恐惧不仅仅是由于这些天文现象看上去十分可
怕，而且是由于在当时这些天文现象既是无法预测的又是无法解释的。

　　古希腊人和他们的"地心说"理论对早期天文学和西方文明的出现产生了重大
的影响。在大约公元前 4 世纪，古希腊的众多哲学家、数学家和天文学家分别系统
地阐述了"地心说"的宇宙理论。根据他们的理论，地球是宇宙的中心，其他的天体

都是围绕地球运行的。在大约公元 150 年的时候，古希腊一位伟大的天文学家托勒密对"地心说"理论进行了加工完善，从而使其成为一套完整的思想体系。在接下来相当长的历史时期内，这一思想体系一直在西方社会处于权威的地位。16 世纪，尼古拉斯·哥白尼提出了"日心说"的理论，结束了"地心说"理论长期以来对人们思想的统治。17 世纪，伽利略和约翰尼斯·开普勒利用天文观测证明了"日心说"理论。同时，他们所进行的天文观测也为科学革命的到来奠定了坚实的基础。17 世纪晚期，艾萨克·牛顿爵士最终完成了这场科学革命。牛顿在著名的《自然哲学的数学原理》一书中系统地总结了基本的物理学原理。利用这些原理，人们可以解释众多天体是如何在宇宙中进行运动的。在人类科学发展史上，牛顿的地位是难以超越的。

18 世纪和 19 世纪的科学发展为航天技术在 20 世纪中叶的出现打下了扎实的基础。正如本丛书所讲述的那样，航天技术的出现从根本上改变了人类历史的发展进程。一方面，带有核弹头的现代军用火箭使人们不得不重新定义战略战争的本质。实际上，这也标志着人类在历史上第一次研发出可以毁灭自身的武器系统。另一方面，科学家们可以利用现代火箭技术和航天技术将机器人探测器发射到太阳系的所有主要行星上，从而使那些遥远而陌生的世界在人们的眼中变得像对月球一样熟悉。航天技术还在"阿波罗号"成功登月的过程中发挥了关键作用。成功登月是人类迄今为止所取得的最伟大的科学成就。20 世纪初，俄罗斯的航天预言家康斯坦丁·E. 齐奥尔科夫斯基大胆地预言：人类不会永远被束缚在地球上。当宇航员尼尔·阿姆斯特朗和埃德温·奥尔德林在 1969 年 7 月 20 日踏上月球的表面时，他们也将人类的足迹留在了另一颗星球上。在经过几百万年漫长的等待之后，随着生命的不断进化，终于有一种高级的生命形式实现了从一个星球到另一个星球的迁移。在宇宙长达 140 亿年的历史当中，这种迁移是第一次发生吗？或许，如许多外空生物学家所说，高等生命形式在不同星球之间的迁移是各大星系内部经常发生的现象。对于上述问题，科学界目前尚无定论。不过，科学家们在航天技术的帮助下，正努力在其他星球上寻找各种生命形式。有趣的是，随着航天技术的不断发展，宇宙既是人类太空旅行的目的地，又是人类命运的最终归宿。

"太空探索"丛书适合所有对太空科技、现代天文学和太空探索感兴趣的读者。

简　介

《**插**图本宇宙生命简史》提出了太空时代探测的基本问题：生命，特别是智慧生命，是否只存在于地球上？人类对生命起源的兴趣和其他星球上是否存在生命的兴趣可追溯到远古时代。纵观历史，任何社会的"创世神话"似乎都反映了特定时期人们对于宇宙范围及其内部世界的见解。如今，太空科技的发展和应用使得人类的理解范畴拓展到太阳系之外，到达了银河系的其他恒星，到达了恒星的托儿所——巨大的星际云，也扩展到了构成外层空间的无数星系。

如生物进化概念所暗示的，所有的生命体由同一祖先分化、衍生于地球之上；同样，宇宙进化概念也暗示，太阳系的一切物质拥有共同的本源——一团原始的尘土和气体，这需要蜿蜒回转到发生宇宙大爆炸的 140 亿年前。本书描述了现今科学家们如何采用万能的宇宙进化概念来假设：可以视生命为产品，这个产品是以原始的恒星物质为形式，经过无数次变化的产物，这些变化源于天体物理、宇宙、地质及生物进化的相互作用。

书中展示了如何利用太空科技和大太空时代改进了的地面天文学去寻找太阳系中其他星球上的生命体——存在的或已灭绝的。红色星球——火星，激动人心的木卫一、木卫二成为拓展研究的主要候选人。本书解释了地外生物学原则，以及如何采用这些原则来引导机械太空船寻找地球以外的生命体。地外生物学（也称天体生物学）是一个多学科领域，包括研究地外环境下的生命生物体、识别这些环境中可能存在的生命形式的证据和可能会遇到的任何非地球生命形式。地外生物学主要关注的问题是：在太阳系的某处发现以微观形式存在的非地球生命是否为宇宙的污染物。《插图本宇宙生命简史》描述了国际行星检疫规程，此规程已经发展改进并在太空探测领域里的科学家对太空生命的探寻中得以应用。

最近的天文证据表明行星的形成是恒星演化的一个自然组成部分。因此科学家现在采用各种基于地球和太空的技术来继续探寻太阳系以外的行星，特别是那些像地球一样可能会有支持生命存活空间的类地行星。如果生命起源在"合适的"星球上（如地外生物学家最近提出的），那么充分了解银河系这类"合适的"星球会使科学家们产生更可靠的猜想：去哪儿寻找外星智慧生命？在人类自己生存的太阳系外寻找智慧生命的基本可能性如何？《插图本宇宙生命简史》囊括了一些著名的关于外星智慧生命的推测性讨论，包括卡尔达舍夫文明、戴森球、费米悖论，还有德雷克方程。

本书还介绍了太空时代在研究星际通信方面的一些努力和成果，包括阿雷西博射电望远镜信息、装在"先驱者10号"和"先驱者11号"宇宙飞船上的金属片，还有"旅行者1号"和"旅行者2号"宇宙飞船带回的数字记录。如果没有引发与外星接触的额外思考和发现人类可能不是银河系唯一的智慧生命而产生的社会冲击，那么关于外星智慧生命的讨论就是不全面的。对于这些和其他一些从远古时代起就困扰人类的问题，《插图本宇宙生命简史》将展现给读者21世纪太空科技所获取的一些最激动人心的结果。

《插图本宇宙生命简史》也描述了历史性事件和科学原理，并讲述了技术发展所带来的探测机械——智能机器人如何探访太阳系奇趣世界、寻找生命迹象——生存的或灭绝的。本书特别收集的图例包括历史的、当代的、未来的探寻宇宙生命的无人宇宙飞船，读者可欣赏到自太空时代以来航空工程的巨大进步和发展历程。书中的知识窗提供了拓展知识，包括科学基本概念和关于外星生命的前瞻性理论，还有在地外生物学各方面先驱的科学家们的太空舱记录。

从21世纪开始，基于太空科技的外星生命探寻有很多激动人心的科学发现，这些发现会对人类产生很大影响，意识到这些是非常重要的。这样的意识能够提升高中和大学学生对此行业的事业心，他们将成为地外生物学家、行星科学家或者航空工程师。为什么这样的行业选择非常重要呢？一方面，如果证明意识和生命非常珍贵，那么人类未来的子孙将承担对整个宇宙（包括仍"未发觉的"宇宙）严肃的责任，那就是要小心地保存在地球上出现并演化了约40亿年的宝贵生物遗产。另一方面，如果发现银河系中的生命（包括智慧生命）非常丰富，那么人类未来的子孙会非常热衷于寻找并了解它的存在，而且最终将成为银河家庭中有意识、有智慧生命家族的一部分。在遥远未来的某时，当聪慧的探测机器人前往围绕外太空的另一个太阳运行的一颗特别有趣的太阳系外行星进行调查的时候，地球人最终会科学地回答这个古老的哲学问题：只有我们存在于这辽阔的宇宙中吗？

《插图本宇宙生命简史》表明了正是技术问题、政治问题或大幅度经济变动问题的出现带动了人类对外星生命的搜寻。书内精选的知识窗论述了一些最紧迫的现代问题，这些问题与宇宙搜寻有关——包括一直以来在太空探测研究方面的争议，即关于行星污染物的争议和对政治问题的反复争议：当我们与外星智力文明取得联系时，"谁代表地球发言"？一些科学家和政治领导人把地外生物学和外太空智慧生命探寻（SETI）看成非常没有意义的"没有真正主题"的科学研究。其他的科学家认为地外生物学和外太空智慧生命探寻是太空时代发展的逻辑延伸。《插图本宇宙生命简史》帮助读者在外空探索方面做一个有见识的选择——成功的探究结果会对人类文明的轨迹产生巨大的影响。

本书是精心制作呈现给所有对外太空生命探寻感兴趣的学生或老师的科普书，帮助他们了解科学家都在进行哪些努力、如何进行研究，以及为什么这些努力和研究如此重要。最后部分包含年代表、词汇表和一系列历史的和现代的资料供未来研究使用。这些对于需要更多信息的读者特别有帮助，比如特定术语、关于地球以外生命存在的可能性、太空科技正在如何影响探寻等的主题和事件。

目　录

1
外星生命：从科幻小说到火星岩石

太空探索——插图本宇宙生命简史

史前以来，天文探测对人类文化的发展起到了重要作用。现代人类的远祖观察着天空并设法解释他们所看到的神秘物体。

例如，约 6 万年以前，尼安德特猎人一定是望着夜空，思索着这个大大的、血红色的光芒是什么（那时，火星正运行到离地球最近的轨道，因此，那个古代夜晚的天空一定非常有趣）。在更新世时期最后的冰河时代，尼安德特人住在欧亚大陆的北部和西部地区。

尼安德特人看起来跟现在的人类很像——除了他们有些突出的前额、略宽的鼻子和较大的下巴。这些史前人类精力充沛，矮小但健壮，他们是靠打猎和采集生存的聚居游牧人。尼安德特人生活在森林中、山脉上，以及欧亚大陆冰河时代的平原地区。山洞常常是他们方便的避难所，但是，作为游牧人，他们没有建造长期的住所

这幅图展示了约 6 万年前，在地球上，古老的狩猎采集部落尼安德特人的生活。他们凝视着夜空，对那个最近出现的红光充满好奇。长毛象和其他更新世时期的动物也出现在背景中。（美国国家航空航天局 / 阮迪·奥利弗）

或村庄。他们随季节变化吃不同的植物，但90%的食物都是肉。更新世时期的动物包括现在已经灭绝了的长毛象、真枝角鹿和剑齿虎。

尼安德特人穿着皮毛做的衣服（主要是为了在恶劣的环境中保护自己），使用火，制作石器和武器，这与近代人类相似。他们以小型采集狩猎队聚居的方式生活，一人为首领；戴着装饰珠宝；有仪式地埋葬死去的人。像世界上很多早期的人类一样，尼安德特人仰望天空，可能也编出了很多关于他们看到却无法解释现象的故事。

尼安德特人绝迹于3万~3.5万年以前。现在，考古学家和人类学家认为，为争夺生存资料和生存空间，尼安德特人与另一人种——克鲁马努人产生了竞争。在史前文化、原始技术和智力水平的冲突中，尼安德特人在与克鲁马努人接触后，经过了1万~1.5万年慢慢从地球上消失绝迹了。

我们从早期人类的行为中得到的教训对太空时代的人们有什么作用吗？本书推测了与外星文明接触的结果，特别是那些比21世纪的地球更高级的文明。接个"电话"或打开来自外星遗弃的太空探测仪，现在的克鲁马努人后裔是否有"走尼安德特人的道路"的危险？宇宙生命的探寻充满着有趣的境况和结果——有些会对人类非常有益，而有些则一定要小心警惕。

史前洞穴绘画（有些达3万年之久）展示了一份持久的证据。早期人类遥望星空，并将这些天文观察记录变成了他们文化的一部分。在一些远古社会中，象征神圣的首领将特殊的天文符号刻在了古代仪式场所的石头上（岩石雕刻）。现代考古学家和天文学家现在正研究并试图解释这些岩石雕刻，还有其他在废墟中发现的看上去似乎有天文意义的物体。那些史前人类是否怀疑地球之外的宇宙也存在生命？也许没有。如果没有书面历史或记录（然而"史前"的意思就是没有历史记载的时间）的引导，考古学家、人类学家和其他科学家只能猜想天空中的物体对早期人类意味着什么。

对于许多古人来说，每天月球、太阳和行星的运转，还有每年会特定出现的一群星星或星座可以作为天然的日历，帮助他们调整日常生活。由于人们不能触摸和了解这些天体，因此随着本土天文学的出现伴随出现了各种神话。在早期的文化中，天空是众神的家园，而月球和太阳也经常被神化。

没有一个人类学家真正了解最早期的人类是如何看待天空的，而澳洲土著文化——通过传说、舞蹈和歌曲经历4万年传承下来——使通力协作的人类学家和天文学家得以了解早期人类是如何解释太阳、月球和星星的。澳洲土著文化是世界上最古老、历时最长的文化形态之一，澳洲土著人对宇宙的理解，是将人、自然和天空紧密地联系在一起。在土著文化中，太阳被看成女人。每天她在东方的营地醒来，点燃火把，然后举着火把走过天空。相应的，土著人认为月亮是男性。由于月亮的周期碰巧与女性的月经周期一致，他们便把月亮与丰产联系起来，并赋予它一个伟大而神奇的地位。古代的土著人还把日食看成男性的月亮与女性的太阳的结合。

埃及人和玛雅人都坚持以队列结构观测宇宙和构建历法。现代的天文学家发现埃及吉萨的大金字塔就有一个重要的天文序列，就像某些玛雅结构，比如那些在墨西哥的尤卡坦半岛的乌斯马尔发现的队列现象。玛雅天文学家们对太阳在中美地区穿过特定纬度的时间非常感兴趣。玛雅人对金

这张 1964 年的意大利邮票是以伽利略诞辰（1564年 2 月 15 日）400 周年纪念日为题制作的。伽利略是一个出色的物理学家、数学家和天文学家，他创立了力学，推广了科技方法，并强烈支持哥白尼学说，从而掀起了科学革命的热潮。他最终因支持这个天文学主张而被判异端罪，并在终身监禁（软禁）中度过余生。（作者）

星也非常感兴趣，并把它视为与太阳同等重要。这些中美洲土著天文知识已经非常丰富，也能计算并预测出数千年来的行星的运行和日食现象的出现。

对于古埃及人来说，拉（Ra，也可以叫作 Re）被认为是全能的太阳神，他每天掠过天空并且创造了世界。作为权力的象征，埃及法老王使用"拉之子"这样的头衔。在希腊神话中，太阳神阿波罗（Apollo）与双胞胎姐姐月神阿尔忒弥斯（Artemis，罗马神话中的戴安娜）坐在金制战车里，拉着太阳走过天空。

根据现有的记录和数据，可以得出一个合理的结论，那就是：从人类历史的开端到 17 世纪初科技革命开始，人们就一直认为天是一个基本不可及的领域——神的住所，而且，有些文明和宗教还认为这将是好人（或至少他的意识灵魂）在地球上

生命结束后的归宿。

那么发生了什么使人类对天空的理解从不可及的领域变成可探访的地点呢？换句话说，是什么激励了人们开始考虑太空航行和外星生命存在的可能性呢？对于这个复杂的社会技术问题，答案是哥白尼革命（始于 1543 年）和现代（观测）天文的发展——这些发展是在伽利略·伽利莱（Galileo Galilei，1564—1642）、约翰尼斯·开普勒（Johannes Kepler，1572—1630）和艾萨克·牛顿（Issac Newton，1643—1727）的努力下实现的。

这个转折的重要一步发生在 1609 年，那时意大利科学家伽利略了解到荷兰发明了一种新的光学仪器（放大管）。根据这个原型伽利略用不到 6 个月的时间设计了一个自己的版本。然后，在 1610 年，他将自己改进的望远镜对向天空，开始了天文望远镜时代。在这个粗糙的仪器帮助下，他获得了很多惊人的发现，包括月球上存在的山脉、许多新星还有木星的 4 个主要卫星——为了纪念伽利略，现在称之为"伽利略卫星"。伽利略在一本书上发表了这些重要的发现：《星际使者》（*Sidereus Nuncius* 或 *Starry Messenger*）。这本书同时引起了热情和气愤。伽利略以木卫星为例证明了不是所有的天体都围绕地球运转。这为哥白尼"日心说"模型提供了直接的观测证据——伽利略已经开始非常认可这个宇宙论学说了。伽利略认为月球上存在山脉，被错误地叫作"月球阴暗区"（mare）的黑暗区域是海洋，这使月球看起来成了一个像地球一样的地方。

如果月球实际上是另一个世界，而不是天空中的某种神秘物体，那么好奇的人类某天就会试着去那里旅行。17 世纪光学仪器的诞生不仅加速了科学革命的到来，也使初始的太空航行和探访其他星球的观念不再只是虚幻。

但是从望远镜看其他星球只是第一步。使太空航行的梦想变为现实的第二个至关重要的步骤就是要发明一种强大的机器，不仅能把物体从地球表面挪离，还能在太空的真空环境下作业。现代的火箭在第二次世界大战期间得到发展，在之后的冷战时期又大大改进。火箭为人类航空提供了技术可能，为人类的未来提供了许多振奋人心的选择。

然而，在现代火箭的改进之后，使人类航天成为现实仍需最后一步。必须有至少一个或更多国家的政府愿意投资大量的金钱和工程人才，这样人类才能到地球外的空间旅行。从历史角度来看，冷战期间，美国和苏联之间激烈的地缘政治竞争带来了必要的社会刺激。在 20 世纪 60 年代，为了主导整个世界的政治舆论，两国政府都决定对超级大国的"太空竞赛"进行大量的资源投资。

本章接下来的内容展现了这些步骤（愿景、硬件、政治意愿）如何结合起来并在 20 世纪后半叶使太空旅行成为人类的标志性成就。美国国家航空航天局的有人驾驶的"阿波罗"宇宙飞船成功地在月球登陆成为一个时期科技成就的顶点。对外星生命的科学探寻成为太空探索中不可缺少的一部分，在其他星球寻找外星生命为科幻小说提供了材料，也开辟了科学激动人心的新领域，即地外生物学（或外空生物学、天体生物学）。

◎ 外星生物：科幻小说还是事实？

从科学革命到太空时代开始（1957年），关于是否有外星生命居住在太阳系的其他星球或是否可能存在于围绕其他星球的行星上的问题，首先出现在科幻小说里。20 世纪开始，一些科学家通过研究可能在远古地球上的原始化学物质中产生生命的条件，打下了地外

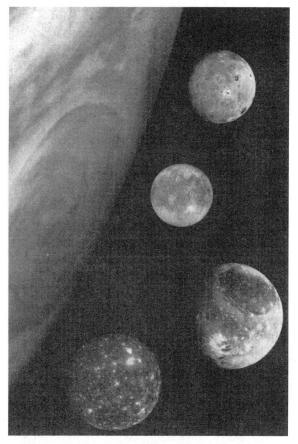

这幅图的比率为：1 个像素等 15 千米，是美国国家航空航天局的"伽利略号"宇宙飞船在 1996 年和 1997 年经多次飞越拍摄的。它展现的是木星系的主要成员。在这个有趣的"全家福"中包括带着大白斑的木星边缘；也有木星的 4 个大卫星，即伽利略卫星。这几个卫星从上至下依次为木卫一（Io）、木卫二（Europa）、木卫三（Ganymede）和木卫四（Callisto）。（美国国家航空航天局 / 喷气推进实验室）

生物学的基础。但是直到 20 世纪 50 年代，最主流的科学家们都委婉地避开了外星生命这个主题，如本章和本书其他部分所讨论的。然而，也有很多名人的例外，他们中包括乔达诺·布鲁诺（Giordano Bruno，1548—1600）、斯万特·奥古斯特·阿累尼乌斯（Svante August Arrheniu，1859—1927）、乔万尼·维基尼奥·斯基亚帕雷利（Giovanni Virginio Schiaparelli，1835—1910）、帕西瓦尔·罗威尔（Percival Lowell，1855—1916）和恩利克·费米（Enrico Fermi，1901—1954）。

科幻小说是一种小说形式。在科幻小说中，科技发展和科学发现是小说情节和故事背景的重要组成部分。通常，科幻小说包含对未来可能性的预言，这些可能性基于新的科学发现或技术突破。一些最著名的科幻小说的预言是人们所期待发生的，那就是外星生命、星际旅行、与外星文明接触、外星推进的发展或者能允许人们打破光速障碍的交流设备、可以通向过去或未来的时空旅行、自动感应机器和机器人。从当代物理的角度来看，这些预期的技术突破中的一部分因物理法则和宇宙的限制已证实是不可能实现的了，例如超光速旅行。其他的发展，如智能机器，会比想象的实现得更快。

知识窗

乔达诺·布鲁诺

作为一名热情的哲学家和作家，这位前多米尼加的修道士乔达诺·布鲁诺成功地对抗了整个西欧的权威人士。他坚决地支持哥白尼（Nicolaus Copernicus，1473—1543）的日心说、宇宙无限大，以及其他星球上存在智慧生命等观点——这些在当时是政治上敏感、宗教上不受欢迎的概念。虽然布鲁诺是多米尼加修道院的一员，他却生性耿直并拥有了勇敢地表达自己观点的勇气。他的观点常常是不受欢迎的，也引起了修道士们的反感。为了避免被指控为"异教徒"，布鲁诺离开了多米尼加修道院，从意大利逃走，当时他28岁。

之后的15年，布鲁诺周游欧洲继续宣讲自己有争议的思想。无论在哪儿宣讲，他都不受当地政府机构的欢迎，他的自我毁灭和挑战权威的行为最终使他回到了意大利——这个致命的错误导致他被罗马宗教裁判所逮捕。经过8年的庭审，绝不妥协的布鲁诺最终被罗马宗教裁判所判为异教徒，并于1600年2月17日在罗马的鲜花广场被处以火刑。

《论无限、宇宙和诸世界》（*On the Infinite Universe and Worlds*）（1584）这部布鲁诺的颇有争议的作品中，这一段落经常被引用："无数的太阳存在，如七星围绕我们的太阳旋转一样，无数的星球也以这样的方式围绕着这些太阳运转。"有些科学历史学家引用这一段来怀念布鲁诺，认为他是捍卫科学的殉道者和科学革命的英雄。其他科学历史学家指出，布鲁诺不是天文学家，他那些有争议的作品的基本主题大多是他个人的宇宙学，是泛神论的基础之上的，而不是哥白尼假说的基础之上的。实际上，罗马教廷直到执行布鲁诺死刑的几年之后，才正式地禁止哥白尼假说，因此，布鲁诺宣称支持的哥白尼宇宙学（日心说）或许不是他被判死刑的直接原因。

对伽利略的异教审判是文件齐全的，而在 16 世纪的最后 10 年里，在长期的异教审判中，陈述并确定布鲁诺罪行的文件却遗失了。因此，在对布鲁诺公开执行死刑的 4 个多世纪后，乔达诺·布鲁诺仍是一个在科学历史中有争议的人物。他也是一位外星生命存在的倡导者。

根据著名的作家艾萨克·阿西莫夫（Isaac Asimov，1920—1992）的观点，科幻小说最重要的不只是有预测特定科技突破的能力，更要有预测科技自身改变的能力。在现代生活中，变化起着非常重要的作用。负责社会规划的人不能只考虑到现状，也要考虑到即将到来的几十年的状况（或至少可能发生的状况）。像儒勒·凡尔纳（Jules Verne，1828—1905），赫伯特·乔治·威尔斯（Herbert George Wells，1866—1946），艾萨克·阿西莫夫和亚瑟·C.克拉克（Arthur C. Clarke，1917—2008），这些天才科幻小说家也被社会看成未来科学技术的预言家，他们能够帮助人们预先了解即将到来的事物。

例如，著名的法国

意大利天文学家乔万尼·维基尼奥·斯基亚帕雷利于 19 世纪 70 年代对火星进行了仔细的观察。如这张 1917 年发行的匈牙利纪念邮票显示，他制作了一张细致的火星表面地图，包括一些清晰的标志。他将这些标志称为 "canali"——意大利词，意为 "通道"，但被错误地译为英语 canal（运河）。斯基亚帕雷利的作品使一些天文学家错误地认为这样的地表特征是古代智慧文明的产物，因而开始了对火星 "运河" 的疯狂搜寻。（作者）

作家儒勒·凡尔纳在 1865 年写的《从地球到月球》(*From the Earth to the Moon*) 描述了一次始于凡尔纳称为"坦帕城"附近的佛罗里达发射点的人类月球旅行。约一百多年后，从现代化城市坦帕直接穿过佛罗里达州，佛罗里达东海岸曾经的荒芜之地，在"土星 5 号"火箭的巨吼下震颤。美国国家航空航天局的"阿波罗 11 号"机组成员从地球出发了，人类第一次登上了月球。凡尔纳令人惊异的故事引起了人们对太空航行的兴趣，也开创了科幻小说的文学形式。其他作家也继之而来，如赫伯特·乔治·威尔斯，他把各种各样的外星生物加入科幻小说之中，这些外星生物一般是对人类有敌意并企图占领地球的。

现代科幻小说（书、电影和电视节目）的根本源于科学的可能性，而不是魔法和神秘。但是，未来科学现实、娱乐科幻小说和纯粹幻想的分界线在这样的时代无疑是模糊的。在这个年代，技术进步的换代的脚步是以年来计算的，而不是几十年、几百年甚至几千年。亚瑟·C.克拉克常常引用技术预言的第三项法则说："真正先进的技术与魔法是分不清的。"如果你是出生在 20 世纪 30 年代的孩子，那么你是否幻想过人类真正地在宇宙航行、使用个人电脑或有机器人帮助外科医生进行微创外科手术？而所有这些"奇异的想法"都成为今天的技术现实。无论多么原始，对地外生命的探测都已是科幻小说的主题或分主题之一，并在今后的几十年很可能会变为现实。

从 19 世纪中叶开始，真正的科学进步常常会刺激科幻故事的发展，这些科幻小说超出了已知和已取得成就的界限。这种相互作用的一个例子是，意大利天文学家斯基亚帕雷利在 1877 年发表了一张非常详细的火星地图。这篇颇具影响力的论文发表基于他曾进行的一系列非常精确的火星观测。作为一个优秀的观测天文学家，斯基亚帕雷利忠实地解释了一些清晰的标号，如"canali"——在意大利语中意为"通道"。

不幸的是，当他对火星上的这种线性特征的叙述被译为英语后，单词"canali"被不恰当地译为了 canal（运河）。一些天文学家，尤其是美国最著名的富人天文学家帕西瓦尔·罗威尔完全误解了斯基亚帕雷利真正的意思，便开始热情地投入太空探测去寻找假定的运河，他认为这运河代表火星上外星文明的手艺。斯基亚帕雷利从未认可罗威尔对他行星天文的某些杰作所做的延伸推断。然而，在一份出色的关于火星的观测报告中对于"canali"一词的错误翻译却成为大多数人记住这位意大利天文学家的原因。斯基亚帕雷利杰出的天文观测结果也可以被看作"外星速进"的开端，从此外星智慧生物的观念，不管是善意的或恶意的，在科学事实和小说领域都变得更加明显而可靠。

◎帕西瓦尔·罗威尔与火星运河

19世纪后期，美国天文学家帕西瓦尔·罗威尔在亚利桑那州的旗杆镇建了一个私人天文台（叫作罗威尔天文台），以满足他对火星的兴趣和他极力在火星上寻找智力文明迹象的愿望。驱使罗威尔行动的就是对乔万尼·斯基亚帕雷利1877年在技术报告使用的"canali"的错误翻译。在此份观测报告中，这位意大利天文学家论述了他用望远镜对火星表面的观测。罗威尔把这份报告当作早期对智慧生命建造了大运河的观测依据。罗威尔后来写了几本书公布了他的火星文明理论，包括《火星和它的运河》（*Mars and Its Canals*）（1906）和《生命的住所——火星》（*Mars as the Abode of Life*）（1908）。

关于火星表面特征，罗威尔的非科学（但广受欢迎的）解释被证实是非常不准确的，但是罗威尔对太阳系其他部分的天文直觉却是正确的。根据海王星运行轨道上的摄动，罗威尔在1905年预言了一颗行星大小的海王星外天体的存在。1930年，美国天文学家克莱德·汤堡（Clyde Tombaugh，1906—1997）在罗威尔的天文台工作，他发现了罗威尔定义的X行星并将之命名为冥王星。遥远的冥王星的故事在2006年8月得到了圆满结局，那时国际天文协会（IAU）在捷克共和国的布拉格会晤，投票通过去除冥王星作为九大行星的传统地位，将其划分到一个叫作矮行星的天体分类中。

帕西瓦尔·罗威尔于1855年3月13日出生在马萨诸塞州波士顿的一个相当富有的贵族家庭。他的弟弟艾伯特·罗威尔（Abbott Lowell，1856—1943）是哈佛大学的校长，他的妹妹艾米（Amy Lowell，1874—1925）是一个成功的诗人。1876年罗威尔毕业于哈佛大学，致力于商业并行遍整个远东。根据1883—1895年的经历，罗威尔出版了数本关于远东的书。

后来他发现斯基亚帕雷利的1877年火星观测报告的英译本，报告中的意大利词canali译为"运河"，这时他才开始被天文学吸引（实际上，对于斯基亚帕雷利的本意来说，意大利语中的canali意思是"通道"）。因此，19世纪90年代早期，罗威尔被错误地激发灵感，开始想着火星上的"运河"——也就是说，他后来暗示的先进外星文明的（假设）存在是人为的构想。从那时起，罗威尔已经决定要成为一名天文学家了，而且也决定了将他的时间和财富花在对火星详尽研究上。

罗威尔跟大多数的天文学家不一样，因为他非常富有，而且大概确定了他要探寻的东西——火星先进文明的迹象。他不遗余力地坚持搜寻并得到了许多著名的天文专家的帮助。在他们的帮助下，罗威尔找到了一个最佳"看"点，在那儿建立了私人天文台来研究火星。罗威尔的天文台建在亚利桑那州的旗杆镇附近，于1894年启用。他还安装了一个61厘米的高质量的折射望远镜，可以进行很好的行星观测。然而，罗威尔的观测是希望发现能支持他报告中猜测的事物，如绿洲和有四季变化的植被。不幸的是，这个天文小组的专家也同样把模糊的特征简单地归为难以区分的自然标志。当罗威尔更加积极地改进他的火星观测时，安德鲁·艾利考特·道格拉斯（Andrew Ellicott Douglass，1867—1962）等主要的小组成员开始对罗威尔对这些数据的解释产生怀疑。道格拉斯在科学上的挑战使罗威尔感到很不安，1901年他解雇了道格拉斯，随后又雇用了另一个天文专家——维斯托·麦欧万·斯莱弗（Vesto Melvin Slipher，1875—1969）来填补空缺。

1902年，麻省理工学院指定罗威尔为客座天文学家。他确实是一个成功的观测者，但是他常常不能控制自己将大体很模糊且看起来有误的火星表面特征解释为高级文明人造物存在的证据。《火星和它的运河》等书于1906年出版，罗威尔也深受大众的欢迎，他的前瞻性理论（并未得到科学证实）——火星上的外星智慧文明，使大众感到激动。这个文明通过精心设计的大运河将水从火星极地引到火星其他地方。当大多行星观测天文学家都回避这样没有事实证明的猜想时，科幻小说作家却都看好罗威尔的外星文化假设——这个主题以各种形式出现在小说中，直到太空时代的到来。1965年7月14日，美国国家航空航天局的"水手4号"宇宙飞船飞过火星，带回了火星表面的图片，粉碎了之前所有关于古火星人建设了大运河的猜想和浪漫神话。

自从"水手4号"飞越火星以后，许多其他的无人驾驶宇宙飞船也从运行轨道到星球表面对火星进行了细致的研究。在火星上没有发现城市、运河和智力动物。发现这只是个有趣的"不完全的"世界。部分火星表面是古老的，就像月球和水星的表面一样；而有些部分却进化了，像地球一样。21世纪，无人驾驶宇宙飞船将继续罗威尔的火星搜寻，最终，人类将会登上火星进行探索。但这次，他们将寻找可能

喷气推进实验室（位于加利福尼亚州的帕萨迪纳）的一个科学家在仔细地研究火星的第一张原始特写照片——1965 年 7 月 14 日，这张照片由美国国家航空航天局的"手手 4 号"宇宙飞船以距火星表面 9 846 千米的高度飞越火星时拍摄下来。这次历史性的飞越使科学家第一次得以近距离地观测火星，并粉碎了 19 世纪末期流行的猜想和神话——火星曾是一个先进的文明星球。宇宙飞船拍了 22 张电视图像，覆盖了火星表面 1% 的面积，图像显示出火星表面有一片广阔的、布满陨石坑的贫瘠荒原，就像展开了一个锈色的沙毯。虽然帕西瓦尔·罗威尔于 1890 年观测报告中的"工程运河"被证实是不存在的，只是一个光学错觉，但"手手 4 号"带回的图像表现了远古时期这个星球上的某些区域存在天然水道的可能性。（美国国家航空航天局／喷气推进实验室）

存活在隐蔽的生态位的微生物，或者被冻结在时间里、以火星古生命形式存在的化石，这些化石的生命形式是在火星还是一个比较温暖、适度且湿润的环境时存在的。

　　虽然罗威尔对火星智慧生命迹象的探索没有深思熟虑，可能缺乏科学上的严谨性，但是他关于 X 行星（这个名字是因为猜想它是隐藏在海王星轨道外的一个冰雪世界）的天文猜测经证实是正确的。1905 年，罗威尔开始对海王星轨道的轻微摄动进行仔细的研究，并预言存在一般行星大小的海王星外天体。之后他便开始了将近 10 年之久的望远观测，但却没有找到这个难以捉摸的物体。1914 年，在去世之前，他发表了对 X 行星观测的消极结果，把这项工作留给了未来的天文学家。罗威尔于 1916 年 11 月 12 日在亚利桑那州的旗杆镇逝世。

◎赫伯特 · 乔治 · 威尔斯和来自火星的侵略者

19世纪后期20世纪早期的一个颇有影响的科幻小说作家就是赫伯特·乔治·威尔斯。威尔斯振奋人心的小说作品激发了很多未来天文探索的灵感，而且他的作品普及了太空旅行和外星生命的观念。例如，1897年，他写了一本书，名为《星球大战》（*The War of the Worlds*）——一部关于来自火星的宇宙侵略者的经典科幻小说。

威尔斯于1866年9月21日出生在英格兰肯特郡的巴比伦镇。1874年儿时的一场车祸让他断了一条腿。漫长的康复期让他爱上了读书，努力自学使他受益匪浅。通过坚持，威尔斯成为一个成功的作家，不仅写科幻小说，也写了更多的传统小说。

威尔斯在1891年定居伦敦，并开始写了一些教育方面的文章。他作为科幻小说家的事业始于1895年，那年他出版了一本非常受欢迎的书，名为《时间机器》（*The Time Machine*）。在20世纪来临之际，威尔斯将写作精力集中在太空旅行和与外星接触的后果上。1897—1898年间，《星球大战》以系列杂志的形式问世，不久以书的形式出版，此后成为广为流传的太空侵略故事。威尔斯创作的《月球上的第一批人》（*The First Men in the Moon*）在1901年问世。像儒勒·凡尔纳一样，威尔斯没有将火箭与太空旅行联系起来，但是他的故事的确激发了人们的想象力。《星球大战》是一本经典的科幻小说，讲述了太空人侵略地球的故事。在威尔斯的原创故事中，充满敌意的火星人在19世纪的英格兰登陆，他们不可阻挡、目空一切，直到地球微生物毁灭了他们。

写这个故事的时候，威尔斯可能受到了之后流行的（但不正确的）假设的影响，那个假设就是声称观察到的"运河"是已逝火星文明的人造物。这是19世纪后期的天文学比较流行的假设。如上所示，人们对火星运河的狂热开始于1877年，那时，意大利天文学家乔万尼·斯基亚帕雷利在报告里称他观察到的火星表面的线性特征为"canali"——英语"channels"（通道）对应的意大利语。斯基亚帕雷利准确的天文观测结果却被错误地译为英语中的canals（运河）。结果，美国的帕西瓦尔·罗威尔等其他著名的天文学家开始热情地寻找运河，并且很快"发现"火星的其他表面特征，很像火星智慧文明的痕迹。

赫伯特·乔治·威尔斯在他1901年的小说《月球上的第一批人》中巧妙地解决了（准确地说是忽略了）太空旅行的技术方面的问题。他在小说中创造了卡沃尔素（cavorite）——一种虚构的抗重力物质。他的小说激发了很多年轻读者对太空旅行的想象。然而，人类在太空时期完成了登月的使命，从而打破了威尔斯对月球丰富又美好（虽然不正确）的想象——月球的大洞穴、各种月球植物，甚至还有一群叫作赛兰尼特（Selenites）的两足动物。

威尔斯在他的科幻小说中介绍的外星人打开了想象和创作的闸门。很快，科幻文学、电影，最后连电视节目都包含了各种各样形式的外星生命——从高智商的种族到好斗的外星昆虫、爬行动物和蛛形纲动物。小说中无穷的太空动物还包括有人类特点的外星人，有智力的犬科和猫科动物，水生外星人、植物和菌类，有意识的硬如岩石的动物、变形生物、寄生虫，还有各类自动机械、机器人和半机器人。虽然小说中出现了能够生活在外太空的形似灵魂的非肉体生物，但绝大多数小说中的外星动物是生活在行星上的——这也许反映了一些作者和导演的外星生命沙文主义。

然而，在威尔斯的许多其他小说中，他通常能准确地预测先进科技。这使他获得了技术预言家的地位。比如，他在 1908 年的作品《空战》（*The War in the Air*）中预见了飞机的军事用途，还在 1914 年的小说《解放全世界》（*The World Set Free*）中预言了原子弹的爆炸。

在威尔斯成功的幻想和科幻小说写作时期后，他又聚焦于社会问题以及新生科技所带来的麻烦。例如，在他 1933 年的小说《未来物体的形状》（*The Shape of Things to Come*）中，他警示了西方文明面临的问题。1935 年，亚历山大·科达（Alexander Korda，1893—1956）将威尔斯的关于未来的故事制成了生动的电影。这部电影以一个难忘的关于人类（科技）道路的哲学讨论结束。就像要拥抱整个宇宙，主角之一挥动着双臂问他的同事："我们能最终攻克一切吗？"当画面消失，他的伙伴回答道："只有两个选择，整个宇宙或什么都没有，会是哪一个呢？"

这个著名的小说家、预言家于 1946 年 8 月 13 日在伦敦逝世。他经历了两次可怕的世界大战，并且他亲眼目睹了许多强大的新科技的出现，除了太空科技。他的最后一本书《黔驴技穷》（*Mind at the End of Its Tether*）于 1945 年问世。在这本书中，威尔斯表达了他对人类的未来前景日益增长的悲观情绪。

机器人与半机器人

机器人是人形机器——也就是一个有人形特征或行为的机器。虽然始于科幻小说，但工程师和科学家现在都使用"机器人"这个术语来描述机器人系统。机器人系统已经发展成高水平的机械智能和电动机械装置，因此，机器人有与人类相仿的"行为"方式。未来的人形地质机器人能通过使用无线电传输来转动头部和手臂姿势与它的人类伙伴进行交流（当团队在月球表面探索时），这就是机器人使用的一个例子。

"半机器人"这个术语是"控制论机体"这一表达的缩写。控制论是信息科学的一个分支，主要关于生物系统控制、机械系统控制和电子系统控制。而"半机器人"这个术语在当代科幻小说中非常普遍——例如，在流行的《星际迷航：下一代》（*Star Trek: The Next Generation*）（1987）电影和电视系列剧中吓人的"博格结合体"。这个概念第一次是在20世纪60年代初期，由几个科学家共同提出来的。这些科学家当时正在研究克服恶劣的太空环境的可选方法，他们所提出的策略就是，设计能够植入宇航员体内

的适当的机械设备，以此帮助人类适应太空环境。植入或插入了这些设备，宇航员便成了"控制论机体"，或叫"半机器人"。

在恶劣的太空环境下，保护宇航员身体的方法不再是简单地把他放在某种宇航服、太空舱或人工房里（已使用的科学方法），大胆地主张采用半机器人的科学家问道："为什么不创造一个在恶劣的太空环境下不需特殊保护设备的控制论机体呢？"由于各种科技上、社会上和政治上的原因，他们倡导的研究路线很快就被终止了，但是"半机器人"这个术语却保留了下来。

现在，这个术语经常被用来指任何使用科技设备来提升身体状况的人类（无论是在地上、水下还是外空）。例如，带起搏器、助听器或假肢的人都可以被称为"半机器人"。当一个人佩戴了电脑交互式设备，例如用于虚拟现实系统中的特殊的成像设备和手套，那么这个人（实际上）就成了一个临时的半机器人。

进一步说，"半机器人"这个术语有时用于描述虚拟的人造人类或非常精密的有接近人类（或超人类）特征的机

器人。石人（中世纪犹太小说中的神奇泥人）和弗兰克斯坦怪物［出自玛丽·雪莱（Mary Shelley，1797—1851）1818年的经典小说《弗兰肯斯坦：科学怪人》（*Frankenstein:The Modern Prometheus*）］就是前者的例子。而阿诺德·施瓦辛格（Arnold Schwarzenegger，1947—　）所扮演的超级人类终结者机器人［出自《终结者》（*Terminator*）系列电影］便是后者的例子。

1938 年 10 月 30 日，美国演员、电影导演乔治·奥森·威尔斯（George Orson Welles，1915—1985）将赫伯特·乔治·威尔斯的《星球大战》制成广播节目，使许多美国人几乎处于惊恐的状态。这个长 1 小时、尤为真实的广播直播节目正好是周日晚 8 点之后开播的。当威尔斯的小说广播节目宣布火星人将登陆新泽西葛洛夫磨石镇的一个农场时，听众震惊了。那些离假设的着陆地点住得最近的听众表现得最为焦虑和恐惧。但是这个关于外星侵略的虚构故事是播送给美国各个地区的，所以那些离新泽西很远的其他地方的人们也感到不同程度的焦虑和恐惧。威尔斯与一小帮在哥伦比亚广播公司（CBS）水星剧场工作的演员和音乐家在纽约演播了整个节目。他机智地使用了特殊音效、原声公告，甚至还有一组颇有声望的官方发言人（虽然只是演员），提高了真实性，也就有了"火星人入侵"的震撼效果。直到今天，1938 年的"火星入侵"广播节目仍公认是导致了美国民众最著名错觉的节目之一，它成功地以娱乐媒体的方式展现给大众。

但是，赫伯特·乔治·威尔斯著名的火星人侵略故事不只带来了 1938 年的广播节目。1953 年，制作人乔治·帕尔（George Pal，1908—1980）制作了一个令人兴奋的、视觉效果极好的电影，名为《星球大战》。这个电影根据 20 世纪 50 年代的潮流做了修改，摄制于加利福尼亚南部。演员吉恩·巴瑞（Gene Barry，1919—2009）饰演威尔斯小说的主角克莱顿·弗莱斯特博士（Dr. Clayton Forrester）。除了那场在加利福尼亚南部制作的"大屠杀"之外，帕尔的电影也描绘了火星人对地球的大规模侵略。这部前太空时代的电影大作为外星入侵电影设立了新标准——包括解体武器和外星人的杀伤性激光武器的使用——并获得了奥斯卡特效奖。

乔治·帕尔的外星人侵略地球的电影的成功鼓舞了其他电影制片人和导演，他们跟随他的脚步，电影界迎来了太空时代。《星战毁灭者》（*Mars Attacks!*）于 1996 年问世，它基本是之前所有外星人入侵电影的喜剧版。2005 年，导演史蒂文·斯皮尔伯格（Steven Spielberg，1946—　）对赫伯特·乔治·威尔斯的《星球大战》进行了现代版的改编。

作为有趣的历史记录，这部电影是斯皮尔伯格的第三部关于外星人登陆地球的影片。在他之前的外星电影——《E. T.：外星人》(*E. T. The Extra-Terrestrial*)（1982）和《第三类接触》(*Close Encounters of the Third Kind*)（1977）中，外星人通常非常聪明而且对人类非常友好。但是，他的第三部外星电影沿袭了在赫伯特·乔治·威尔斯引领下的传统的充满敌意的侵略者主题。这一次，入侵的外星人是强大的、邪恶的，而且绝不放过人类。外星人的失败更大程度上依仗的是人类的好运而不是科技和军事力量的强大。两种科技不相配、冲突的文明的碰撞一直是现代科幻小说的主题。科学家也意识到，当他们试图与外星文明联系的时候，他们可能是在制造一个尴尬局面。像"谁代表地球发言?"和"人类是否应该回复外星信息?"这样有趣的问题将在本书之后的部分进行讨论。

◎其他有影响力的前太空时期作家

前太空时期，关于金星的浪漫设想是它是一个热情的、年轻的星球，而火星则被想象成一个有着高级文明的星球。这些设想在 20 世纪 30—40 年代的一些小说作家笔下得到渲染。特别是美国作家埃德加·赖斯·巴勒斯（Edgar Rice Burroughs，1875—1950）和爱尔兰小说家、学者、基督教神学家克莱夫·斯特普尔斯·刘易斯（Clive Staples Lewis，1898—1963）。

巴勒斯如此著名可能是源于他那部有"泰山"（Tarzan）的小说——泰山是非洲丛林中的英雄。但是，巴勒斯也创作了许多其他类型的有趣作品。关于外星生命，巴勒斯最著名的作品就是所谓的巴松（*Barsoom*）系列，这个系列中有 10 本科幻探险书。书中的主角约翰·卡特（John Carter）是一个中心人物，他是来自地球的剑客，拯救了火星公主楚维亚（Thuvia）并爱上了她。这套系列科幻探险丛书于 1912 至 1964 年之间相继问世，最后一本《火星上的约翰·卡特》(*John Carter of Mars*)是在巴勒斯逝世之后出版的。太空科技和科学的进步使这些科幻小说里的情节不再那么冒险和激动人心。那时，美国国家航空航天局的"水手 4 号"宇宙飞船传回了照片（1964 年），照片显示了"巴松"（巴勒斯的小说中称火星为巴松）是一个贫瘠荒凉的世界，根本没有人造运河、古城或智力居民。

巴勒斯也写了一些关于月球人的小说。《月球上的少女》(*The Moon Maid*) 和《月球上的男人》(*The Moon Man*) 都于 1926 年问世。1934 年初，随着《金星海盗》(*Pirates of Venus*) 的出版，巴勒斯又一次为读者呈现了在云遮雾盖的金星上的探险故事。5 本一套的系列丛书的最后一本《金星奇才》(*The Wizards of Venus*) 在巴勒斯逝世后于 1970 年出版。然而在几年前，如美国国家航空航天局"水手 2 号"之类的宇宙飞船收集的数据表明金星是一个荒无人烟的地狱，绝不是像史前的地球那样有浪漫的热带丛林。

爱尔兰小说家刘易斯最著名的作品是他的青少年系列读物《纳尼亚传奇》(*The Chronicles of Narnia*)，但是他的科幻三部曲代表了对地外生物学的第一次有趣的文学尝试。刘易斯的作品巧妙地以幻想的太空探险来讨论基督教道德观。三部曲中的第一本《寂静行星之外》(*Out of the Silent Planet*) 于 1938 年与读者见面，这本书的故事大都发生在火星上。而在《金星漫游》(*Perelandra*)（1943）中，故事又转移到了海洋乐园似的金星上。在刘易斯的故事中，金星是一个新的伊甸园，有新的亚当和夏娃，小说的主角埃尔温·兰塞姆（Elwin Ransom）必须阻拦恶魔似的物理学教授对夏娃的诱惑，阻拦在金星上重演《圣经》中的人类堕落。三部曲的第三本书《恐怖力量》(*That Hideous Strength*) 于 1945 年问世。这本书的科幻探险故事大部分都发生在地球上，讲述了善恶之间的巨大冲突。

刘易斯本人更想写一个能够传达他道德观念的有趣的科幻探险小说。他没有特别投入精力去研究太空科技的细节。在他的笔下，火星［叫作马莱堪卓（Malacandra）］是一个有人居住的古老星球；而金星［叫作派若兰卓（Perelandra）］是一个有人居住的年轻星球，像一个热带乐园。在路易斯关于太阳系（the field of Arbol，意为"阿波罗之地"）的科幻词典中，地球是楚勘卓（Thulcandra，意为"寂静的星球"），月亮叫作苏乐瓦（Sulva）。

20 世纪 40—50 年代的孩子长大之后成为第一代航空工程师、太空科学家和宇航员。巴勒斯和刘易斯对这两个年代的年轻人的思想影响有多大，要在进入太空时代的几十年后给予合理的评价实在很难。但是有一个影响是确定的：对数百万的年轻读者来说，其他星球上存在智慧生命和外星动物的观念成为一种司空见惯的猜想，这种可能性已经不再那么令人震惊了，而且他们还觉得很有趣。

◎太空时代对火星的看法

火星是太阳系从内往外数的第四颗行星。它的赤道直径约为 6 794 千米。纵观人类历史，这个红色星球一直是天文学家关注的中心。古巴比伦人也是这样，他们看着这个红色星球慢慢地划过夜空，并以内加尔（Nergal）——他们自己的战神为它命名。尔后，以自己的战神玛尔斯（Mars）为荣的罗马人给这颗行星取了现在的名字。

大气、极冠的存在，以及星球表面的明暗交替引起了许多前太空时代的天文学家和科学家的兴趣，他们认为火星是一颗像地球一样的星球——可能是外星生命的居所。事实上，这是一个未证实却非常流行的观点，在太空时代到来之前广为流传，以致当奥森·威尔斯 1938 年在电台播放他的《星球大战》时，人们都相信了火星人入侵的广播报告，也就出现了美国一些地区人们近乎惶恐的情况。第二次世界大战后不久出现的飞碟或不明飞行物（UFO）又一次体现了在现代人类社会，人们认为外星人会探访地球的想法是多么的根深蒂固（飞碟现象见第十一章）。太空科技的发展使科学家们停止了关于火星上智慧生命的充满想象力的幻想。

自 1964 年美国国家航空航天局"水手 4 号"宇宙飞船成功飞越火星以来，一组精密的无人驾驶宇宙飞船——飞行器、人造卫星和登陆器——粉碎了一切盛传的智慧火星人的浪漫神话，即火星人努力将水引到这一垂死星球上的一个较为多产的地区。"水手 4 号"于 1965 年 7 月 14 日飞越火星，带回了星球表面的图像。这次任务离火星表面的最近距离是 9 846 千米。"水手 6 号"于 1969 年 7 月 31 日以 3 431 千米的距离飞越火星。宇宙飞船带回了火星表面的图像并测量了火星大气紫外线和红外线的发散情况。"水手 7 号"宇宙飞船与"水手 6 号"一样，于 1969 年 8 月 5 日以 3 431 千米的距离飞越了火星，并带回了星球表面的图像；也测量了火星大气的散射。

"水手 9 号"于 1971 年 11 月 14 日抵达火星并绕其飞行。这艘"太空飞船"收集了一些数据，包括火星大气的构成成分、密度、压力和温度，也执行了对火星表面的研究工作。当此宇宙飞船耗尽状态维持气体后，在 1972 年 10 月 27 日被关闭停用。结果，宇宙飞船得到的数据表明这个红色星球确实是一个"不完全的"世界：部分火星表面是古老的，像月球和水星一样；而部分表面却进化发展，像地球一样。

但问题是，在火星表面可能有水的时候，古老的火星是否存在过生命呢？这个问题仍然亟待解答。为了寻找答案，美国国家航空航天局设计了"海盗号计划"（Viking Project）——在当时，这是人类设计过的最先进、最复杂的登陆器和无人宇宙飞船的结合。

这是 1976 年美国发行的邮票，是为了纪念美国太空探索成就，即美国国家航空航天局的火星"海盗号计划"工程任务——第一次搜寻外星生命的复杂科学尝试。（作者）

　　1975 年 8 月和 9 月，美国国家航空航天局发射了两艘"海盗号"宇宙飞船去寻找答案：火星上有生命吗？每艘"海盗号"宇宙飞船都有一个轨道飞行器和登陆器。然而，科学家们并未期待宇宙飞船能发现火星城市与熙熙攘攘的智慧生命。登陆器上的太空生物学实验是用来寻找原始生命迹象的（宇宙飞船，如"海盗 1 号"和"海盗 2 号"登陆器，是如何寻找外星生命的将在第三章讨论）。不幸的是，两个机器人登陆器发回来的结果表明，结论是不确定的。

　　"海盗号计划"是第一个成功地让无人驾驶太空飞船软着陆在另一颗星球（除月球外）的太空任务。4 艘"海盗号"宇宙飞船（2 个轨道飞行器和 2 个登陆器）都工作超过了它们原先设计的 90 天工作时长。这些宇宙飞船于 1975 年发射，1976 年开始绕火星或在火星上运行。当"海盗 1 号"于 1976 年 7 月 20 日在克里斯平原（也称金色平原）着陆时，发现了一片荒凉的景象。火星的这个区域最显著的特征就是有很多古老的河道，这些河道在过去也许是有水流过的。

　　几周之后，它的同胞兄弟——"海盗 2 号"在乌托邦平原着陆并发现了一片更加平缓起伏的景象。一个接一个地，这些机器人探测器非常成功地完成了对火星的探访。"海盗 2 号"轨道飞行器于 1978 年 7 月停止工作;"海盗 2 号"登陆器于 1980 年 4 月陷入沉寂;"海盗 1 号"轨道飞行器坚持部分运作,直到 1980 年 8 月;"海盗 1 号"登陆器于 1982 年 11 月 11 日完成了最后一次信息传输。美国国家航空航天局于 1983 年 5 月 21 日结束了火星探测的"海盗号计划"工程。

从这些星际任务的结果中,科学家们了解到火星的气候变化非常小。比如,"海盗号"登陆器所测量到的盛夏时最高气温在-21℃,在更北边的"海盗 2 号"着陆器测量的冬季时最低温度是-124℃。

火星大气的基本成分是二氧化碳。氮气、氩气和氧气所占比例很小,还有非常少量的氖、氙和氪。火星大气只含极少量的水(约为地球大气含水量的 1‰)。但是,即使如此小量的水也能凝结成云,高高悬于火星大气之上或形成山谷中的片片晨雾。还有证据表明,火星过去有高密度的大气——这使得液态水能在星球表面流动。与河床、溪谷、峡谷、海岸线和岛屿相似的地表特征都暗示了火星上可能曾经存在过大河甚至小海洋。如第四章讨论的,现在,美国国家航空航天局的寻找火星生命(灭绝的或仍然存活在隐蔽的地下环境的)迹象的战略中心就是"跟随水源"。

这幅图是拍摄到的第一张火星地表照片。它是由美国国家航空航天局的"海盗 1 号"登陆器于 1976 年 7 月 20 日在火星表面着陆不久后拍摄的。右下角可看到登陆器的第二个爪垫部分,还可以看到可能在着陆过程中落在爪垫中间的沙土和灰尘。(美国国家航空航天局/喷气推进实验室)

◎火星陨石

美国国家航空航天局的科学家们现在认为,三十多个不寻常的陨石实际上都是火星的碎片。这些碎片是流星撞击火星后脱落的碎片。这些火星的陨石以前被叫作 SNC 陨石,是以早先发现的三种类型标本命名的〔即赦略黄陨石(Shergottite)、那喀拉陨石（Nakhlite）和沙西尼陨石（Chassignite）]。沙西尼陨石是1815年10月3日在法国上马恩省发现的，也确立了SNC纯橄无球粒陨石族的名字。类似地，赦咯荑陨石于1865年8月25日落在印度的赦咯荑，辉玻无球粒陨石族也因此得名。最后，那喀拉陨石是于1911年6月28日在埃及的那喀拉发现的，也就确定了辉橄无球粒陨石族的名字。另一个火星陨石族——18千克的扎加密陨石是在1962年10月3日落在尼日利亚的卡齐那附近的。

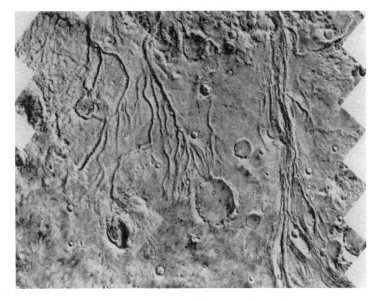

这张嵌花似的火星表面图像是从"海盗1号"轨道飞行器于1976年8月4日—9日拍摄的照片中提取出来的。这个图像展示的是北纬17°、西经55°——"海盗1号"登陆器以西、克里斯平原的一个地区。这个嵌花图像中的水沟暗示了古时大量的水流经陆地平原地区，穿过这个坑沟地形，到达"海盗1号"登陆器的所在地区。（美国国家航空航天局/喷气推进实验室）

除了澳洲，各大洲都发现了火星陨石。不同于那些落在其他地方、成为不受保护的商业收集品的陨石，在南极洲发现的陨石被政府相关组织收集保护起来，并由专业科学家进行研究。

所有的火星陨石都是在母行星外壳内的火山熔岩结晶而成的火成岩。目前在地球上发现的与火星有关的陨石代表了5种不同的火成岩，从普通的斜长辉矿玄武岩到基本是单一矿物质的辉石或橄榄石。

大自然向地球发射火星岩石的唯一方法就是流星体碰撞。要离开火星，岩石必须至少达到5千米/秒的速度——脱离火星的速度。在火星表面的陨石大碰撞时，宇宙撞击物的动能导致剧烈的变形、加热、熔化和汽化及物质喷射。这种撞击和冲击环境使科学家得到了答案——为什么火星陨石都是火成岩。火星的沉积岩和泥土不可能硬化到在撞击下保存完整，然后在太空中穿越数百万年，最终以陨石状态到达地球。

一颗被称为ALH84001、特殊的火星陨石，激起了人们对火星上是否存在生命这

这块有 45 亿年历史、编号为 ALH84001 的陨石被认定曾是火星一部分。一些科学家猜测，这块"火星陨石"可能也包含化石的迹象，即原始生命也许在 36 亿多年前存在于火星。这块岩石只是那颗明显是从火星坠离的陨石的一部分。这颗陨石是在约 1 600 万年前的一次巨大撞击下被抛离火星的，慢慢地穿过太空，然后在约 1.3 万年前坠落到地球上的南极。1984 年在南极洲的艾伦山的冰原地带发现了这块陨石。现在，它被保存在美国国家航空航天局约翰逊太空中心的陨石处理实验室进行科学研究。（美国国家航空航天局/喷气推进实验室）

个问题的兴趣。1996 年 8 月，美国国家航空航天局研究小组在约翰逊太空中心（JSC）宣布：他们在 ALH84001 中发现了 4 项证据，"强有力地表明，在 36 亿多年前火星可能存在过原始生命"。美国国家航空航天局研究小组在这个以陨石形态坠落在地球上的火星岩石中首次发现了源自火星的有机分子，还发现了几种具有生物活性的矿物质特征，以及微生物化石——可能是原始的细菌类有机体。但是，美国国家航空航天局研究

小组并没有表示他们已经十分有把握地证实了 36 亿多年前火星上存在过生命。不过他们相信，"他们找到了非常可靠的证据，说明火星过去存在过生命"。

火星陨石 ALH84001 是一块重 1.9 千克、马铃薯大小的火成岩，已经确定它的年龄为 45 亿年——科学家们认为这是火星形成的阶段。这块岩石被认为是起源于火星表面下，由于火星在太阳系早期被陨石撞击而被撞碎。他们认为火星在 36 亿 ~40 亿年前是一个比较温暖和湿润的地方。火星上的水能够穿过裂纹，流进地下的岩石中，很可能形成一个地下水系。由于火星上的水吸收了火星大气中的二氧化碳，碳酸盐物质便在裂缝中沉积了。

美国国家航空航天局研究小组评估了这块来自火星的岩石，认为它在 1.3 万年前进入地球大气，然后以陨石的形态坠落在南极洲。美国国家科学基金会南极陨石计划的年度探险队于 1984 年在南极洲的艾伦山的冰原地带发现了 ALH84001。它被保存在美国国家航空航天局约翰逊太空中心的陨石处理实验室进行研究，但是直到

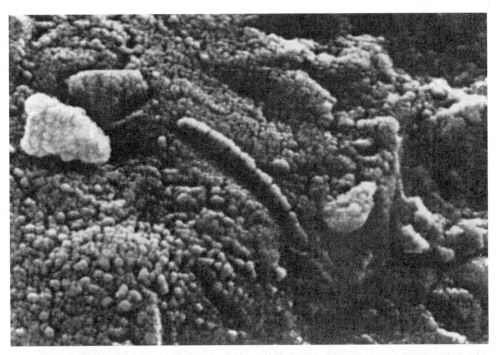

这张高清晰度扫描的电子显微镜下的图像展示了在 ALH84001 陨石中发现了一个异常的管状结构（大小小于人类头发直径的 1%）。该陨石被视为来自火星。虽然在 1996 年夏天美国国家航空航天局地外生物学家的探测报告中并未提及这个结构，但这个物体的确存在于这块陨石中类似碳酸盐的颗粒中。这个结构成为科学调查的主题，并引起了不断的争论——它是否为 36 亿年前火星原始生命的化石。（美国国家航空航天局 / 喷气推进实验室）

1993 年科学家们才确定这颗陨石来自火星。它是目前发现的最古老的火星陨石。

其他科学家利用了"火星全球勘测者"和"火星奥德塞"宇宙飞船的数据，希望可以找到这颗充满争议的 ALH84001 陨石在火星上合理的发源地。2005 年，科学家们报告了 ALH84001 可能来自厄俄斯裂谷——巨大的水手谷的一条分支。这个最可能的地区是在叶状外流区域的一个 20 千米直径的撞击坑——当撞击物体高速击中一片富含流体的土壤时，就会形成这种地理结构。这个遗址有 4 千米高的悬崖，临近峡谷并将火星过去不同地质时期的岩石暴露了出来。科学家们进一步指出，这块陨石被认为最早是在火星地表深处形成的，后来被转移到浅层地表，最后古老而快速的撞击将这块著名的岩石抛向了太空。

然而，火星陨石 ALH84001 的发源地仍是一个谜，就像猜想的那样，它含有的化石证据说明火星上曾经有过原始生命。无论如何，厄俄斯裂谷是一个非常有趣的区域，这个地方有各个年龄的岩石层，可以代表火星很长一段时间的历史，并且将成为未来的机械或载人着陆探测首选的候选地点。

美国国家航空航天局约翰逊太空中心的科学家们宣布关于 ALH84001 的惊人发现十多年之后，火星上的远古生命便成了一个公开话题。对于这块有争议的石头，科学家们都认同的唯一一个方面就是，它来自火星而且它比地球上已知的任何一块石头都更加古老。ALH84001 是由剧烈碰撞形成的；它非常古老——几乎与太阳系一样古老；它的成分符合火星——与 1976 年"海盗 1 号"和"海盗 2 号"登陆器带回的化学数据记录一致；它含有地球上罕见的物质；而且，似乎它在被抛离之前曾接触过流水。这颗有趣的火星陨石是否真正包含火星远古生物活动的证据，这仍是一个广为争论的科学问题。

一些科学家最近提出，无论是 ALH84001 还是其他火星陨石，都不会帮助他们在火星上是否存在生命的问题上得出一个不可辩驳的科学结论。这些地外生物学家想要的——也许某天他们能得到——就是将纯正的火星岩石和土壤的标本收集起来、带回地球进行科学研究（收集火星标本返回地球的任务将在第四章进行讨论）。现在，ALH84001 开创了外星生命搜寻的新时代，引发了一场新的火星探索潮流。

2 宇宙中的生命

任何有关宇宙生命简史的研究，都需要科学家对宇宙生命简史这一基本定义做进一步的阐述，并对这一定义达成一致。例如根据现代地外生物学家和生物物理学家的理解,生命（通称）可以定义为一种生命系统,它具有三种基本特征：第一，这种生命系统是结构化的，而且包含了信息。第二，活着的实体必须能够自我复制。第三，生命系统在信息库方面很少经历随机变化，在发生随机变化时，会使生命系统按照达尔文进化论的内容，也就是适者生存的方式来进化。

宇宙中生命的历史可以在一种宏大的综合性的背景，即宇宙进化的背景下进行探索。这个影响广泛的方案将银河系、恒星、行星、生命、智慧生命以及科技的发展联系起来，然后观察复杂性不断增长的物质走向何处。随着意识物质的出现，尤其是智能生物的出现，宇宙中的智慧生物获得了自我反省的能力，这些生物的角色和命运是与宇宙进化相关的现代讨论的主题。一个有趣的推论是"人择原理"——也就是说，假设宇宙是为生命，尤其是为人类的出现所设计的。

宇宙进化方案并非没有科学依据，有机化合物出现在星际云中，在太阳系外行

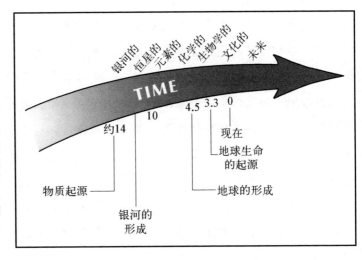

宇宙进化方案为物质和能量的一系列转换提供了宏大的综合背景。物质和能量之间的转换产生了银河系、太阳、地球以及人类。单位：十亿年。（美国国家航空航天局／艾瑞克·J.才森）

星的大气中，以及在彗星和陨石中，都表明了有一系列天体物理进程的存在，它将星际云的化学物质和太阳系及早期地球上生命起源之前的有机物质的形成联系起来。有令人信服的证据证明细胞生命在约35.6亿年前就存在于地球上，这表明现代陆地生物的细胞祖先出现得相当快（以地质时间表为尺度）。在太阳系演化这一远古混乱的时期，在彗星和小行星的巨大撞击作用后，这些远古的生物可能存活了下来。

知识窗 ————————————————————————————●

人 择 原 理

在宇宙学中，人择原理是一个有趣却争议性很大的假设。人择原理认为，在宇宙大爆炸以后，宇宙以一种恰到好处的方式进化，使得生命，尤其是智慧生命，可以发展。这种假设的支持者说，宇宙的基本物理常量［比如说光速（c）和普克朗常量（h）］实际上支持着生命的存在和（最终）有意识的智慧生命的出现——当然，包括人类。事实上，人择原理的支持者很快指出，如果宇宙并不适合生命，那么人们今天也不会有机会在这里对宇宙中的事物为什么能如此精密地协调一致提出质疑。这种假设的支持者进一步指出，如果任何一个基本物理常量的数值出现一点细微的变化，那么在宇宙大爆炸以后，宇宙就会以截然不同的方式进化。

有一种假设认为，有很多不同的宇宙存在，每一个宇宙都有不同的物理常量值，这种假设常常被叫作"强人择原理"。在无数的宇宙中，人类就出现在其中的一个宇宙里，这个宇宙中包含了恰当的物理常量，使碳原子得以形成，最终也成了生命的家园。

相反，"弱人择原理"对存在其他宇宙的概念没有任何操作意义，它认识到并且接受了物理常量的重要性。这些物理常量是在现今宇宙中找到的，并且对现今的宇宙下了定义。它设法解释这些物理常量对于生命和意识的产生所具有的意义，例如，在宇宙大爆炸不久之后，就只有氢气和氦气存在。支持这种弱人择原理的物理学家试图在由存在的物理常量的宇宙范围内，将碳的产生与其他生命的必需成分联系起来。

在探索人择原理的暗含意义时，科学家有时喜欢玩"假如……会怎么样"的智力游戏或者求助于遐想（思考）实验。例如,如果引力的力量（由万有引力常数 G 表示）比它本身更弱,那么在大爆炸之后,物质的爆炸就会更快,来自极其稀疏的（不堆积的）星云物质中的恒星、行星和银河也不会发生现有的变化。那么,正如科学家们目前所了解的一样,就不会有恒星、行星,也没有以碳为基础的生命的出现。另一方面,如果万有引力的力量比它本身更强,那么原始物质的爆炸会很缓慢（迟缓）,导致在恒星和行星发展之前出现全面引力坍塌,就不会有恒星、行星和生命。

人择原理的反对者（无论强与弱）认为,基本的物理常量的值纯属巧合。按照他们的解释,智慧生命并不是物质和能量进化过程中一个不可避免的产物。相反,在由现在的物理常量掌握的宇宙中,有智能的生物体系的进化仅仅是无数个可能的结果中的一个。

人择原理仍是科学界争论和猜测的热门主题。宇宙正在进化,定义其进化过程的物理常量恰好可以使有智慧和意识的人类出现,地球上的人类是这一过程不可避免的副产品。是这样的吗?人择原理适用于宇宙中的其他地方吗?或者,人类是迄今为止整个宇宙中进化出的最高级、最聪明的物种吗?在这个备受争议的假设得到确切的论证之前,它仍处在可论证的科学原理的主流之外,这是科学方法的规则。

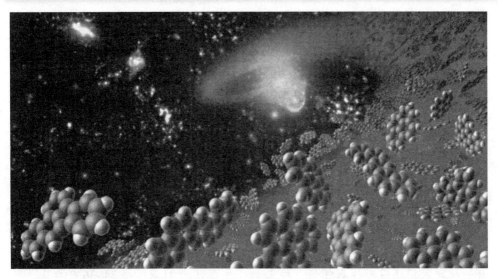

这幅艺术家图作象征性地表现了在早期的宇宙中观察到的复杂的有机分子,称为多环芳香烃。科学家认为这些大分子由碳和氢构成,是构成生命的基本单位。（美国国家航空航天局／喷气推进实验室／凯尔秦池）

地球几岁了？

地球很古老，根据最新的科学计算，它的年龄大约有45亿年，甚至更多。证明地球古老历史的大多数证据都在构成地壳的岩石中。在漫长复杂的历史中，岩石层像书页一样，记载了过去地表是如何形成的。在这些石层中埋藏着生命的痕迹，那就是，由存在于约30亿年前的古老有机结构演化而来的动植物。放射性成分也存在于曾经是熔融状态的岩石中，它们的同位素给地球提供了一个原子钟。在这些岩石中，母同位素以可预测的速度衰变，形成了子同位素。通过测定母同位素与子同位素的相对数量，科学家可判定这些岩石的年龄。因此，研究岩石层与化石的结果（地层学与古生物学），再配合由原子钟测得的某些岩石的年龄（地质年代学），为证明人类的家园——地球具有悠久的历史提供了科学的证据。

直到现在，科学家还没有找到直接利用陆地岩石去判断地球确切的年龄的方法，因为地球上最老的岩石正在板块构造过程中不断地被循环和破坏。科学家们还没有找到任何一块未受损坏且未移动位置的保持原始状态

的岩石。然而，科学家能够判断太阳系的大概年龄。假设地球和太阳系中的其他固体物质在同一时期形成，由此计算出地球的年龄和它们的一样。

地球与月球岩石的年龄以及陨石的年龄是通过某些元素自然存在的放射性同位素的衰变测得的。这些放射性同位素存在于岩石与矿物质中，并且在7亿~1 000多亿年的半衰期中成为其他元素的稳定的同位素。科学家们采用这些确定年代的技巧测得这些被确定了年代的岩石最后一次被熔化或受到充分扰动以至其放射性元素重新均质化的时间。这些技巧以物理学为基础，被公认为放射性年代测定法。地球上所有大陆都发现了年龄超过35亿年的岩石。迄今为止发现的最古老的陆地岩石是在加拿大西北部地区大奴湖附近（约40.3亿年）和在格陵兰岛西部伊苏鲁地表（37~38亿年）发现的。但是科学家还研究发现了与之几乎同样古老的岩石：来自明尼苏达河谷和北密歇根（约35~37亿年）、斯威士兰（约34~35亿年）以及西澳大利亚（约34~36亿年）。科学家通过使用许多放射性年代测定的

方法，确定了远古时代岩石的年代，而且结果的一致性给了科学家很大的信心，这些估计的年龄在一定程度上是正确的。

这些远古时代的岩石有一个有趣的特征，它们并非来自任何一种"原始地壳"，而是沉积在浅水区的岩浆流和沉积物，这也暗示了地球的历史早在这些岩石沉积之前就开始了。在澳大利亚西部更年轻的沉积岩中发现的单锆石晶体，放射测年结果为43亿年，使得这些晶体成为迄今为止地球上发现的最古老的物质，科学家还没有发现这些锆石晶体出自什么岩石。

为地球上最古老的岩石和最古老的晶体测得的年龄表明人类的家园——地球的年龄至少有43亿岁，但这并没有显示地球形成的确切年份，最接近准确的地球年龄是目前所估计的45.4亿年，这个数值基于古老的推测的单级铅（Pb）和陨铁石中陨硫铁的推测单级铅率，尤其是铁陨星。此外，最近有报道称，有着44亿年历史的含铀-铅（U-Pb）的矿物微粒在澳大利亚中西部的沉积岩中被发现。

月球是比地球还要原始的星体，因为它没有受板块运动的影响，所以有更多更古老的月球岩石。美国的6次"阿波罗"载人类太空飞行计划和俄罗斯的3次"月球"无人驾驶宇宙飞船的太空任务只返回给地球的科学家很少量的月球岩石样本，而且返回的月球岩石样本在年龄上也大有不同，这意味着它们形成于不同时期。经测定最古老的月球岩石的年龄在44亿~45亿年之间，这也为离月球最近的行星邻居——地球提供了一个形成时期的最小值。

已经发现的陨石，它们都是坠落在地球上的小行星的碎片，这些远古的外星物体提供了太阳系形成的目前已知最准确的时间。大约有七十多种陨石（不同种类），它们的年龄通过放射性年代测定法测得。测定结果显示，陨石和太阳系在45.3亿~45.8亿年前形成。地球的年龄并不是仅仅通过确定岩石所处的时期，而是把地球和陨石作为同一进化体系的一部分得来的。在这个进化体系中，铅的同位素，尤其是铅-207和铅-206的比例不断变化，这归功于放射性铀-235和铀-238各自的衰变。科学家通过这种方法，确定地球上最古老的铅矿石的同位素，从由陨铁石的无铀层中测得的原始成分，进化到这些铅矿石从它们的幔源区分离出来时的元素构成所需的时间。

据美国地质调查所（USGS）所述，这些计算得出了地球和陨石的年

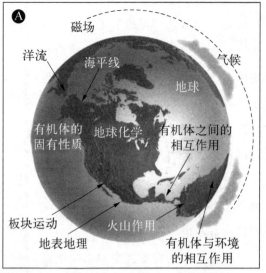

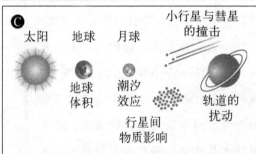

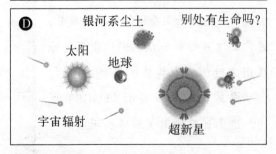

这些都是复杂生命进化中非常重要的要素。

龄。因此,也能算出太阳系有 45.4 亿年,这只有不到 1% 的不确定性。确切地说,这个年龄代表了铅的同位素在太阳系中的最后一次均质,以及铅和铀在太阳系固体内的最后一次合并。太阳系和地球所发现的年龄与目前所估计的银河系 11 亿 ~130 亿年的年龄(以球状星团恒星的进化阶段为依据)或估计的 10 亿 ~150 亿年的年龄(以遥远星系的衰退率为依据)是一致的。

附图总结了一些现在科学家认为在复杂生命的进化中很重要的方面,包括(A)起源于地球和"真核状态"生物体的物理或化学性质的内源因素;(B)与太阳的性质和地球相对于太阳位置的性质相关的因素;(C)源自太阳系内部的因素,以地球为代表;(D)源自离太阳系很远的外太空的因素。

"真核状态"指的是内部结构复杂的细胞。包括细胞器(例如,核、线粒体等)、染色体和其他结构。和许多被称为单细胞生物的原生生物一样,所有的高级陆地生物都由真核状态的细胞组成。显然,复杂生命的进化必须等待真核状态的细胞的进化,相信这种进化早在 10 亿年前就发生在地球上了。真核生物是由真核细胞建成的生物。

　　而以上的信息将会把宇宙进化的设想引向何处呢？读者首先认识到所有的生物都是极其有趣的，那些拥有智慧并发展了技术的生命尤为有趣。拥有着科技的智能生物，包括地球上的人类，可以随着科技水平的增长，更先进有效地对物质进行有意识的控制。古代的山洞居民用火获取光和温暖，现代人类通过利用太阳能、控制降水以及分裂原子核，为灯、供暖、工业以及娱乐提供能源。在 21 世纪末，人们将极可能使原子核（控制核聚变）来为灯、供暖、工业所应用，为地球上的娱乐提供能量，也为在月球和火星上出现的人类定居点所需的星际动力系统和推进系统提供能量，这个趋势应该很明显。

　　在考虑宇宙的最终命运时，有些科学家已经大胆地为整个宇宙中的智能物种预测了一个有趣的命运。如果在整个银河系中的（假设的）智能外星生物能够学会与它们先进的文明中了不起的科技力量一起生活，那么可能这些先进的智慧生命（希望包括人类）的命运会是：分享信息，在宇宙范围内对所有物质和能量的良性控制上共同合作。

　　根据现代的科学理论，经过有机物漫长的化学进化过程，生物自然而然地出现在远古地球上。这个过程始于大气中由无机物到简单有机化合物的合成，在海洋中这些化合物继续转化为更加复杂的有机物质。之后，这个过程以有机微结构的出现而告终，它们有基本的自我复制的能力以及其他生物化学功能。

　　人类对于生命起源的兴趣可以追溯到古代，从历史中可以看出每个社会创造的神话似乎都反映了某些特定人物对宇宙一定程度的认识，以及他们在宇宙中的地位。如今，在太空时代，认识领域已经超出了人类所在的太阳体系，扩展到了其他星系，扩展到了广阔的星际中，还扩展到了无数存在于广阔的外太空中的星系中。

　　正如生物进化的概念表明，所有的生物都是由同一个祖先演变过来的，同样，宇宙进化的概念也表明人类所在的太阳系中的所有物质有着相同的起源。照这条推理的线索，现在科学家假设生命可能是无数以原始恒星物质的形式变化而成的产物，这些变化是由天体物理进化、宇宙化学进化、地质进化以及生物进化之间相互影响的过程引起的。

　　如果科学家使用更大的宇宙进化背景，他们就能进一步得出结论：引起地球上生命起源的一系列事件超出了行星的历史，延伸到太阳系自身的起源，延伸到发生在古代星际云中的事件，它们中产生了像太阳一样的恒星，最终在这些恒星中诞生了组成生物的生源元素。总的说来生源元素是那些对所有生命体系至关重要的元素，目前，科学家将首要重点放在了氢元素（H）、碳元素（C）、氮元素（N）、氧元素（O）、硫元素（S）以及磷元素（P）上。主要的化合物是那些通常情况下与水和有机化学相关的化合物。在有机化学中，碳和碳或和其他生源元素是紧密联系的，这些化合物在星际空间的普遍存在给地外生物学家提供了科学基础，形成重要的现代假设，即"无论这些化合物出现在哪里，只要有合适的行星条件存在，生命的起源在宇宙中就是不可避免的"。目前，对地球上生命的理解引导科学家们得出这样的结论：生命起源于行星，生物进化的总体进程受行星和太阳系进化的混沌过程所影响，例如彗星对行星体的随机影响或者小卫星无法预测的破裂。

在描述生命体系的进化和它们的化学前体时，科学家将这个过程分为 4 个主要时期：

1. 源生化合物的宇宙进化——一个相当长的时期。在这一时期，生源元素变得越来越复杂，从恒星中的核合成发展到星际分子，再到彗星和小行星中的有机化合物。

2. 生命起源前的进化——在这个时期，生命的化学组成从大气、海洋和地壳岩的成分进化到复杂的化学前体，再到最初的细胞生命形式（在行星环境中）。

3. 生命的早期进化——这是一个由最初的有生命的生物有机物到多细胞物种发展的生物进化时期。

4. 高等生命的进化——这个时期以先进的高等生命形式的出现为特征，智能生物的发展达到高潮后，智能生物能够相互交流、使用科技以及探索和理解他们所居住的宇宙。

科学家揭开了地球生命的化学物质组成的进化过程，他们应该问自己另一个有趣的问题：如果生命的化学物质组成进化发生在这里，那么它会发生或者可能发生在其他地方吗？换句话说，在太阳系或者在遥远的恒星周围那些像地球一样的行星中，找到外星生命的可能性又如何呢？

根据"平庸原理"（一个经常被地外生物学家引用的概念），太阳系或者地球没有什么"特别"的。因此，根据这个推测，如果类似的条件曾经存在或者现在就存在于恒星周围合适的行星上，那么生命的化学进化同样会发生。

知识窗 ———●

平 庸 原 理

平庸原理是一个相当具有普适性的假设（或推测），它经常用在涉及自然和外星生命可能性的讨论中。它认为所有的东西几乎都是一样的——也就是说，它认为地球和太阳系没有什么特殊性。通过引用这个假设，科学家认为宇宙中的其他部分和这里几乎一样。这个哲学理论允许科学家根据他们所了解的地球，以及发生在地球上的生命的化学变化知识和他们在太阳系中了解到的其他行星体的事实，推断出在遥远的恒星周围的外星世界中发生的事情。

平庸原理的简单假设经常被引用为关于宇宙生命出现的现代推测的基本起点：如果地球真的没有什么特殊，那么也许银河系（上亿个星系中之一）中的成千上百万个世界不仅是远古生命的起源，也经历了远古的海洋的化学进化，现在也是无数有趣生物的居住地。

一些生命系统可能也进化到智能的层次，那么外星生物也许现在也正盯着他们世界的天空，想着他们是否也是独一无二的。

另一方面，地球上错综复杂的生物圈确实有些特殊，那么生命——尤其是能够理解他们的存在，考虑地球在宇宙中的角色的智能生命——可能是巨大的无生命宇宙中稀有的很特别的宝石。地球是特别的吗？——或者类似地球的行星是否很稀少呢？——如果是，那么平庸原理就不适合用来估计外星生命在宇宙其他地方存在的可能性。

今天，科学家不能够做出对平庸原理的最终判断，他们要等到先进的无人宇宙飞船和人类探索者对太阳系中其他有趣的星球做出更细致的调查。地外生物学家感兴趣的其他星球包括火星和巨大的外空卫星——木星卫星（尤其是木卫二）和土星卫星（尤其是土卫六）。一旦科学家通过机器人探索到这些外星球，他们将会有更精确的技术基础来评论地球或者是"有些特殊"或者是"没有什么特殊"——正如平庸主义所提到的那样。

现代行星形成理论坚定地认为质量和成分与地球相同的天体存在于许多系外行星系统中。为了查明这些太阳系外行星是否能够维持生命，科学家将需要使用先进的天基体系统——例如美国国家航空航天局的开普勒太空任务和太空干涉测量任务（SIM）以及下一个10年或更久远的计划：类地行星发现计划（TPE）和生命发现任务。为这些新的太空计划而带上的宇宙飞船的器械将协助直接探测其他行星的陆地（小而多的岩石），并调查大气中的成分（详见第三章和第七章）。科学家目前知道并了解到液态水是生命的基本需求。具体来说，在未来的几十年，科学家将使用先进的天基器械来探测关键的生物标记，这将得出绕其他恒星旋转的行星是否存在生命的结论。

从外观看，地球表面具有已知的易于识别的生物特征或者从植被的变化得来的生命体征。在天文学和地外生物学中，"生物仿真"是光谱的、光度测定的或者宇宙的信号——该信号的起源需要一个具体的生物中介。地球也有许多独特的大气生物特征，

在完成进入绕月轨道飞行的点火之后（1968年12月），"阿波罗8号"的宇航员，弗兰克·博尔曼（Frank Borman）、詹姆斯·A.洛弗尔（James A. Lovell）和威廉·安德斯（William Anders）从月亮后面看到了这幅壮丽的地球升起的景象。每位宇航员都被贫瘠荒凉的月球表面与远处宏伟的蓝色大理石形成的鲜明对比所震撼。（美国国家航空航天局）

包括与生命有关的分子化合物的特征光谱。例如，氧气（O_2）由光合作用的植物和细菌产生（第三章提供了更多关于在地外生物学中的重要行星生物特征的细节）。

或许有一个更棘手的问题：外星人（曾出现过的）发展为智慧生命了吗？如果地外生物学家推测，外星人进化到了某些层次的智慧生命，那么，人们也一定会问：智能的外星生命形式有先进的科技吗？它们知道如何让科技与自然和谐共存吗？

与宇宙中充满了智能生物这一构想截然不同，科学家认为生命本身就是极其罕见的现象，地球上的人类是星系唯一的智慧生命形式，人类已经取得了高水平智能意识，发展了（有自我毁灭的潜在危险的）先进的科技。想一想，后一个猜测可能带来的强大影响：宇宙能够在约140亿年的宇宙进化中造出人类，那么人类是最好的吗？如果真的是这样，那么每个人类都是非常特殊的生物，无论在地球上还是在整个宇宙中。

对月球和火星上存在外星人的初步科学调查是消极的，而且不成功。然而，正如第一章中所提到的，美国国家航空航天局对一块火星陨石详细的研究重新燃起了人们对火星上有微生物的可能性的兴趣和推测——这些微生物可能在过去，甚至现在依然存在于受到保护的地下生态位中，并且处于极易受到损坏的状态。

知识窗

持续宜居带（CHZ）

据天文学家和地外生物学家所说，持续宜居带是在一颗恒星周围的区域，这个区域有一个或者几个（类似地球的）行星拥有适合生命出现和维持生命持续存在的条件。在持续宜居带中，一颗行星的重要特征是它的环境条件支持在行星表面保有大量的液态水。这个在恒星周围潜在的支持生命存在的区域有时被叫作"金发地带"。在持续宜居带中，任何类似地球的行星通常被叫作"金发行星"。科学家们表现出了一些幽默感，从著名的童话《金发女郎和三只小熊》（*Goldilocks and the Three Bears*）中借用了这个不平常但却合适的描述性命名法。

在现代天文和地外生物学的背景下，类似地球的行星是位于生态圈内的太阳系外行星，它有类似于陆地生物圈的行星环境条件，尤其是合适的大气层，允许大量的液态水保持在行星表面的温度范围以及充足的由母恒星发射的辐射能量照在行星表面。这些合适的环境条件允许以碳为基础进行化学结构进化，正如科学家在地球上所了解的。类似地球的行星质量应该大于0.4个地球质量（允许适合呼吸的大气的产生和维持），但是要小于2.4地球质量（避免过度的表面重力状况阻碍高等生命形式的发展——至少像在地球上所认识了解的一样）。

目前，在人类的家园地球上，对嗜极微生物的发现和认识进一步鼓舞了地外的微生物生命探索。陆地的嗜极微生物生活在富含酸性的温泉、富含碱性的碱湖和饱和的盐床中。另外，适应性很强的微生物在南极被发现，它们生活在岩石中和长年被冰雪覆盖的湖泊底部。生命，包括适应性很强的微生物也在温度高达120摄氏度的深海热液喷口处被发现，在深达1千米甚至更深的地下生态系统里发现了细菌。它们的能量来自玄武岩和风吹日晒。有些嗜极微生物能够在紫外线的辐射和大量的核（电离）辐射下存活下来。而另外一些嗜极微生物可以忍受极度饥饿、低营养水平和低水分活跃度。值得一提的是，孢子形成的细菌掩埋在2 500万~4 000万年形成的琥珀中，它们曾在黄蜂的胃中，现在已经被复活。显然，生命，至少是目前地球上的生命——是多种多样的、顽强的，能够适应极端的环境。

从美国国家航空航天局"海盗1号"和"海盗2号"着陆器上的生物实验结果来看，现存的生命在火星表面的环境中是不存在的（第三章提供了更多关于美国国家航空航天局令人惊叹的"海盗号计划"的细节）。但是，生命可能出现在可能存在液态水的地下深处的环境中。另外，我们知道现在火星表面并不适合生命生存，但是，目前飞往火星的太空计划为科学家提供了很好的证据，证明在火星的早期（约40亿~35亿年前）表面环境更像地球，有更温暖的气候，在表面或近表面处有液态水。科学家知道生命以很快的速度起源于早期地球（可能在几亿年之内）。所以，在液态水出现在火星表面这一时期，生命出现在火星上同样也有一丝机会，这一假设似乎很合理。

当然，在火星的更多详细的探索发生之前，是不会得出关于火星上是否有生命（过去或现在）的最终结论的。也许在21世纪末，地球探索者（机器人或者人类）将在火星深处的峡谷中的一个遥远的外空生态区域中蹒跚而行，或者可能一队在火星上寻找矿石的宇航员矿工会发现微小的远古生物成为化石的遗体。在环境更适宜的时期，这些远古生命在火星的表面徜徉。是的，这是一种推测，但并不是没有理由的（第四章提供了更多对寻找火星上的生命的讨论）。

巨大的带外行星和它们一系列的神秘卫星也增大了外星生命的可能性。木卫二冰冻的地表下可能存在大量的液态水，在这个（遥远的）星球的海洋中可能含有外星生命形式的群落聚集在水热出口周围——有哪位地外生物学家不会因这些可能性而感到兴奋？另外，从美国国家航空航天局的"伽利略号"太空飞船得来的数据表明另两个卫星：木卫二和木卫三冰冻的表面下可能储存有大量的液态水。

在这一点上，所有科学家都可以肯定地说，他们对宇宙中生命普遍性的理解，将会受到几十年以后

地外生物学家假设：在适合的环境条件下，生命，包括智慧生命应该出现在系外恒星周围的行星上。这是一位画家的作品，是一个智能的类似爬行动物的生物。有些科学家认为，在地球上，这种聪明的恒温恐龙可能最终会发生进化，如果它没有在6 500万年前的大规模灭绝中销声匿迹。在这次事件中，恐龙被取代了，出现了哺乳动物，包括智人的祖先。（美国能源部／洛斯阿拉莫斯国家实验室）

太空生物学在太阳系的行星体和系外行星体上的发现（或利或弊）的影响。

目前有发现表明，彗星可能是储存了太阳系开始之初的化学进化和有机合成的信息库。在回顾了哈雷彗星的数据之后，太空科学家认为彗星从太阳系形成以后一直没有变过。地外生物学家现在有证据证明有机分子是对生命来说至关重要的原始分子，它们普遍存在于彗星中。这些发现进一步支持了生命的化学进化曾经在整个银河系中出现，现在也仍然存在。有些科学家甚至认为彗星在地球生命的化学进化中发挥着重要的作用，他们假设相当数量的重要的生命原始分子通过彗星碰撞储

知识窗

嗜 极 微 生 物

嗜极微生物是适应性很强的微生物，它们能够存在于地球上极端的环境状况下，比如寒冷的北极地区，或者沸腾的温泉中。科学家根据嗜极微生物生活和生存的恶劣环境所具有的物理特征来描述极端微生物的特征。例如，嗜压微生物，最典型的例子是在深海环境中发现的，它们是在静态高水层的条件下繁衍的微生物；而嗜热微生物是能够在高温环境下生活成长的微生物。有些地外生物科学家引用平庸原理来推测，同样适应性很强的（陆地）微生物可能存在于太阳系中的某个地方，也许在火星的地下生物生态位中，或者在木卫二冰冻层下面的液态水海洋中。

这幅图描绘了可能在太阳系外行星或者它们的卫星上发现的极其恶劣和多样的环境。生物学家发现了适应性很强的微生物，叫作嗜极微生物。它们在地球上幸存下来，甚至繁衍起来。所以地外生物学家认为，同样适应性很强的微生物可能出现在太阳系其他星球或太阳系外行星系统的严峻环境中，并且存活下来。（美国国家航空航天局／帕特·罗菱斯）

存在远古的地球大气中。

流星体是由地外物质组成的坚固质块。这样，它们就成为代表在地球外未出现过生命的星球上的化学物质的另一个有趣的信息来源。在 1969 年，对陨石的分析首次提供了令人信服的证据，证明了外星氨基酸的存在。氨基酸是一组生命必需的分子。从那时起，收集到的大量的资料表明，更多对生命而言必要的分子也出现在陨石中。对地外生物学家来说，这一调查线索的结果是，生命化学很明显不会是也不应是地球唯一拥有的。未来这一领域会帮助科学家更好地了解在太阳系形成时期的条件和进程。这些研究也应为太阳系起源和生命起源之间的关系提供线索。

越来越多的证据证明，在火星历史的早期，它的表面有流水。在21世纪的前20年中，对火星的详细探索帮助确定了这个假设，也可能帮助发现毋庸置疑的生命标记——已经灭绝或甚至现存在某些隐蔽的地表下的生态位中。（美国国家航空航天局/喷气推进实验室）

　　"生命——尤其是智慧生命——是地球上所独有的吗?"这个根本问题有两个核心之处，即确定自我的概念和人类在宇宙万物中所处的位置。如果生命是极其罕见的，那么所有人类的成员的确对整个宇宙（虽然宇宙在无限扩大）都有共同的责任。作为智能种类，我们应该悉心地保护这个地球上的珍贵生态遗产，它们用了40多亿年的时间来进化。另一方面，如果生命（包括智慧生命）遍布在整个星系中，那么人类应该急切设法知道它们的存在，最后人类应该成为智能生物这个星系大家庭中的一部分，费米著名的悖论"他们在哪里?"在21世纪有着特殊的意义。

◎胚种论

　　胚种论是一个概括性的假设，它假设依附于微小的物质粒子的微生物——孢子或者细菌遍布整个宇宙，最后遇上了一个合适的星球，在那里开始了生命。英文"胚种论"（panpermia）本身的意思是"全面播种"。

在 19 世纪，苏格兰科学家开尔文勋爵［Lord Kelvin（又名：威廉·汤姆森男爵 Baron William Thomanson），1824—1907］认为生命可能从外太空来到地球，也许携带在陨石中。1908 年，瑞典化学家、诺贝尔奖获得者斯万特·奥古斯特·阿累尼乌斯在其著作《前进中的世界》（World in the Making）中提出了一个现在认为是胚种论假设的想法。他认为生命并非在地球上开始，而是以外星孢子（类似种子的细菌）、细菌微生物的方式传播开来的。根据他的理论，这些微生物孢子或者细菌起源于银河系中的其他地方（可能在另一个星系的行星上，那儿的条件更适合生命的化学进化），然后依附在微小的宇宙物质中游荡在太空中，而不是在恒星辐射压力影响下移动的。

关于阿累尼乌斯的原始胚种论概念，科学家遇到的最大困难和问题是这些"生命种子"如何能够在星际太空中游荡达几十亿年之久，受到宇宙射线极度剧烈的辐射量，在遇到有着合适行星的太阳系后仍然可以形成生命。即使在太阳系范围内，这些微生物孢子或者细菌也很难生存下来。例如，从地球邻近地区游荡到火星的生命种子，会暴露在太阳的紫外线辐射、以太阳光粒子和宇宙射线为形式的离子辐射之中。孢子在行星间的迁徙可能要花费几十万年的时间，它们一直在没有空气、环境条件恶劣的外太空漂流。

诺贝尔奖获得者弗朗西斯·克里克（Francis Crick，1910—2004）和莱斯利·奥格尔（Leslie Orgel，1927—2007）试图通过提出"定向胚种论假设"来解决这个难题。他们感觉到胚种论总体概念很有趣，很难全盘抛弃，所以在 20 世纪 70 年代早期，假设一种远古的智能外星人种族可能建造了星际无人驾驶宇宙飞船，装载着微生物孢子和细菌，然后在星系中"播种生命"，至少是可以进化成生命的物质。生命播种物可能在长途的星际旅途中受到保护，然后在无人驾驶太空飞船遇到合适的行星时，它们被释放到合适的行星大气或海洋中。

为什么外星的文明会进行这类的计划？它肯定首先尝试了与星际空间里的其他种族交流。然后在这样的尝试失败以后，外星的文明说服自己在宇宙中没有其他生命。这时，它的文明受到了某种形式的"传教士般的热情"的驱动，用智能外星种族所理解的生命去"绿化"（也许是"蓝化"）银河系，外星的科学家可能开始了更精细的定向胚种论计划。带着受到很好保护的微生物孢子或细菌，无人驾驶宇宙飞船发射到了星际空间中，在邻近星系中寻找新的"生命地"。这样的工作可能是展示先进科技计划中的一部分，一种在星际范围内的行星工程。这些播种生命的宇宙飞船可能是一个雄心勃勃的移民浪潮前身——可能从未发生，或者可能正在发生。

在定向胚种论的讨论中，克里克和奥格尔确定了他们所谓的"细致宇宙可逆性定理"。这个定理认为，如果人类现在可以用宇宙飞船载着微生物，将它们播种到太阳系中的其他星球，那么，假设先进的、智能的外星文明在遥远的过去，用宇宙飞船带着微生物孢子或者细菌在其他星球（包括地球）上播种，这也很合理。

一些科学家认为，地球上的生命是远古宇航员不小心留在地球上的微生物进化的结果。现在，地球上有人类是因为远古的太空旅行者是"垃圾虫"，它们把垃圾散落在那时候还没有生命的星球上。这样的推测也很有意思。这条猜测的线索有时叫作地球生命起源的地外垃圾理论。

弗雷德·霍伊尔爵士（Sir Fred Hoyle，1915—2001）和纳林·钱德拉·威克拉马辛（Nalin Chandra Wickramsinghe，1939— ）也探索了定向胚种论理论和地球上生命的起源。在一些著作中，他们用令人信服的证据证明地球上生物的生态成分已经并且将会被太空中"原始的基因"的到来完全改变；他们进一步认为，宇宙微生物的到来以及由此带来的地球生命的复杂性不是一个随意的过程，而是在更强的宇宙智能生物的影响下发生的。

这又带来了另一个有趣的问题：地球上的科学家和工程师正在发展那些能发送智能机器和人类探索者去太阳系的其他星球（最后到别的星系中）的必要的科技，那么，人类的后代也应该开始一个定向胚种论的计划吗？如果我们的后代相信人类可能真的在星系中是独一无二的，那么，智力上和生物上的紧迫要求就会促使他们开始"绿化星系"的进程，即在没有生命的地方播种生命。

也许在 21 世纪末，机器人星际探索者会从人类居住的太阳系中发射出去，不仅为了寻找外星生命，也为了当没有发现生命时，在有可能适合的太阳系外行星中播种生命。这可能是人类更高的宇宙号召之一——成为第一个把科技发展到可以让生命在星系中繁衍的智能物种。当然，人类为定向胚种论付出的努力，也可能只是由早已灭绝的外星生物，于亿万年前开始的一连串宇宙连锁事件中的下一环。几万年以后，在遥远的类似太阳的恒星周围的一颗行星上，另一些智能生物也许将会开始想，在它们星球上的生命是自然而然地开始的，还是由一个从银河星系中消失的远古文明（由此来说也就是地球的文明）播种在那里的生命。那样的话，是地球把生命播撒在了那里。胚种论或者定向胚种论假设并没有说明生命是如何起源于星系中的某处，但它们的确提供了神秘有趣的概念，那就是：一旦生命开始，它是如何"传播"的。

◎ 我们诞生于星尘

在人类的大部分历史中，人们认为他们和他们所居住的星球与宇宙中的其他部分是分离开来的。毕竟，天空是触及不到的地方，因此，只有在古代文明中十分丰富的神话故事中才能发现神的居所。只有随着现代天文学、地外生物学和太空科技的发展，科学家才能够正确地研究宇宙的化学进化。结果是令人惊叹的。

歌词作者和诗人常常认为，爱人是由星尘构成的。科学家也对我们表示，这不仅仅是艺术家想象力的表达，这的确是真的。我们都是由星尘组成的。多亏了许多天体物理现象，包括发生在太阳系形成以前的远古恒星爆炸，使我们的星球丰富多彩，维持着生命的化学元素都出自那些恒星，这一节将对与宇宙相关的化学成分做简短的介绍。

像碳（C）、氧（O）和钙（Ca）这样的化学元素遍布我们周围，是我们的一部分。另外，地球的组成物质和在行星的生物圈内掌管生命的化学反应都起源于这些化学元素。为了认识生命和化学元素的关系，科学家把他们认为对所有生物至关重要的化学元素——无论在地球上，还是可能在太阳系的其他地方，或者在其他恒星周围可居住的行星上——都起了一个独特的名字，正如前面提到的，科学家把这些独特的维持生命的化学元素叫作生源元素。

生物学家把他们的研究集中在生命上，因为生命以多种多样的有趣形式出现在地球上。科学家将地球上以碳为根本的生命的基本概念进行延伸，提出了有科学根据的猜想，这是关于地球生物圈以外的生命的特征的猜想。考虑生源元素时，科学家通常把重点放在氢元素（H）、碳元素、氮元素（N）、氧元素、硫元素（S）和磷元素（P）等主要的有机化学元素上，它们通常与水（H_2O）和其他有机化学物质有关。在有机化学物质中，碳与碳或者其他生源元素结合。也有一些无机化学元素对生命至关重要，比如铁（Fe）、镁（Mg）、钙、钠（Na）、钾（K）和氯（Cl）。

所有在地球上以及宇宙中的其他地方发现的化学元素，都在宇宙事件中有它们最初的起源。由于不同的元素来自不同的事件，组成生命的元素都反映了众多在宇宙中发生的天体物理现象。例如，在水和碳氢化合物分子中发现的氢，是在宇宙的大爆炸后不久便形成；碳元素是所有地球生命的基础，形成在小恒星中；像钙和铁这样的元素形成于大恒星的内部。原子序数超过铁的较重元素，像银（Ag）和金（Au），在超新星的巨大爆炸性释放中形成。一些轻元素，比如锂（Li）、铍（Be）和硼（B）是高能宇宙射线和其他原子相互作用的结果，这些原子包括星际空间中发现的氢和氦核。

大爆炸以后，早期的宇宙包含了物质与能量的原始混合物，它们进化成了科学家如今在宇宙中观察到的物质与能量的所有形式。例如，大爆炸的约 100 秒后，膨胀的物质和能量的混合物的温度降到了约 10 亿摄氏度——足够"冷"以至于中子和质子在某些撞击中结合在一起，形成轻核子，比如氘和锂。宇宙形成 3 分钟后，95% 的原子核是氢，5% 是氦，只有极少锂的痕迹。那时，这三种轻元素的原子核是唯一存在的核子。

宇宙继续膨胀、冷却，早期的原子核（主要是氢和少量氦）开始捕获电子形成原子，然后通过引力集中形成巨大的气体云。数万年中，这些巨大的气体云是宇宙中的唯一物质，因为恒星和行星都还没有形成。大爆炸后约 2 亿年，第一颗恒星开始闪耀，重要的新化学元素开始在火炉一样的热核炉中生成。

当以氢气为主的巨大云团在相互引力的作用下开始收缩时，恒星形成了，也许花了很长时间。上百万年间，许多氢气最终聚集成一个巨大的气体球，其质量是地球的几十万倍。当这个巨大的气体球在自身引力的作用下继续缩小时，它的内部产生了巨大的压力。依据物理法则，随着温度的增加，这个"原恒星"的中心压力也增加了。然后，当中心的温度达到最小值，约 1 500 万摄氏度时，在逐渐缩小的气体球中心，氢原子核快速移动，以至于当它们相撞时，这些轻的原子核会发生聚变，这是一个非常的时刻——新的恒星诞生了。

核聚变的过程中，恒星的中心释放了大量能量。一旦恒星的核心开始热核燃烧，内部能量的释放就抵消了引力导致的恒星质量的持续收缩，气体球也变得稳定了——因为向内的引力平衡了中心由热核聚变作用产生的向外辐射压力。最后，在聚变中释放出来的能量向上流到了恒星的外表面，新的恒星诞生了。正是这种来自恒星的持续辐射能量流出，为恒星周围环境适合居住的行星提供了维持生命必需的能量。

恒星的轻重不一，从太阳质量的 1/10 到 60 倍（或更重）都有。直到 20 世纪 30

年代中期，天体物理学家才认识到核聚变的过程发生在所有恒星的内部，刺激无数辐射能量的输出。科学家用"核合成"这个术语，描写了不同大小的恒星通过核聚变反应产生不同的元素这一复杂过程。

天体物理学家和天文学家认为质量在太阳质量5倍以下的恒星是中小型恒星。在这个质量范围内，元素在恒星中的产生是相似的，中小型恒星在生命的末期有着共同的命运。诞生时，小恒星通过在自己的中心把氢聚变成氦，开始了它们的生命。总的说来，这个过程继续了上亿年，直到在某个恒星中心没有足够的氢被聚变成氦。一旦氢燃烧停止，产生辐射压力的热核能也停止释放，从而无法抵消持续的内部引力。这个时候，小恒星开始向内坍塌，引力的减小导致温度和压力的增加。结果，残留在恒星中间层的氢变得很热，因此在垂死的恒星中心周围的"壳体"里，热聚变形成氦。壳体中的聚变能量的释放扩大了恒星的外层，导致恒星膨胀到比先前的尺寸大很多。这一过程冷却了恒星的外层，把它们的颜色从明亮的白热或亮黄变为渐暗的发光的红色。这就很容易理解为什么天文学家把处于这一生命阶段的恒星叫作红巨星。

引力继续使小恒星坍塌，直到它中心处的压力使温度达到约1亿摄氏度。这么高的温度足够把氦热聚变成碳。氦聚变为碳释放出足够的能量，阻止进一步的引力坍塌，至少在氦用光之前是这样的。在聚变成氧之前，这个过程一直在坍缩核内持续，当没有物质可以在不断增加的温度条件下进行聚变时，引力会再运用它持续的吸引力影响物质。然而这次，在引力坍缩中释放的热量导致小恒星的外层爆炸，创造了膨胀的对称云物质，天文学家称之为行星状星云。膨胀的云层可能包含小型或中型恒星块质量的10%。这个爆炸过程很重要，因为它把在小恒星的中心由核聚变创造的元素分散到太空中。

造成小恒星喷出行星状星云的最后一次坍缩也释放热能。但是，这次能量的释放不够聚变其他元素，所以中心剩余的物质继续坍缩，直到所有的原子挤压在一起，电子间的排斥力抵消引力持续的推力。天文学家把这种压缩的物质叫作简并星，给这一最终的致密天体取了一个特殊的名字——白矮星，它代表了在大部分低质量恒星的演化中的最后一个阶段，包括太阳。

如果白矮星是双星系统的成员之一，那么它的强引力会把一些气体从伴星恒星的外部区域拉走。这种情况发生时，白矮星的强引力会导致流入的新气体快速地达到很高的温度，从而引起突然性的爆炸，天文学家把这个现象叫作新星。新星的爆炸会使白矮星在短时间内亮度比原先提高 1 万倍。在新星爆炸时热核聚变反应也创造了新的元素，比如碳、氧、氮和氖，这些元素被分散在太空中。

在一些罕见的案例中，一颗白矮星可能经历巨大的爆炸，天体物理学家称之为 Ia 型超新星。当白矮星是双星系统的一部分，从它的伴星伙伴中拉来了太多的物质时，Ia 型超新星就会出现。体积小的恒星不能再支持附加的质量，连在挤压在一起的原子中的电子排斥力也不能阻止进一步的引力坍缩，这波新的坍缩浪潮将白矮星中的氦核子和碳核子加热，使它们熔合成为镍、钴和铁。然而热核燃烧发生得如此之快，以至于白矮星完全爆炸。这种罕见的事件中，什么都没有留下，这次壮观的超新星爆炸的结果是，小恒星的一生中由核聚变产生的所有元素散落到整个太空中。

大恒星的质量是太阳质量的 5 倍以上。这些恒星以几乎与小恒星相同的方式开始它们的生命——通过把氢聚变成氦。然而，因为它们的体积，所以大恒星燃烧得更快更热，在不到 10 亿年的时间内就会逐渐把核心中的所有氢都聚变成氦。一旦在大恒星的核心处的氢全部聚变成氦，它便成了一颗红巨星，与先前提到红巨星相似，只是更大。然而，与小恒星产生的红巨星不同的是，庞大的红巨星有足够的质量产生更高的核心温度，这是引力减小的结果。红巨星将氦聚变成碳，把碳和氦聚变成氧，甚至把两种碳核聚变成镁。因此，通过与复杂的核发生合成反应，红巨星形成更重的元素，包括铁元素。天体物理学家认为红巨星有洋葱一样的结构——在核心周围层次中的不同元素在不同的温度下聚变。对流过程将这些元素从恒星的内部带到表面附近，在那儿，剧烈的恒星风将它们驱散到太空中。

热核聚变在红巨星中继续，直到铁元素形成。铁是所有元素中最稳定的元素。在元素周期表中比铁更轻的元素在热核反应中聚变时逐渐放出能量，而在元素周期表中比铁更重的元素只有在它们的核子分裂或者裂变时才能释放出能量。所以比铁更重的元素是从哪儿来的呢？天体物理学家推测捕获中子是更重的元素形成的一种方法。当一个自由中子（游离在母体原子核外的中子）与另一个原子核撞击，并依附在原子核上时，就会发生中子捕获。这种捕获过程改变了复合原子核的自然属性，这种原子核通常是放射性的，并且会逐步衰变，创造出具有新的原子序数的不同元素。

捕获中子发生在恒星内部，而在新星的爆炸期间，许多更重的元素，比如碘、氙、金和大部分自然产生的放射性元素，由大量的快速中子捕获反应形成。

当一颗大恒星（质量比 5 个太阳的质量还要大）变成一颗超新星时，会发生什么？

红巨星最终会在它炽热的内核处产生铁元素，然而由于核稳定现象，铁元素是在核聚变过程中最后形成的化学元素。聚变使红巨星的核心处充满铁元素时，在大恒星内部的热核能的释放会减少。因为这种减少，恒星的内部不再有辐射压力去抵挡引力的吸引，所以红巨星开始坍缩。突然间，这种引力坍缩造成核心温度上升到高于1 000亿摄氏度，使铁原子中的电子和质子碰撞在一起形成中子。引力将中子的距离拉得更近。约一秒内，中子迅速落向恒心中心。然后，它们相互撞击，突然又停止。这种突然停止使得中子剧烈反冲，爆炸性的冲击波从高度压缩的中心处向外传播出去，随着这股冲击波从中心处传播开来，它使红巨星的外层物质快速升温。传播中的冲击使大恒星的大部分质量在太空中爆炸。天体物理学家把这种巨大的爆炸称为Ⅱ型超新星。

超新星经常会（短时间）释放出足以照亮整个星系的能量，因为超新星的爆炸将在红巨星内形成的元素分散到整个太空中，这是将化学元素扩散到宇宙中的最重要的方法之一。在外部物质被分散到太空中之前，超新星爆炸的巨大力量提供了支持快速捕获中子的核条件。快速的中子捕获反应，将超巨星外层中的元素转变为比铁更重的元素的放射性同位素。

本节仅仅提供了对宇宙与化学元素的联系的简单介绍，但是，下一次你抬头看天空中的星星的时候，请记住：你、其他所有的人和在美丽的地球家园上的所有东西都是由星尘构成的。

◎地球是星系中最不平常、最幸运的行星吗？

地球是离太阳第三远的行星，是太阳系中第五大行星，我们的家园行星离母系恒星的平均距离约14 960万千米。地球是在太阳系内部发现的四大类地行星之一，除了地球，其他类地行星是水星、金星和火星，这些行星的物理性质和特征与地球相似——也就是说，它们是体积小而密度较高的物体，由金属和硅酸盐构成，与外部巨大的气态带外行星（木星、土星、天王星、海王星）相比，有相对稀薄的（或可忽略不计的）大气。地球是太阳系中目前所知的唯一能够维持生命存在的行星体，这使地球成为独一无二的（或者幸运的）星球。本书的后面提到，火星和木卫二被怀疑是可能有生命存在的星球。但目前，只有我们的家园行星是拥有生物活动的宝库。

"地球"（Earth）这个名字来自印欧语系中的词根"er"。这个词根产生了日耳曼语族名词"ertho",最后形成德语单词"erde"、荷兰语单词"aarde"、斯堪的纳维亚语单词"jord"和英语单词"earth";还形成了相关的单词,包括希腊语中的"eraze",意思是"在地面上",威尔士语中的"erw",意思是"一片土地"。在希腊神话中,大地女神叫作"盖亚"(Gaia 或 Gaea),而在罗马神话中,大地女神叫作"忒勒斯"(Tellus)(意思是肥沃的土地)。"地球母亲"(Mother Earth)的表达来自拉丁语"terra mater"。科学家和作家经常用"地球的"(terrestrial)来称呼来自地球或与地球相关的生物和事物。天文学家也把我们的地球叫作"Terra"或"Sol Ⅲ",后者的意思是太阳的第三颗行星。

在太空中,地球以其碧水白云为特征,覆盖了地球的大部分。空气由78%的氮和21%的氧组成,环绕在人类的家园地球上。空气中剩下的是氩、氖和其他气体。海平面的标准气压是101 325Pa。地表温度的范围从赤道的沙漠地区60℃的最大值到冰冻的北极地区的 −90℃的最小值。然而,地表温度介于两者之间,总体说来还是很适宜的。在地球的海平面,由重力引起的加速度是$9.8m/s^2$,一些地外生物学家认为地表重力值比这个值大或小,对复杂的智慧生命的出现来说是不利的。

地球快速的旋转和熔化的镍铁地核带来了广阔的磁场,它和大气一起保护人类和所有其他的生物不受来自太阳和宇宙中其他地方的紫外线和所有有害的粒子的影响。另外,大部分的流星在它们撞击地表之前在地球的保护性大气中燃烧殆尽。地球最近的天体邻居月球是地球唯一的自然卫星。

太阳使得地球上的生命得以生存,而地球生命也受到了月球的周期运动的影响。海潮的起落是由于地球与月球之间的重力牵引形成的。历史中,月球对人类的文化、艺术和文学有着重要的影响。例如,日历年的月份起源于月球绕地球的规律性运动。即使在太空时期,月球也是主要的科技刺激因素之一。月球离我们很远,到达月球也是一个真正的技术难题。然而这个星球又离我们这么近,所以飞上月球在人类的共同努力下第一次成功了。

最新的月亮起源理论提出月球是在灾难中诞生的,支持这个理论的科学家推测,地球在原始的太阳星云物质的积聚进程中(也就是在地核形成后,但地球仍处于熔化状态时),一个火星大小的天体物(称为撞击者)以一个倾斜的角度撞击了地球。这个远古的爆炸性撞击将汽化的撞击者和熔化的地球物质送入了地球轨道,月球就从这些物质中形成了。地球的自然卫星的形成是一个幸运的、罕见的宇宙随机事件吗？或者在遥远的恒星周围，这样的宇宙巧合经常发生在类地行星上吗？这类问题的如果得到科学的解答，则将有助于其他恒星系统中是否存在生命，特别是智慧生命，这类问题的解决。

◎盖亚假设

盖亚假设是由英国生物学家詹姆斯·洛夫洛克（James Lovelock，1919 — 2022）于 1969 年在生物学家林恩·马古利斯（Lynn Margulis，1938 — ）的协助下首次提出的。这个有趣的假设阐明了地球的生物圈对地球大气有非常重要的调节作用。由于在低大气层中观察到的复杂的化学物质，洛夫洛克假设在地球生物圈中的生命形成实际上帮助控制了地球大气中的化学成分，因此保证了适合生命的状况的持续。例如，气体交换的微生物被认为在持续的环境调整中发挥重要作用。在"合作性"相互作用下，一些生物产生某种气体和碳化合物，它们后来被其他生物移走或者使用。没有这些合作性的相互影响，地球地表会过热或过冷，缺少液态水，周围被没有生命的、富含二氧化碳的大气包围。

盖亚是希腊神话中的大地女神，洛夫洛克用她的名字来代表地球生物圈——顾名思义，地球上的生命体系，包括生物体和它们所需的水、气体和固体。因此，盖亚假设隐喻地暗示了"盖亚"（地球的生物圈）会努力维持适合地球生命生存的大气条件。

如果科学家在对地外生物的调查中使用盖亚假设，那么他们应该寻找大气成分多样性丰富的系外行星。把这个假设扩展到生物圈以外，符合这一假设的星球就可能存在生命，反之就不存在，在外星球的低大气层中没有化学的相互作用，会被认为是没有生命的迹象。

虽然目前这个有趣的假设只是一个推测，而不是一个已经证实的科学事实，但它可以帮助人们理解地球生物圈中维持生命的复杂化学相互作用。若人类想要建造封闭的人工生命系统以用作永久的航空站、月球基地或是其他星球上的定居点，就得认真研究微生物、高等动物与地球大气的相互作用。

地球上的生命形式多样、形状多样、尺寸多样。例如这种黄貂鱼只是居住在佛罗里达群岛附近水域众多的海洋生物之一。（美国国家航空航天局）

◎外星突变理论

几百万年来，巨大的爬行动物在陆地上徜徉，主宰整个天空，在史前地球的海洋中游泳，恐龙是最高统治者。然后，约 6 500 万年前，突然它们消失了。这些巨大的生物和成千上万的其他远古动物发生了什么事？

据考古和地质记录，科学家了解到 6 500 万年前有一系列巨大的灾难发生在这颗行星上，它对生命的影响比人类历史上的任何战争、饥荒或者灾害都要广泛，因为在那次灾难中，那时生活在地球上的物种中约 70%——当然，包括恐龙——在很短的时间内消失了。这次大规模灭绝也叫作白垩纪–第三纪大灭绝事件，或者简称为 K–T 事件。

在 1980 年，科学家路易斯·W. 阿尔瓦雷斯（Luis W. Alvarez, 1911—1988）和他的儿子沃尔特·阿尔瓦雷斯（Walter Alvarez, 1940—　）与他们在加州大学伯克利分校的同事一起，发现在恐龙消失的时期，地球表面的铱元素的总量明显增加。铱元素的增加首先是在意大利古比奥附近的一个特殊沉积黏土区域中发现的。同样的铱增加现象紧接着就在世界其他大灭绝时期形成的薄薄的沉积层中发现。由于铱在地壳中是很罕见的,而在太阳系的其他星球上含量丰富,阿尔瓦雷斯团队推测一颗小行星(直径约为 10 千米或者更大)撞击了远古的地球,这次宇宙撞击导致了地球上的环境大灾难。科学家推断这样的小行星在经过地球大气时会被大量汽化,把密集的尘埃微粒,包括大量的外星铱原子,在全球散布开来。

受到阿尔瓦雷斯团队假说的激励,许多后续的地质调查观察到,在地壳岩石圈的约 1 厘米厚的薄层中,铱的增加存在于白垩纪时期(这一时期有丰富的恐龙化石)的最上层地质结构和第三纪早期(这一时期缺少恐龙化石)之间。阿尔瓦雷斯假说进一步推测,在这颗小行星撞击之后,密集的灰尘覆盖在地球上好几年,遮住了太阳,阻碍了光合作用,破坏了远古生命所依赖的食物链。

尽管大量对铱的增加的地球物理调查佐证了阿尔瓦雷斯团队的假说,但许多地质学者和古生物学家仍更倾向于相信对发生在约 6 500 万年前的大规模灭绝的其他解释。对他们来说,大规模灭绝的撞击理论仍缺乏条理。撞击的坑在哪里?在 20 世纪 90 年代早期,在由墨西哥的尤卡坦半岛区域收集来的地球物理资料中,发现了一个直径为 180 千米的环形结构,叫作希克苏鲁伯的陨石坑。这个问题由此得到了回答。希克苏鲁伯陨石坑的年龄确定为 6 500 万年,进一步的研究也帮助确定了这个撞击来源。一颗直径为 10 千米的小行星撞击后会留下一个很大的坑,也会造成巨大的潮汐波,科学家也发现了证据证明在约 6 500 万年前墨西哥湾区域发生了潮汐波。

当然,还有很多有科学依据的假说可以解释恐龙灭绝的原因,最普遍的一个是说地球气候在不断地逐渐变化,巨大的恐龙和其他史前的动物不能适应。因此,没有人可以证据确凿地证明一颗小行星的撞击导致了恐龙的灭绝。许多种类的恐龙(和较小的动植物)事实上在 K-T 事件的几百万年前就灭绝了。但是一个直径为 10 千米的小行星的撞击无疑对地球上的生命也是一次巨大的破坏。在当地会有强烈的冲击波和火灾;剧烈的地震、飓风和上百亿吨的残骸散落在四处,这些残骸造成全球范围内几个月都处于黑暗和寒冷之中;还有世界范围内的浓硝酸雨,在这次撞击后的几年内硫酸气溶胶也许使地球冷却了。对幸存下来的物种来说,生活肯定不容易。幸运的是,如此大规模的物种灭绝事件(ELEs)平均每一亿年只发生一次,然而只要这些巨大的爬行动物主宰整个地球,哺乳动物,包括人类,进化的机会就很小,从这样的角度思考也很有趣。所以如果小行星撞击理论是正确的，那么古代的灾难性事件显然对恐龙来说是运气不好。然而，K-T 事件对人类的出现——智力生物也许是好运。人类在 6 500 万年后主宰世界并且开始探索太阳系。

小行星或者彗星撞击地球在未来也是有可能的。看一看火星和月球的地表照片，问一问这些大的陨石坑是怎么样形成的。名叫苏梅克-列维 9 号的彗星在 1994 年撞上了木星。幸运的是，一颗非常大的小行星或彗星撞击地球的可能性也是很低的。例如，太空科学家估计地球每 30 万年才会与一颗直径为 1 千米或更大的小行星（ECA）发生一次撞击。

这幅图描绘了一次在地球沿海区域的致命撞击，所有在撞击点附近的生命在高温和高压的作用下被全部毁灭。巨大的潮汐波对撞击区以外的地区——位于在劫难逃的海岸线附近和远在内地的陆地都有很强的破坏性。最终，这次撞击所带来的巨大灰尘被留在了大气中，挡住了维持生命的阳光，在整个星球上产生了"核冬天"，导致大部分物种最终灭绝。（美国国家航空航天局 / 堂·戴维斯）

然而，在 1989 年 5 月 22 日，一颗名为 1989FC 的经过地球的小行星，在距离地球 69 万千米之内的范围掠过。这次宇宙"擦肩而过"的发生，距离地球仅有 0.004 6 个天文单位——这是一段不到地球到月球的距离的 2 倍的距离。宇宙撞击专家估计，如果这颗直径估计约为 220~400 米的小行星，直接以每秒 16 千米/秒的相对速度撞击地球，它将以 400~2000 百万吨级的爆炸力撞击地球。百万吨级是爆炸能量的计量单位，相当于百万万吨化学烈性炸药（TNT）的威力。如果这颗小行星撞击了地球陆地，会造成一个直径约为 4~7 千米的陨石坑，产生大区域范围内（可能不是全球范围内）的破坏。

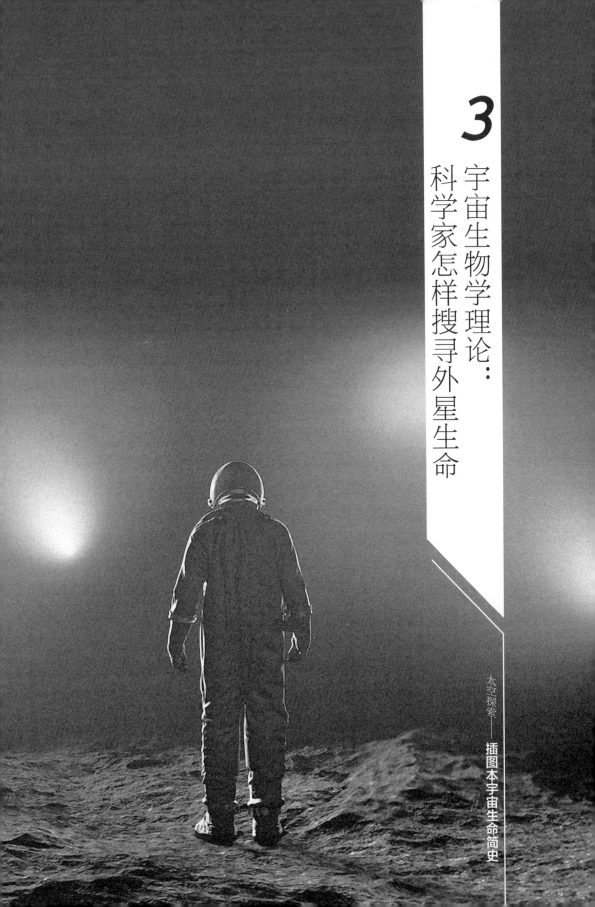

3
宇宙生物学理论：
科学家怎样搜寻外星生命

地外生物学（或称天体生物学）最广义的定义是：一门研究宇宙生命的科学。当代宇宙生物学家通过观察和探索外星空间的方式来解释许多问题，而以下几个是人们较为关注的问题：生命来自何处？它们怎样进化？生命的进化发生在哪里？地球上现存的生命是唯一的，还是宇宙中的一种普遍的现象？生命是否无论何时都会出现在星系中某个条件合适的行星上？

仅就太阳系而言，宇宙生物学家想知道：火星上是否存在生命？如果有，是已经灭绝了还是仍然存在——也许这些生命的生存地点并不那么容易被发现，可能是火星地表以下？在被冰层覆盖的木卫二上，真的像人们预言的那样，在其液体海洋的下面隐藏着生命吗？木星的另外两颗卫星，木卫四和木卫三，同样被冰层所覆盖，在它们冰层的下面有没有存在生命的可能性呢？科学家也试图去研究存在于土卫六高氮大气中的复杂有机分子。

除了地球，在太阳系内部，科学家们正在利用许许多多精密的无人驾驶宇宙飞船继续进行生命的搜寻。在21世纪通过多次精密的空间探索，科学家们在寻找火星和木卫二上存在生命的新的证据。土卫六和诸如彗星、小行星之类的太阳系中其他小型天体的观测数据也说明了，太阳系早期条件有利于地球上生命的出现，同时也有可能有利于其他星球上生命的演化。随着科学家对我们这个物种多样的世界的深入认识，人类探索遥远行星上崭新世界的能力也在不断完善和提高。

严格来说，地外生物学可以被定义为一个多学科领域。它包含：对地外生命生存环境的研究，对在这些环境中生命存在的证据进行鉴别和对可能遇到的任何地外生命形式的研究。正如在第二章所提到的，生物物理学家、生物化学家和地外生物学家通常将"生命体"视为一个系统。被视为一个系统的生命体必须具有以下特征：有结构（即包含信息）；能够自我复制；根据达尔文进化论，应该有遗传信息变异的经历（比如适者生存）。

观测地外生物学的内容包括对太阳系以及太阳系以外我们感兴趣的天体的细节研究和对星际分子云的有机化学组成的研究。天体生物学的内容是，在探测机器人或是宇航员从外太空带回来的土壤、岩石样本和陨石中寻找已经灭绝的外星生命体的化石或者生物标记。实验地外生物学则主要研究地球微生物在宇宙空间中的生存能力和有机生物体在不同星球上的适应性的问题。

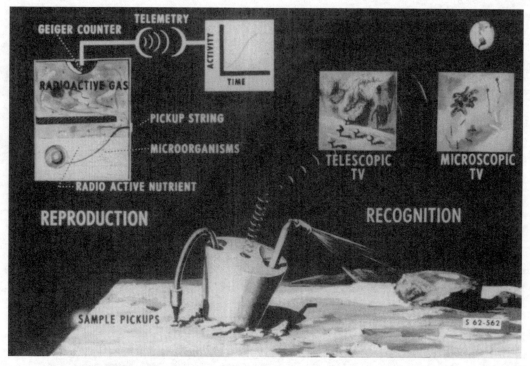

这是一幅反映早期太空时代的图（1962），说明了宇宙飞船运行的地外生物学基本原则。一艘火箭运载宇宙飞船可以在火星（或其他外星世界）上，通过向土壤样本中注入放射性营养液（比如含有碳-14的营养素）来寻找生命。如果土壤样本中包含微小的生命形式，则营养液将刺激其代谢活动或生长（繁殖）——导致少量放射性气体释放，这会很容易被探测到并传回地球。宇宙飞船的望远镜电视系统能够调查行星上当地植物及小动物的生命迹象。最后，一架高分辨率的显微镜能使科学家们远程检查挖掘的土壤样本里的微小生命体信号，比如蠕虫、昆虫，也有可能是小的远古生物的化石遗留物。一只火星上的蛤壳就是一个生动的例子。（美国国家航空航天局）

地外生物学面临的问题可以通过不同的研究方式加以解决。首先是直接分析，来自太阳系其他星球的原始的样本可以被带回地球上来研究——就像阿波罗登月计划（1969—1972）所完成的那样；也可以利用探测机器人在现场进行研究——此方式"海盗号计划"于1976年完成。在从月球带回来的岩石和土壤样本中并没有发现任何生命的痕迹，而美国国家航空航天局的"海盗号计划"登陆器至今也没有能对其他行星上是否存在生命这个问题做出一个明确的答复。然而，以上研究的结果却证明了：在远古时期，火星曾经是一个相当潮湿的星球。近期的火星表面探测任务又一次让人们关注到火星上的生命。

第二种研究方式是实验。在地球或空间实验室中设计实验，这些实验可以模拟地球上产生生命的原始条件，据此推知在其他星球环境中的实验结果；同时也可以研究地球生命在我们已知的外星环境中会如何反应。

1924 年，苏联生物化学家亚历山大·伊万诺维奇·奥巴林（Aleksandr Ivanovich Oparin，1884—1980）出版了一本名为《地球上生命的起源》（*The Origins of Life on Earth*）的著作。书中他提出了化学进化理论，即无机单分子可以产生有机化合物，而地球上的生命很可能就是由这一过程产生的（书中的这一假说并没有被苏联科学家所重视，直到 1938 年该书才被翻译成英文）。英国生物学家约翰·波顿·桑德森·霍尔丹（John Burdon Sanderson Haldane，1892—1964）在 1929 年也提出了相似的理论。遗憾的是，在此后的 20 年间，科学界对化

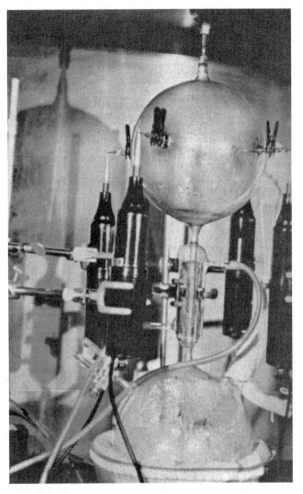

科学家们已经用电解设备（如图所示的实验室装置），模拟在地球原始大气条件下产生生命基本物质的化学成分。在原始的行星环境条件的影响下，简单的有机分子进行混合，产生更大的、更复杂的有机分子。最终，较大、较复杂的分子结合成有机结构，这些结构表现出生命物质的主要性质：新陈代谢、能够呼吸、有繁殖能力以及遗传信息的传递。最著名的这类地外生物学实验是 1953 年美国诺贝尔奖得主哈罗德·克莱顿·尤里和他的学生斯坦利·L. 米勒在芝加哥大学所做的"尤里-米勒"实验。（美国国家航空航天局）

学进化假说并没有质的发展。直到 1953 年，美国诺贝尔奖得主哈罗德·克莱顿·尤里（Harold Clayon Urey，1893—1981）和他的学生斯坦利·L. 米勒（Stanley L.

Miller，1930— 2007）在芝加哥大学做了一个被科学界认为是世界上第一个地外生物学的实验。在研究生命的化学起源的时候，尤里和米勒验证了：通过辐射无机分子混合物确实可以得到有机分子。这个著名的"尤里-米勒"实验是在一个烧瓶中注入甲烷、氨气、水蒸气和氢气的混合气体来模拟地球的原始大气层。利用轻微沸腾的水池来促进混合气体的循环，利用放电器（模拟闪电）来提供化学反应所需的能量。几天之后，瓶中的混合气体改变了颜色，这表明已经从这原始的无机分子"汤"中合成出了结构更加复杂的有机分子。

第三种研究方式是尝试与其他银河系内的智慧生命进行联系，至少是接受来自它们的信息。这种尝试也被称为搜寻外星智慧生命（SETI）。当前世界上的外星智慧生命搜寻的主要工作是大范围地搜索有可能是外星文明所发出的无线电信号，以证明外星智慧生命的存在。

知识窗 ●

氨 基 酸

氨基酸是一种含有氨基（NH_2）的酸。氨基被认为是一组生命必需的分子。现在已知的氨基酸有八十多种，但仅有二十多种作为蛋白质的基本组成部分自然存在于生命有机体中。在地球上，许多微生物和植物能利用简单的无机化合物合成氨基酸。但是，地球上的动物（包括人类）必须依靠饮食来获得足够的氨基酸。

科学家们已经在模拟的地球原始时期可能存在的条件下，合成了许多重要的生物分子并得到了非生物氨基酸。氨基酸和其他具有生物意义的有机物被发现自然存在于陨石中，而且科学家不认为它们是由活的生命有机体产生的。

◎外星生命沙文主义

目前，科学家们所有对生命的认识以及相关信息的来源只有一个，就是我们生活的地球。他们相信，地球上所有的有机体都是由在地球早期的原始"化学汤"中形成的原始生命发展、进化而来的。那么地外生物学家又怎样将这一过程应用于银河系中不计其数的、我们未曾探访过的行星上呢？作为理性的科学家，这需要在技术上谨慎行事。然而，地外生物学家却已经清楚地认识到，如果建立外星生命形成的模型，以及合适的系外行星上存在生命的估计概率的模型，那么这样的认识是带有偏见的，甚至是沙文主义的。

知识窗 ●

恒星的光谱分类

将恒星以光谱分类使天文学家为恒星命名时能做到其名方便科学研究并且具有量化特征。19世纪90年代，天文学家在哈佛大学天文台（HCO），根据恒星光谱线原理，用字母将恒星划分为不同的类别。哈佛分类系统是根据恒星可观测的表面温度而建立的。目前，天文学家仍在使用这种分类，他们将恒星分为O（最热）、B、A、F、G、K和M（最冷）类。M类恒星体积最大，寿命最长，但却非常暗；而O类、B类恒星非常明亮，但寿命短，并且较罕见。

除此之外，哈佛分类系统还根据恒星温度排序分类，范围从温度为3.5×10^4℃左右的O类恒星到不足3 226℃的M类恒星。在该系统中，根据相应的颜色有O类（温度非常高、巨大蓝色恒星）、B类（巨大蓝色恒星）、A类（蓝-白恒星）、F类（白色恒星）、G类（黄色恒星）、K类（橘红色恒星）和M类（红色恒星）。

1943年，天文学家威廉·威尔逊·摩根（William Wilson Morgan, 1906—1994）和菲利普·蔡尔兹·基南（Philip Childs Keenan, 1908—2000）将哈佛分类系统中每个字母代表的类别又细分为10个等级，并用数字0—9表示。依照现代天文学的传统，温度越高的恒星，数字也就越小。天文学家把太阳归为G2级恒星。这表示太阳比G3级恒星稍热，比G1级恒星的温度又稍低。经过比较，参宿四是M2类恒星，而织女星是A0类恒星。

天文学家还发现，用发光等级作为分类指标也很方便，标准的恒星发光等级分类为：Ⅰa为超亮巨星，Ⅰb为超巨星，Ⅱ为亮巨星，Ⅲ为巨星，Ⅳ为亚巨星，Ⅴ为主序星（又称矮星），Ⅵ为亚矮星，Ⅶ为白矮星。这个分类依据的是独立的光谱特性——恒星的光谱宽度。根据太空物理学，科学家们知道光谱亮度同恒星的球体密度有很大关系。由此，科学家们将恒星的大气密度同发光度联系起来，利用发光度又将恒星分为主序恒星、超巨星等等。作为主序（矮）恒星，天文学家又将太阳定为发光度等级为 V 级的恒星。

由于太阳表面温度为 5 526℃，根据完整的光谱分类，人们把自己熟悉的黄色恒星——太阳称为 G2 V 级恒星。居住在 G 恒星（或太阳系）的沙文主义者们（地球人）暗示，生命只能在与我们（人类）的恒星系统相似的恒星中产生。即，生命只能在一个拥有 G 光谱等级恒星的系统中产生。

沙文主义是指对自己所在群体优越性的带有偏见的信仰。这个词在研究外星生命领域有着多种不同的意义，每一种都对这一学科随后的思想有着深刻的影响。外星生命沙文主义的一般形式包括：G 星沙文主义、行星沙文主义、地球沙文主义、化学沙文主义、氧气沙文主义和碳沙文主义。事实上，尽管这种深度思考可能不是错误的，但我们必须认识到它有意无意地限制了我们关于宇宙中生命的推断。

行星沙文主义是假设必须在一些特定类型的行星上，地外生命才能独立地发展；而地球沙文主义则规定：只有与地球上生命形式一样的生命才能在宇宙中其他地方存在；化学沙文主义要求地外生命的产生和发展是基于化学反应的；氧气沙文主义宣称如果外星大气中没有氧气，则那里一定不适合生物生存；碳沙文主义是认为碳化学是外星生命的基础。

这些沙文主义，其本身或共同在行星的类型上做了严格的条件限制，科学家据此推断哪些行星上可以产生生命，甚至智慧生命。如果这些条件都满足，那么我们所寻找的就是一颗围绕着另一个太阳旋转的像地球一样的行星。

另一方面，如果生命真的是普遍存在的并且可以在独立的生物环境中发生（比如以硅元素为基本元素或者以硫元素为基本元素），那我们建立的生命在宇宙中普遍存在的模型以及对外星"小绿人"的长相进行描述的尝试，就好像是用古希腊哲学家德谟克利特（Democritus，前 460 — 前 370）的原子理论来解释今天的核反应现象了。

随着科学家对太阳系内行星，特别是对火星和其他一些我们感兴趣的行星，如木卫二和土卫六的探索的深入，他们将更准确地评价外星生命沙文主义的正确性。

在地球近邻上任何关于生命的发现，无论是已经灭绝的还是仍然存在的，都将证明这是一个生机盎然的宇宙，充满了我们之前无法想象的各种各样的生命。

◎美国国家航空航天局的"海盗号计划"

"海盗号计划"是20世纪60 — 70年代美国探索火星一系列工程的总称。这一系列探索任务始于1964年的"水手4号"，在1969年又相继发射了"水手6号"和"水手7号"，此工程以1971 —1972年的"水手9号"绕轨道飞行结束。"海盗号"无人驾驶宇宙飞船是由两个相互补充的部分组成，一个被置于火星的轨道上，另一个则登陆火星进行实地探测。20世纪70年代，人类太空探测工程的特点是探测任务冗余，美国国家航空航天局组织了两次同样的探测任务，每一次都由一个登陆器和一个轨道飞行器组成。在很多方面，"海盗号计划"是人类在20世纪使用太空探测器寻找火星生命的最复杂的一次尝试。在第四章中将讨论的当代利用无人驾驶宇宙飞船探索火星生命的方式，其技术主要来自当年的"海盗号计划"工程。

"海盗号计划"轨道飞行器携带了以下科学仪器：

1. 1对1 500毫米焦距的照相机，它们系统地探测了火星表面地形，并且绘制了火星表面地形图。在"海盗1号"和"海盗2号"探测器上的相机拍摄了多达5.1万张的火星照片。

2. 1台火星大气水分子探测器，它能够探测火星大气中的水蒸气，并且能够监测水蒸气含量的季节变化。

3. 1套红外线绘图装置，它们能够测量火星表面、火星两极及云层的温度，也能跟踪季节的变化绘制地图。

另外，尽管"海盗号"人造卫星上的无线电仪器并不是科学仪器之一，但也被用作科学研究。科学家通过"海盗号"轨道飞行器发射回来的无线电信号可以知道火星大气的浓度。美国国家航空航天局总部的大型地面射电望远镜在其中发挥了很重要的作用。

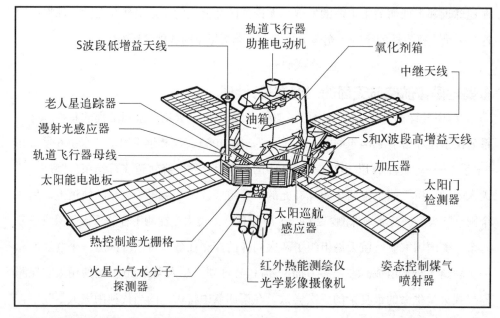

S波段低增益天线

轨道飞行器
助推电动机

氧化剂箱

中继天线

老人星追踪器

漫射光感应器

轨道飞行器母线

油箱

S和X波段高增益天线

太阳能电池板

加压器

太阳门
检测器

热控制遮光栅格

太阳巡航
感应器

火星大气水分子
探测器

红外热能测绘仪
光学影像摄像机

姿态控制煤气
喷射器

美国国家航空航天局的"海盗号"轨道飞行器及它的辅助设备。（美国国家航空航天局）

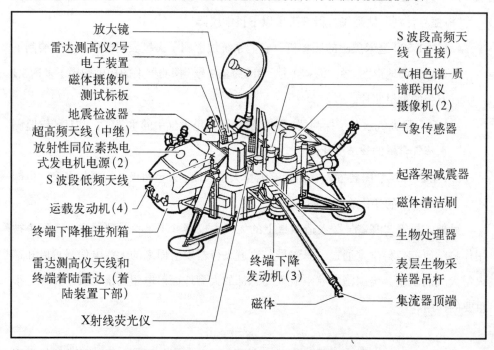

放大镜

雷达测高仪2号
电子装置

磁体摄像机
测试标板

地震检波器

超高频天线（中继）

放射性同位素热电
式发电机电源（2）

S波段低频天线

运载发动机（4）

终端下降推进剂箱

雷达测高仪天线和
终端着陆雷达（着
陆装置下部）

X射线荧光仪

终端下降
发动机（3）

磁体

S波段高频天
线（直接）

气相色谱-质
谱联用仪

摄像机（2）

气象传感器

起落架减震器

磁体清洁刷

生物处理器

表层生物采
样器吊杆

集流器顶端

美国国家航空航天局的"海盗号"登陆器及它的辅助设备。（美国国家航空航天局）

"海盗号计划"登陆器携带了以下科学仪器：

1. 1台生物处理器，由3个独立的实验装置组成，负责分别寻找火星土壤中微生物存在的证据。长久以来，人们一直认为火星上存在大型生命，但是美国国家航空航天局的宇宙生物学家无论是过去还是现在，都认为即使火星上存在生物，其最可能的形态也只是微生物。

2. 1台气相色谱–质谱联用仪（GCMS），它能够搜索火星土壤中复杂的有机分子，任何这样复杂的有机分子都有可能是生命的前身或遗存物。

3. 1台X射线荧光仪，通过分析火星土壤样本来确定它的成分。

4. 1台气象传感器，用来检测大气温度和风速风向。这些仪器在气象史上第一次传回了地球以外的气象报告。

5. 2架慢速扫描摄像机，它们被安装在登陆器顶端，相互间的距离为1米。这些相机提供了火星表面黑白、彩色和立体的照片。

6. 1台地震检波器，用来记录火星上任何可能发生的地震。这样的信息能够帮助行星学家分析行星的内部结构。遗憾的是，在"海盗1号"登陆器上的这个地震检波器在着陆后失效了，在"海盗2号"上的这个仪器观察到的行星内部活动的信号并不清晰。

7. 1台顶层大气质量探测仪，在登陆器进入火星大气的过程中完成了它的首次测量。这个装置使"海盗1号"登陆器第一次有了非常重要的发现——火星大气中氩元素的含量。

8. 1台电位计，同样，在进入火星大气的过程中探测火星的电离层。

9. 1台加速仪、1个稳压装置和1个保温装置。这些仪器在每个登陆器着陆后用以分析火星下层大气。

10. 1台表层生物采样器吊杆，用它的触头在火星表面取少量的土壤，以进行生物的、有机化学的和无机化学的研究。当然通过它也能够知道火星土壤的物理特性。例如，取样器上附着的磁铁可以提供土壤中铁含量的信息。

除了通过美国国家航空航天局的深空网发送数据给地球上的科学家外，这个登陆器的无线电波也被用于科学实验。物理学家能够通过测量无线电波信号传回地球的时间修正他们预测的火星轨道。无线电波测量的精确性也使科学家们能够验证爱因斯坦广义相对论的部分内容。

这两次"海盗号"工程都是从佛罗里达州卡纳维拉尔角发射的。"海盗1号"发射于1975年8月20日,"海盗2号"于同年9月9日发射升空。为避免地球上的微生物污染火星,这两个登陆器在发射之前都被仔细地消过毒。这两只宇宙飞船花费了大约1年的时间到达了火星。"海盗1号"于1976年6月19日到达火星轨道,"海盗2号"于1976年8月7日进入火星轨道。"海盗1号"登陆器在1976年7月20日完成了在火星上的第一次软着陆,它降落在克里斯平原的西面斜坡上,北纬22.46°,西经48.01°。"海盗2号"于1976年9月3日在乌托邦平原着陆,北纬47.96°,西经225.77°。

知识窗

美国国家航空航天局减少"海盗号"登陆器生物负荷的方法

美国国家航空航天局的设计师和科学家用了一种双重的方法去控制"搭乘""海盗号"到达火星的陆地微生物的总数,这种微生物一旦被带上火星就会到达火星地表,因此会导致对红色行星的侵染。在组装过程中第一步是非常仔细地对登陆器进行预杀菌清洗,第二步则是对登陆器进行快速加热,集中杀菌。

设计师和技师在无尘舱里仔细组装"海盗1号"和"海盗2号"的登陆器。在组装操作过程中,科学家指导进行了数千个微生物检测,这些试验证实了平均的孢子负荷少于每平方米300个,在登陆器表面的孢子负荷少于30万个。在实施微生物测定时,美国国家航空航天局的科学家将由孢子形成的微生物芽孢杆菌作为生物指示器,因为这种细菌增强了对热、射线和干燥的耐受力。

"海盗1号"和"海盗2号"登陆器在各自的生物防护罩内组装和密封后,每个登陆器的生物负荷体通过干燥加热进一步减少。航天工作人员把登陆器加热,最低温度111.7℃,持续了大约30小时。美国国家航空航天局的地外生物学家估计通过加热消毒程序,每个登陆器的生物负荷数量都大大减少了。

"海盗号"工程的火星表面科学探测任务最初设计时限是登陆后90天。然而每一对轨道飞行器和登陆器的工作时间都远远地超过了它们原本设计的寿命。例如，"海盗1号"轨道飞行器在进入火星轨道后，围绕火星飞行了超过4年的时间。第一次"海盗号计划"工程在1976年11月15日有一个短暂的停滞，在此11天后，火星转到了太阳背面（这种天文现象叫作上合）。在上合之后，1976年12月中旬又恢复了与探测器的通讯并且继续执行任务，探测任务继续展开。

"海盗2号"轨道飞行器任务在1978年7月25日由于姿态控制系统的燃料耗尽而终止。"海盗1号"轨道飞行器也出现了姿态控制系统燃料储量过低的情况，但是科学家们通过严谨的计算调整了工作计划，"海盗1号"轨道飞行器又成功地采集了2年的科学数据。最终，由于燃料耗尽，"海盗1号"的电力系统在1980年8月7日关闭了。

"海盗2号"登陆器在1980年4月11日传回了最后一组数据。2年后，"海盗1号"也在1982年11月11日传回了最后一组数据。在随后的6个多月里，美国国家航空航天局始终无法与"海盗1号"登陆器恢复通信，于是在1983年5月23日，美国国家航空航天局"海盗号计划"工程控制中心正式停止了工作。

除了地震检波器之外，所有"海盗号"宇宙飞船上所携带的科学仪器都取得了远远超过预期数量的数据。"海盗1号"上携带的地震检波器在登陆火星后就不起作用了，而"海盗2号"上的地震检波器也仅仅探测到了一个可能的震源。然而，这个仪器仍然在乌托邦平原提供火星表面风速的信息（补充了气象学的实验），也指出火星上地震活动性非常低。

登陆器的主要任务是探索火星上现在是否存在生命。登陆器上有3个设备能够探测火星上的微生物。另外，登陆器上的相机也能够拍摄清晰的照片，从这些照片上也可以反映是否存在肉眼能够看见的生命。这些相机也能够观察原始有机物，比如原始植物和苔藓。很遗憾，这几部相机并没有在火星表面拍摄到任何生命迹象。尽管需要对"海盗号"宇宙飞船上的数据进行进一步分析才能确定火星上是否存在微生物，但是现在大多数科学家还是认为火星上并不存在生命——至少是在两个登陆点的附近不存在。

科学家冀望气相色相-质谱联用仪能够在火星土壤里找到有机分子（有机物由碳、氮、氢、氧元素构成，这些元素构成了现在地球上所有的生物）。气相色相-质谱联用仪的任务是搜索有机大分子，这些有机大分子具有复杂的碳氢结构，它们或者是生命的前身或者是生命的遗存物。可是令地外生物学家意外的是，气相色相-质谱联用仪在地球上贫瘠的土地中都可以轻易地探测到有机成分，但在火星登陆点附近搜集到的土壤中却未发现任何有机分子。

生物处理器是每个登陆器搜索外星生命的最主要设备。它是一个 0.028 6 立方米的盒子，里面装有当时所能制造的最精密的科学仪器。实际上生物学仪器包括了 3 个小型设备，它们通过分析火星的土壤来寻找代谢的证据，就像在地球上的细菌、绿色植物、动物的新陈代谢那样。

每个"海盗号"登陆器上的 3 个生物处理器都完美地完成了任务。它们都监测到了火星土壤中一种类似生命的不寻常的活动，这种活动与生命活动相似，但地外生物学家还需要时间去解释火星土壤中这种奇怪的现象。如今，通过研究这些数据，大多数科学家都认为，这些化学反应并不是由生命产生的。

进一步讲，在生物处理器中，火星土壤遇到水蒸气会迅速释放出氧气，而火星土壤中缺乏有机成分则表明在火星的土壤及大气中存在氧化剂。氧化剂，诸如过氧化物和超氧化物，是以氧元素构成的能够破坏有机物的物质。因此，即便火星上存在有机成分，也会被迅速地破坏掉。

所有关于火星大气和土壤的评估均已表明，在地球上所有构成生命的必要元素——碳、氢、氮、氧和磷在火星上都存在。然而，地外生物学家认为，星球表面上的液体水是生命能够进化和发展的必不可少的条件。"海盗号"工程在火星表面发现了水的 3 种物质形态之中的 2 种，即气态水（水蒸气）和固态水（冰），甚至发现了大规模的永久冻土。但就目前火星上的条件来说，液态水在其表面是不可能存在的。

"海盗号"宇宙飞船的数据表明，在火星表面及其浅层土壤中并没有任何有机生命体（以碳为基本元素）的存在。尽管地外生物学家对于他们第一次进行一系列的探索外星生命的研究感到一些失望，但是他们依旧认识到，历史上火星有可能存在过生命。甚至有些科学家预测在某些区域仍然可能存在微生物，因为在地表以下的某种条件下有可能存在少量的液态水。寻找像这样的生态位是美国国家航空航天局探索火星的主要目的。

尽管气相色相-质谱联用仪在登陆点附近没有发现有机化学成分的迹象，但是它却对火星大气的构成做了定性的分析。例如，气相色相-质谱联用仪找到了之前未曾探测到的元素。登陆器上的 X 射线荧光仪分析了火星土壤中这种未知元素的构成。

这两个登陆器除了执行探索生命的操作以外，也对登陆点附近的天气情况进行了监测。在盛夏，那里的天气情况非常单一，但是在其他季节却会发生很有意思的变化，天气情况呈周期性变化。在南半球登陆点（"海盗 1 号"），夏季中午的温度高达 –14℃，而在黎明前，温度却只有 –77℃。与之相对照，在北半球登陆点（"海盗 2 号"），冬天有时会有沙尘暴，温度为 4℃。在黎明前的最低温度为 –120℃，这个温度接近二氧化碳的霜点。火星上每个冬天，"海盗 2 号"登陆器周围的地区都会结薄薄的一层冰。

在每个登陆点附近的大气压力每半年都发生改变。这是因为二氧化碳（火星大气中的主要成分）在冬季于火星的一极结冰，形成巨大的冰盖。每个半球的大冰盖又在自己半球的春天蒸发（升华）。南极冰盖达到最大时，"海盗 1 号"测得的日平均气压为 680Pa，在火星上一年中的其他时间，这里的压力却可以达到 900Pa。同样"海盗 2 号"测得的大气压力为 730Pa（北极冰盖最大时）和 1 080Pa。作为对照，地球海平面上的大气压力为 101 300Pa。

火星表面风速也比预期的要慢得多。科学家们预言火星表面风速应该可以达到每小时几百千米。但是无论哪个登陆器测得的火星表面阵风速度都没有超过 120km / h，平均风速也是相当低的。

"海盗号"登陆器和轨道飞行器发回的火星表面照片在数量和质量上都令人满意。"海盗 1 号"和"海盗 2 号"登陆器总共发回了超过 4 500 张图像，而"海盗 1 号"和"海盗 2 号"轨道飞行器发回的照片更是超过了 5.1 万张。登陆器拍摄的照片是火星表面的特写，轨道飞行器则拍摄了整个火星表面的图像，其中还有很多火星上迷人地貌的高清晰度照片。

"海盗 1 号"和"海盗 2 号"轨道飞行器上携带的红外热能测绘仪和大气水分子探测器提供每天必要的数据。通过这些数据可以发现，火星上夏季北极残留的冰盖的主要成分不是固体二氧化碳（干冰），而是固态水（冰），这与科学家们先前的判断一致。

如今，"海盗号计划"工程的探测器已经不能再继续采集数据，但它们先前所采集的科学信息，却是我们今天利用更加先进的宇宙飞船对火星进一步探索的宝贵财富。在"海盗号计划"工程取得巨大成功之后，现在科学家们又紧接着用新一代探测器对火星地表以下进行采样研究，希望能够解开许多火星的未解之谜，尤其是在地外生物学和与之对应的行星学领域。在那个神秘的世界里，生命究竟有没有可能存在于某个角落？那里是否有过生命的进化却又在数百万年前突然消失？那里的气候是否发生过翻天覆地的改变，从一个平原上洪水时常泛滥的星球到我们今天从"海盗号"探测器上看到的这样荒凉、贫瘠的模样？所有这些谜团只有在 21 世纪对火星的深入探索，甚至是人类登陆火星的过程中才能得以解开。

◎ 深空网（DSN）

美国国家航空航天局对于太阳系的探索工作，绝大多数都是由无人太空飞船来完成的。深空网提供了这些宇宙飞船与地球之间的双向通讯，地面通过对宇宙飞船的指导和控制来让它们能够带回特定星体的图片，或是其他一些它们采集到的重要的科学数据。

深空网由设在三大洲的通信综合设施构成，它们是一个联合体——使地球上的科学家始终与在外太空执行飞行探测任务的宇宙飞船保持联系，不会因为地球的自转而中断联络。深空网是世界上最大、最智能的电子通信系统。美国国家航空航天局也通过这一系统，利用无线电波和天文雷达来执行观察太阳系和宇宙的任务。位于加利福尼亚州帕萨迪纳的喷气推进实验室为美国国家航空航天局管理和运营深空网。

喷气推进实验室建立了深空网的前身。根据 1958 年 1 月与美国军方的合同，此实验室在非洲的尼日利亚、东南亚的新加坡和美国的加利福尼亚州分别设立了一个卫星接收装置，用以接收来自"探险家 1 号"卫星发回的信号（"探险家 1 号"卫星是美国成功发射的第一颗人造卫星）。1958 年 12 月 3 日，作为刚刚出现的美国民用空间机构的一部分，喷气推进实验室的权限由美国军方转交给了美国国家航空航天局。在美国民用空间项目的起步阶段，美国国家航空航天局让喷气实验室负责设计和执行宇宙飞船对月球和其他星球展开的探测。之后不久，美国国家航空航天局将深空网定义为一个独立管理和操作电子通信的系统，通过它可以对所有空间探测任务发布指令。这种管理方式使每个空间探测器都不必再具备和操作自己单独的电子通信方式。

现在，深空网的 3 个信号接收基地相隔经度为 120°，分别位于加利福尼亚莫哈韦沙漠的金石、西班牙马德里附近和澳大利亚堪培拉附近。这种全球式的分布保证了无论昼夜，无论地球自传到哪个位置，总会有一个合适的角度来接收发自宇宙飞船的信号。每处都有多达 10 个装备巨大的接收天线的通讯站。

深空网所使用的空间通讯天线的直径为 70 米。这些巨大的天线具有非常高的灵敏度，它们可以追踪距离地球 160 亿千米的宇宙飞船。尽管天线的反射面有 3 850 平方米的表面积和 70 米的直径，但是它的尺寸必需精确到信号波长的小数点后一位，这就是说，整个天线表面的尺寸精度要始终维持在 1 厘米左右。这个"大盘子"加上它上面的设备，总质量将近 720 万千克。

每个基地还有一个直径 34 米的高效天线，它融合了无线电频率天线设计和机械方面的先进技术。这种 34 米直径天线的构造十分精密，这使其信息收集的能力得到最优化。

深空网最近又增加了一些直径 34 米的光束波导天线。在深空网早期使用的天线中，敏感的电子组件主要安装在发射面以上难以触及的地方，使得更新和修理工作都很难进行。而光束波导天线敏感的电子元件是安装在一个地下的机房里的，电子通信工程师再通过一系列极其精确的射频反射镜，将从反射镜上收集的特定的无线电信号转移到这个房间。其实这一建筑设计不仅仅是为维护电子设备提供了简便的途径，新的布局也使得精密电子组件在温度控制方面取得了更好的效果。正因为如此，工程师们才能够在天线中加入更多的电子元件，支持多频率的操作。这种新式的直径 34 米的光束波导天线在加利福尼亚莫哈韦沙漠的金石已经建造了 3 个，另外在西班牙马德里附近的基地和澳大利亚堪培拉附近的基地中也各有 1 个。

每个基地里也都有一个直径 26 米、用于追踪在距地面 160 千米到 1 000 千米的轨道上运动的地球同步卫星的天线。这种天线上的双轴天文支架能够让它指向接近地平线的方向，这样就能在高速运行的地球同步卫星进入视野的同时捕捉到它们发回来的信号。这种轻便敏捷的天线每秒可以改变的角度高达 3°。最后，每个基地还有一个直径 11 米的天线，用来支持包括长基线干涉测量在内的一系列国际化的地球轨道任务。

以上所有这些天线都与位于加利福尼亚州帕萨迪纳喷气推进实验室的深空网控制中心（DSOC）直接通讯。深空网控制中心的工作人员负责指挥监控操作，发射指令，检查被传递到网络用户的宇宙飞船遥测和导航数据的质量。除深空网的 3 个基地和控制中心以外，还有一个地面通信机构负责 3 个基地与控制中心，与美国本土、海外的宇宙飞船控制中心，以及全世界科学家们的联络。所有这些不同地区间语音和数据的联系是通过通讯电缆、海底电缆、微波链路和卫星通信实现的。

深空网中用无线电与无人驾驶宇宙飞船的联系基本上与点对点微波通讯系统一样，除了通信距离较长以及接收到的宇宙飞船发出的无线电信号频率强度非常低。无人驾驶宇宙飞船从外星发回的无线电信号，在到达接收天线时，其总信号功率相当于电子表电池能量的二百亿分之一。

发射火箭的有效荷载体积和升空质量限制了宇宙飞船的尺寸、质量和动力供应，而这些因素受限造成了宇宙飞船发射的无线电信号极其微弱。因此，工程师在设计空间无线电通信系统时，必需权衡宇宙飞船的发射功率、接收天线尺寸和地面接收系

这是位于澳大利亚堪培拉市郊的堪培拉深空通信中心内直径为 70 米的天线的图片。堪培拉深空通信中心是美国国家航空航天局深空通讯网络（NASA's Deep Space Network）的三个组成部分之一。其他两部分分别位于加州巴斯托市和西班牙马德里市。这幅图前面的国旗代表了三个深空网络所处的地域。（美国国家航空航天局）

统的信号灵敏感度这几方面因素。

一般来说，宇宙飞船发射的信号功率不能超过 20 瓦，或者说与电冰箱里灯泡的功率差不多。当宇宙飞船发射的信号到达地球时——比如信号从土星附近发射——那么它已经传播了大约 1 000 倍地球直径的距离（地球赤道直径为 12 756 千米）。所以地面接收天线只能接收到很微弱的信号，这种信号实际上还会受到背景噪声或是静电噪声的干扰。

宇宙中包括地球和太阳在内的几乎所有物体都会辐射出无线电噪声。包括 DSN 自己的探测设备在内的所有电子设备也会产生噪声。既然噪声总是跟信号混杂在一起，那么就需要接收设备有能力分离信噪，精确地提取到信号。DSN 用顶级的低噪接收器和遥感编码技术，在分离信噪后达到了很高的敏感度和效率。

遥感勘测是指将某点测得的数据传送到分析中心，对数据加以评估和应用的过程。空间探测仪通过将数据调制到它的通讯下行链路的方式与地面之间实现遥感勘测。遥感勘测包括宇宙飞船子系统的系统健康状况数据和设备的科学数据。宇宙飞船一般用二进制代码传输数据。它的数据处理子系统（遥感勘测系统）再将这些数据重新编码，然后高效地传回地面。地面基站用无线电接收天线和一些特殊的电子设备来甄别、接收和破译这些代码，然后形成新的信息再传输给后续用户（通常是科学家组成的小组）。

从宇宙飞船传送回来的数据会被各种声源发出的噪声扰乱，进而影响解码进程。如果信噪比较高，那么解码错误就会较少；如果信噪比较低，那么就会产生大量的解码错误。一旦发现有大量的解码错误发生时，地面控制台就会发射指令，让宇宙飞船降低数据传送速率（每秒传输数据量），以便（地面站的）译码器有更充裕的时间确定每个代码的值。

为了更好地解决噪声干扰问题，遥感勘测系统会在数据流中加入额外数据，即冗余一些数据，这些数据用来发现和修正数据传输后产生的误差。遥感勘测分析人员通过信息理论方程发现和修正单独或多个数据中的误差，对数据进行评估。在校正之后，那些冗余的数据会被删除，只给用户留下有价值的信息。

误差校正和解码技术可以在没有进行错误检测编码的传输中，提升数据传输过程的速率。深空网的数据编码技术可以将传输误差降到百万分之一以下的水平。

遥感勘测是一个双向式的过程，包含下行和上行链路。宇宙飞船通过下行链路把科学数据传回地球，同时，地球上的控制中心用上行链路把指令、计算软件和其他关键数据发送给宇宙飞船。当宇宙飞船在太空中穿行时，这个通信过程中的上行链路部分使控制台能够引导宇宙飞船完成预定任务，同时通过一些操作，例如实时升级宇宙飞船上的软件系统，提高任务目标的完成度。当宇宙飞船距离我们过于遥远时，科学家对宇宙飞船的监控只能是非实时的。这就是为什么执行深空探测任务的机器人必须具有高水平的机器智能与自主性。

深空网搜集的数据在对宇宙飞船位置及轨道进行精确定位时也非常重要。科学家小组（任务领航者小组）使用这些跟踪数据来计划所有必要的操作以确保宇宙宇宙飞船能够正确定位并搜集数据。深空网产生的追踪数据使控制台能知道距地球数十亿千米之外的宇宙飞船的位置，精确度可达到以米为单位。

美国国家航空航天局的深空网也是一个多功能的科学系统。科学家能用它来提高自己对太阳系和宇宙的认识。例如，科学家用深空网的巨型天线和高灵敏度的电子仪器来进行射电天文学、雷达天文学和无线电科学方面的实验。深空网天线从太空中自然天体发射或反射的无线电信号中采集数据。通过深空网获得的射频数据，被科学家应用于包括天文物理学、射电天文学、行星天文学、雷达天文学、地球科学、引力物理学和相对论物理学等各个领域的分析和应用。

作为一种科学系统，深空网提供的信息被用来选择宇宙飞船的着陆地点；分析行星及其卫星的大气成分和表面状况；在星际中寻找生命；研究恒星形成的过程；拍摄小行星；研究彗星的核子和彗发；探索月球、水星背面的阴影区域，来寻找固态水；验证爱因斯坦的广义相对论。

深空网无线电科学系统进行的实验使科学家能够确切地知道行星大气和电离层的特征；研究行星表面、行星环的成分；研究太阳日冕；研究行星、卫星和小行星的质量。当无线电波被太阳系中天体的大气散射、折射和吸收时，它通过精确测量发生在宇宙飞船上遥感勘测信号的微小变化以实现上述研究目的。只要研究活动不对探测仪器产生干扰，深空网就能向后来的科学家提供其设备。

◎美国国家航空航天局的"起源计划"

数千年前，在一个普通的螺旋星系里，在一颗围绕着恒星旋转的多岩石小行星上，我们的史前祖先们仰望天空，想知道在他们所在的地球和天空之间是什么样子的世界。到了21世纪，人类同样询问着这个意义深远的问题：宇宙是怎样开始和进化的？我们怎么走到这一步的？我们要去往哪里？我们是独一无二的吗？

对宇宙而言，仅眨一下眼的时间之后，人类就开始在科学的框架里回答这些问题中的一些。空间探测器、以空间以及地面为参照的天文台在此项科学发现中发挥了核心作用。美国国家航空航天局的"起源计划"包括一系列的空间任务（现在和将来的），用来帮助科学家解决这些由来已久的天文问题。美国国家航空航天局的"起源计划"任务包括斯皮策太空望远镜（SST）、韦伯太空望远镜（JWST）（之前叫作下一代太空望远镜）、开普勒探测器、太空干涉测量任务（SIM）、类地行星搜索者（TPF）、单孔径远红外天文台（SAFIR）、生命探索者和行星摄像头。夏威夷莫纳克亚山的凯克望远镜干涉仪（KI）和亚利桑那州格雷厄姆山上的大型双筒望远镜干涉仪（LBTI）也都是起源计划的一部分。从深层意义来说，这些功能强大的天文工具代表精密的遥感能力，使天文学家能去探测遥远恒星附近的类地行星，并确定哪些适宜居住，甚至哪些已经有生物居住。这种说法乍一听令人难以置信，但当代的科学家中很可能就包括那位发现第一颗类地行星并查明其是否存在生命的。这个让我们期待的时刻将会在地外生物学和天文学上留下令人激动的一刻。

美国国家航空航天局的"起源计划"任务架构的核心原则是，每一个主要的"行星探测"任务都建立在以往的科学技术基础上，为未来的任务提供各种创新。基于此，太阳系外行星搜索项目的复杂挑战将能在合理的成本和可接受的风险下成功。举例来说，斯皮策太空望远镜的远红外探测技术和韦伯望远镜的重要光学技术有所发展，凯克干涉仪的干涉测量技术也随之发展，这些技术使得依据描述出可居住星球的特点寻找类地星球的任务得以展开。本章提供了寻找太阳系外行星当前所需的能力。

举个例子，美国国家航空航天局在2009年3月发射的开普勒宇宙飞船提供了有价值的行星系统数据吗？这个任务例证了整个"起源计划"灵活多样的观测方法。这个新兴的技术领域的动态（即太阳系外行星搜索）强烈地表明：为实现起源计划的目标，必须保持灵活性，必须适应和运用不断发展的技术以及科学知识和能力。

有两个关键的科学中心来支持此项起源计划：麦克逊科学中心（MSC）和太空望远镜科学研究所（STScI）。麦克逊科学中心是科学操作和分析服务中心，由"起源计划"来提供资金，由加州理工学院运营。麦克逊科学中心推动项目及时并且成功地执行，推动了太阳系外行星和地球行星的搜索及界定。太空望远镜科学学院由美国国家航空航天局的天文研究公司的大学联合会和美国国家航空航天局在马里兰州格林拜特的戈达德飞行中心共同管理。

即便科学家和工程师在这个 10 年和下个 10 年完成这些任务，他们也必须开始展望，这些探索会将他们引向何处。因为，此项任务需要的高级空间技术在成功应用前要花费 10 年或更多的时间。例如，在类地行星搜索者任务之外，科学家的注意力应转变为对探索行星生命迹象的详细研究。这仍将需要一个能力要求更高的借助分光镜的任务，叫作生命探索任务。分光镜敏感度和分辨率都很高，它们将探测红外光谱。因此，备受期望的后续空间探索任务，将在银河系和行星系统的形成及宇宙学方面进行更高要求的调查研究。在宇宙学方面需要高分辨率的红外望远镜，比如 8 米直径的太空望远镜，被称作单孔径远红外天文台（SAFIR）。

在一个几十年之久的有组织的研究项目中，被提到的单孔径红外天文台将在类地行星搜索者和生命探索者中间发射与运行。它将飞向建在太空中、直径为 25 米的望远镜（生命搜寻者所需的望远镜），并且同时开始自己的科学项目；将用来组成一个基线为 1.6 千米的干涉仪，此干涉仪在宇宙论的研究中用于远红外波长。宇宙中物质分布的调查（包括暗物质）需要大规模的紫外线／光学观察，这将会建立在韦伯太空望远镜和太空干涉测量任务的技术发展上，为众多未来富于挑战的紫外线／光学望远镜做好技术准备。对关键天文问题的科学回答为形成"起源计划"这一项目提供了一个富于灵感和深远的展望，对科学家和工程师们都是一种挑战。

美国国家航空航天局"起源计划"中最令人激动的部分之一，是探索其他星球的多样性和寻找可能孕育生命的地方。在过去的 30 年里，科学家使用了地面和天基科学设施来勘测恒星和行星诞生的宇宙寓所。一些平行研究被用在太阳系中，行星和陨星探测器已经对地球的早期演变过程提供了一些线索。在 21 世纪，空间科学的中心目标，是将科学家在宇宙中其他地方观测到的物质和现象同我们所在的太阳系的物质和现象联系起来。根据对 100 多颗近地恒星的测量显示出的摆动，科学家们已经有了强有力的证据证明，有超过 100 颗近地恒星被探测到，它们的轨道上有其他我们看不到的行星。其中一个较典型的恒星，仙女座阿普西伦星（Upsilon），显示出有 3 颗巨行星相伴。

迄今为止，绝大多数新发现的绕着其他恒星旋转的行星系统都有别于我们的太阳系。太阳系外的大多数行星体积大小的差异很大，从 1/8 到 10/8 个木星的体积大小不等。其中许多行星（经常叫作热木星）的大小都出人意料地接近它们的母恒星，许多这样的太阳系外的大行星都有离心的轨道。大小极其接近和离心，这是我们太阳系大行星不具备的两个特点。尽管我们现在正利用技术来寻找新的行星，但是，与太阳系相似体的缺乏以及大量被探测到的新系统的出现，产生了一个令人迷惑的问题：我们的太阳系是一个罕见的（或独一无二的）恒星系统吗？

现在，天文学家已经证实太阳系形成的基本阶段。这个过程始于一个冰冷气体云（所谓的分子云）的密实中心，其引力处于坍缩的边缘。原恒星形成，即富含气体的早期天体。然后布满尘埃的环绕恒星的圆盘进化成青年阶段的"主序星"。在气体圆盘之后形成的是冰和尘埃组成的稀薄圆盘。一直环绕在成熟的恒星周围，这些稀薄的圆盘慢慢消散。在恒星形成最后阶段的过程中，行星诞生了。科学家们已经发现许多太阳系外的行星，绝大部分不同于我们的太阳系中的这些。但是会有与太阳系的近似的吗？会有类地行星吗？它们的特点是什么呢？它们适宜生命生存吗？有一些能作为过去和现在的生命标志的迹象吗？

◎斯皮策太空望远镜

斯皮策太空望远镜是美国国家航空航天局的"大天文台计划"中的最后一台太空探测器——4个围绕轨道运行的天文台家族之一。四大轨道观测台各自从电磁频谱的不同部分来研究宇宙问题。斯皮策太空望远镜——先前叫作红外线太空望远镜设备（SIRTF）——包括1个直径0.85米望远镜和3个低温冷却科学设备。美国国家航空航天局重新命名了这个位于太空中的红外线望远镜，来纪念美国天文学家小莱曼·斯皮策（Lyman Spitzer. Jr，1914—1997）。

斯皮策太空望远镜是迄今为止功能最为强大、最灵敏的红外线望远镜的代表。这个空间轨道观测设备拥有波长3~180微米的红外线辐射观测范围——这是个非常重要的光谱观测区域，由于受地球大气屏蔽的影响，地面上的望远镜很难触及这个范围。2003年8月25日在卡纳维拉尔角空军机场由一次性的三角洲火箭发射，重达950千克的大型观测设备驶向尾随地球的日心轨道。工程师们和项目策划者选择这条轨道，是为了在望远镜部件快速冷却的同时，也能降低携带的制冷剂的成本。斯皮策太空望远镜完成使命的计划期限超过5年。斯皮策太空望远镜投入使用后，收集高分辨率的红外线数据来帮助科学家们更好地理解星系、恒星和行星是怎样形成和发展的。

这幅是美国国家航空航天局所属的斯皮策太空望远镜的艺术效果图。斯皮策太空望远镜是依靠红外线（100 微米波长）观测太空的人造卫星。（美国国家航空航天局 / 喷气推进实验室 / 加州理工学院）

对于斯皮策太空望远镜这项工程，一个重大的设计突破在于轨道的明智选择。观测设备没有沿着地球本身的轨道运转，而是沿着追踪地球的轨道运行，就像行星绕着太阳运转一样。它渐渐远离地球，朝着深空缓慢运行，在距离太阳 1 个天文单位处绕着太阳旋转，也就是地球至太阳的平均距离，大概是 1.5 亿千米。观测台以每年 0.1 个天文单位的速度远离地球。这个独特的轨道能使观测设备避免地球的大部分热度，它能达到 –23℃，适于卫星和太空探测器在更常规的近地轨道上运行。斯皮策太空观测台处于对于红外线望远镜更为良好的工作环境——大约 –238℃。利用这个创新的设计方法，工程师们将自然辐射热能转换处理成寒冷的深空环境，来帮助观测设备保持适度寒冷。此外，斯皮策太空观测台的地球追踪轨道可以保护观测设备，避免地球辐射带来的损害，这样大大减少了观测台上极度敏感的红外线辐射探测器受到的电离辐射的影响。

斯皮策太空望远镜收集到的红外能量主要由 3 个科学设备来检测、记录：红外列阵摄像机、红外光谱仪和多频带成像光度计。红外列阵摄像机在近红外线和中红外线的波长范围内支持成像。天文学家将这个多用途摄像机用在大量的科学研究项目上。红外光谱仪在中红外线波长范围内，不论是高分辨率还是低分辨率的光谱，都可以支持。与光学分光计相似，红外光谱仪将入射的红外射线纳入它的组成波长范围内。随后，科学家们详细检查这些发射和吸收光线的红外光谱——原子和分子留下的能说明问题的痕迹。斯皮策太空望远镜的分光计没有活动的部件。最后，多频带成像光度计在远红外线波长范围内提供影像和有限的光谱数据。在成像光度计中唯一可移动的部分是一个扫描镜，用来有效地绘制天空的大范围区域。

斯皮策望远镜的探测器的高灵敏度和其本身的持久耐用，使得天文学家能有效地探测物体和观测现象，而使用其他观测设备和天文方法达不到这样的效果。由于它独特且高效的热能设计，探测器仅需携带 360 升的一次性液体氦制冷剂来冷却它敏锐的红外线设备。制冷剂损耗严格限制了以前部署在太空中的红外线望远镜的使用寿命。美国国家航空航天局任务策划者估计斯皮策太空望远镜制冷剂的供应足够使红外线观测台设备运作 5 年的时间。该天文台利用制冷剂蒸发出的蒸气使红外线望远镜组件冷却到最佳的运转温度 —— –268℃。

斯皮策太空望远镜的大部分观测时间的结果都通过同行评议提供给了科学界。这个天文台的最终设计目标是要在以下研究领域中做出更大的科学贡献：行星和恒星的形成（包括飘忽不定的行星间碎屑盘和棕矮星的调查）；充满活力的星系和类星体的起源；物质和星系的分布（包括巨大的光环和暗物质问题）；星系的形成和演化（包括原星系）。

原行星和行星碎屑盘是许多行星附近的扁平尘埃盘。原行星圆盘包括大量的气体，并被认为是形成中的行星系统。行星碎屑盘中的大部分气体已消失，代表更为成熟的行星系统。剩余的尘埃盘可以代表新生行星体的间隙。通过观测不同年龄恒星周围的尘埃盘，斯皮策太空望远镜能追踪行星系统演化的动力学和化学过程，提供行星系统形成的统计学证据。

棕矮星是一种奇特的红外物体，没有足够的质量产生引力，来让它们收缩到点燃它们的核中心的核聚变反应的程度——不能像真正的恒星一样来提供能量。天文学家们因此称棕矮星为"失败的恒星"。棕矮星比太阳系中的行星大且热。棕矮星一度仅被认为是一种理论，但是天文学家们已经开始探测这些人类寻找已久的物体。高分辨率的红外望远镜，像斯皮策太空望远镜就在同时期的研究中发挥了重要作用。

如果证明有足够多的棕矮星，那么它们就能代表难以捉摸的暗物质的一个可观的部分，这正困扰着科学家们。

许多星系在光谱的红外部分发出的辐射比所有其他波段的总和还要多。这些极亮红外星系由恒星形成产生的剧烈脉冲来提供能量，由星系间相互撞击或中央黑洞促进其发展。斯皮策太空望远镜能够探索极亮红外星系的起源和进化，描绘出宇宙距离（那是几百万光年的距离）。

斯皮策太空望远镜在探索宇宙边缘的星系。这些物体如此遥远，它们的辐射射线需要几百万年才能到达地球。宇宙膨胀的一个结果是，这些遥远的星系正在迅速远离地球，它们的许多可见光和紫外线发生红移（多普勒效应），移到光谱的红外部分了。斯皮策太空望远镜探测这些的恒星和星系，为科学家提供宇宙初期特征的新线索。

除天文学的这些重要研究之外，斯皮策太空望远镜的近红外设备能穿透遮盖恒星的尘埃，这里面蕴藏着新诞生的恒星，在附近宇宙和银河系的中心都会发现。在天文学的历史上，斯皮策太空望远镜在红外天文学上做出了很大贡献，使人类的观测能力有了巨大的飞跃，得到了大量的天文学惊奇和难以预料的意外发现。

◎凯克干涉仪

世界上最大的用于光学和红外天文学研究的以地面为参照的望远镜，是两个成对的直径 10 米的凯克望远镜。它们位于 4 206 米高的莫纳克亚山顶峰，这座山是夏威夷岛上的一座休眠火山。每架望远镜有 8 层楼高，重达 300 吨，精确度达到纳米水平。在每架凯克望远镜的中心是革命性的主镜。每个主镜直径 10 米，由 36 个六边形组成，它们像一片反射镜一样共同工作。

经 W. M. 凯克基金会批准，凯克天文台由加州天文学研究联合会（CARA）管理，它的管理委员会的管理者包括来自加州理工学院和加利福尼亚大学的代表。1996 年，美国国家航空航天局作为合作者加入天文台。凯克 I 型望远镜在 1993 年 5 月开始了科学观察。凯克 II 型望远镜则在 1996 年 10 月开始科学观察。

美国国家航空航天局在 20 世纪 90 年代进入凯克天文台，主要是支持该机构在其他的恒星系探寻和观测行星。美国国家航空航天局的天文学家建议用这两个凯克望远镜作为一个干涉仪来操纵这些观测。凯克干涉仪的主要科学项目是用于"起源计划"，包括通过天体测量信号和发射的光线来探寻其他行星系统，以及记录邻近恒星环境的特点。凯克干涉仪有几个后端设备，可供天文学家在电磁光谱的可见光和近红外波段上做一系列的观测。在 85 米的凯克–凯克基线上，当在 2.2 微米近红外波段观测时，干涉仪的空间分辨率是 5mas（毫角秒）；当在 10 微米的热红外波段观测时，它的空间分辨率是 24mas。

知识窗 ━━━━━━━━━━━━━━━━━━━━━━━━━━━━━━━━━━━━━━━●

干 涉 仪

干涉仪是通过结合至少来自两架距离较远的望远镜装置（光学干涉仪）或一个大间距的天线序列（射电干涉仪）的信号，获得高角度分辨率的设备。无线干涉仪是一种基本的射电天文学设备。原则上，干涉仪能从两个或多个同源并相关的波长序列产生和测量干涉带。这些设备用于测量波长、辐射源的角宽度，来确定辐射源的角方位（犹如卫星追踪），还可以实现其他的科学目的。

美国国家航空航天局的"起源计划"的长远目标是探寻和描述类似地球的行星。这项具有挑战的任务最终需要使用位于太空中的干涉仪——像美国国家航空航天局计划的太空干涉任务和类地行星搜索者干涉任务（TPF–I）——凯克干涉仪现在正发挥着开创性的作用。用我们的太阳系作为参照，科学家们期望其他的恒星系统有大量黄道带内的尘埃（在太阳系平面内的行星间的尘埃）环绕在母恒星周围。黄道带外的大量尘埃能掩盖一颗行星的特征，给探测工作带来更大的困难。所以，美国国家航空航天局的科学家们正用凯克干涉仪来测量环绕近地恒星的黄道带外的尘埃是否达到太阳系黄道带内尘埃的 10 倍的水平。凯克干涉仪在 10 微米波长上用调零技术来使来自母星的光不被察觉，这样可以便于探测目标星周围的黄道带外尘埃发射物。根据描绘出的类地行星搜索者任务的主要目标——黄道带尘埃特点，美国国家航空航天局的科学家们正帮助优化类地行星搜索者任务设备的设计，改进其运算数据收集方案，并提取类似地球行星的候选目标名单。

天文学家们意识到要直接探测"寒冷木星"，只能通过使用位于太空中的设备才能完成。"寒冷木星"是指一个巨大的太阳系外行星（与木星一样大或比它还大），以适当距离绕着母恒星旋转——大概是 5 个天文单位或更长的距离。相反地，"炎热木星"是指距离其母恒星小于 0.3 个天文单位旋转的太阳系外巨大行星。相比之下，在太阳系中水星（没有被归类为炎热木星）以 0.4 个天文单位的轨道距离绕太阳旋转。由于太阳系外的炎热木星十分接近它们的母恒星，所以它们的表面温度通常很高，大概 627℃或更高。利用灵敏的设备，比如凯克望远镜，科学家们计划根据环绕近地恒星的炎热木星直接发出的红外辐射来探测炎热木星。应用多色相位差干涉技术，凯克干涉仪提供了直接探测辐射（红外）光线的能力，这些光线是从距环绕母星 0.15 个天文单位的巨大太阳系外行星上发射的。天文学家们正在运用凯克干涉仪搜索 32.6 光年距离之内的行星。凯克干涉仪的行星探测方法使高分辨率的径向速度（多普勒）技术得到完善，该技术是天文学家们在探测这么大的太阳系外行星时做出的最初努力。相位差干涉技术也为天文学家们提供了进行明确的质量测定和验证大气模型的机会。

◎大型双筒望远镜干涉仪

大型双筒望远镜干涉仪是由意大利天文学团体［由国家天体物理研究所（INAF）代表］、亚利桑那大学以及其他的学术研究团体——包括德国天文台和研究所的联盟、称作 LBT 德国研究所联合会（LBTB）——合作的结果。大型双筒望远镜干涉仪能在人类所在的太阳系之外直接探测巨大行星。这个设备包括 2 架直径为 8.4 米的主镜望远镜，并排位于亚利桑那州格雷厄姆山上。这样放置会产生一个集合区域，相当于一个 11.8 米的圆形光孔。这两架望远镜连接，形成一个红外线辐射计，它的最大基线是 22.8 米。这个天文设备在 2005 年 10 月 12 日完成了它的"第一束光"的测定。

由于其独特的几何学和相对直观的光学路径设计，大型双筒望远镜干涉仪拥有其他干涉仪所不具备的科学能力。举例来说，大型双筒望远镜干涉仪为宽视场下暗淡物体提供了高分辨率影像，包括遥远的星系，其分辨率达到哈勃望远镜（HST）的10 倍。令太阳系外行星探寻者们最为惊奇的是，调零技术使大型双筒望远镜干涉仪在其他恒星之间的模糊的尘埃云中探测到了辐射物。这些尘埃云发射光、散发热（热能辐射），它们会干扰太阳系外行星的搜寻。所以通过帮助科学家们在近地恒星系统描绘这些尘埃云的排放特点，大型双筒望远镜干涉仪给美国国家航空航天局的科学家和工程师提供了许多有用的数据。他们正致力于更先进的行星空间搜寻任务的设计和发展，比如类地行星搜索者任务（第七章在这个重要话题上提供了相关的论述）。

4

火星生命探寻

太空探索——**插图本宇宙生命简史**

1970 年的美国国家航空航天局"海盗号计划"项目的结果使科学家们确定：火星大气的基本成分是二氧化碳。氮气、氩气和氧气所占比例很小，还有非常少量的氖、氙和氪。火星大气只含极少量的水（约为地球大气含水量的 1‰）。但是，即便是如此少量的水也能浓缩成云，高高地悬于火星大气之上或形成山谷中片片晨雾。还有证据表明，火星过去曾有浓厚的大气——能形成星球地面流动的水。河床、溪谷、峡谷、海岸线和岛屿都暗示了火星上可能曾经存在过大河甚至是小海洋。

在众多的科学发现中，关于火星的发现被视为早期太空探索的结论。地外生物学家认为火星上可能存在液态水——远古时期的或者目前储藏在星球地下某处的——是最重要的。这些科学家们将水看成探寻外星生命的关键，因为在地球上，有水的地方就有生命。因此，如果火星曾经有或者现在仍然存在液态水（在某些特殊的地下小生态位中），则将引出一个非常令人瞩目的论点，那就是，在火星上可能至少出现过微生物。

20 世纪 90 年代中期，在火星存在生命可能性（灭绝的或者可能仍然存在的）的激发下，美国国家航空航天局和其他太空探索组织发射了各种无人驾驶宇宙飞船，对火星进行更有针对性的科学调查。1996 年起，其中的一些任务已经成功完成，而另一些项目却以失败告终。

2004 年 12 月，美国国家航空航天局发表了一份战略路线图，确定了对火星探索的目标。此计划内容直至 2035 年及其之后的探索。集中探索的主要科学主题就是简单地"跟随水源"。美国国家航空航天局认为，一系列精密的无人驾驶宇宙飞船的有序探索为今后大规模的人类探测任务铺平了道路。

美国国家航空航天局先采用机器人探索，以寻找火星生命迹象、了解太阳系的历史，以及为未来的人类探险家铺平道路。通过全方面和日益复杂的无人驾驶宇宙飞船任务，美国国家航空航天局对火星获得了足够的了解，并计划在 2035 年派出第一批人类工作队到火星上完成探测任务。但是，火星上存在微生物的发现和对星球污染的关注（双向污染）可能会改变人类探险队到星球表面探险的时间表。无人驾驶宇宙飞船也可能发现记录火星生命的化石，这些可使我们更清楚地了解曾经生活在火星上的已灭绝的生物（包括微生物形式的生命）。这类重大发现也会改变现在和几十年内的勘探路线图。

◎ "火星探路者"任务

1996 年 12 月 4 日，美国国家航空航天局的德尔塔Ⅱ型（Delta Ⅱ）一次性运载火箭搭载"火星探路者"探测器飞往火星。本次任务，以前叫作"火星环境勘察探路者"（MESUR），它的主要目的是试验一系列的新技术：向火星发送测量登陆器和自由行动的漫游车。"火星探路者"不仅完成了这个主要任务，还传回了前所未有的大量数据。数据表明在设计的预期使用寿命时间后，"火星探路者"仍完好运行了一段时间。

"火星探路者"采用了一种新的登陆方法，也就是：直接进入火星大气层，当穿过火星大气层时，在降落伞的帮助下减速降落；然后，一套大型安全气囊系统会缓冲着陆的冲击力。1997 年 7 月 4 日，"火星探路者"在气囊保护下降落并滑行着陆，从这个时候开始到最后 9 月 27 日的数据传输，机器人登陆器 / 漫游车队传回了很多火星的特写照片和在着陆处附近发现的各种岩石和土壤的化学分析。

着陆点是北纬 19.33°、西经 33.55°，在火星的战神谷地区、克里斯平原附近的一个大的冰水沉积的平原（金色平原）。"海盗 1 号"登陆器于 1976 年 7 月 20 日成功着陆。行星地质学家猜测，这个地区是火星上最大流量的河道之一——这是古代短期出现的大洪水流入火星北部的低地所造成的结果。

这个登陆器被美国国家航空航天局重新命名为卡尔·萨根纪念站，它是第一个传输在进入大气和着陆时收集到的工程科学数据的登陆器。美国宇航员卡尔·爱德华·萨根（Carl Edward Sagan，1934—1996）普及了天文学和天体物理学，并写出了大量关于外空生命存在的可能性的文章。

刚刚到达火星表面不久，登陆器的成像系统（在一个弹出杆上）拍摄了漫游车所"看"到的景象和它周围环境的全景。这些图像传回了地球，帮助人类飞行团队规划自控漫游车在火星表面的运行。清除了挡路的安全气囊后，登陆器便展开滑道，释放漫游车。重量为 10.6 千克的微型漫游车被放置在登陆器的脚下。一旦地球发出指令，这个小机器人探测器就活了过来并在火星表面行动起来。安置了漫游车以后，登陆器剩下的任务就是关注漫游器的情况以确保其运行，并将漫游车获得的数据传输回地球。登陆器3个脚上带的太阳能电池，再加上可充电池为配有气象站的登陆器提供了动力。

这个漫游车被命名为"索杰纳号"（Sojourner）［以美国黑人人权改革者索杰纳·特鲁思（Sojourner Truth，1797—1883）的名字命名］，它是一辆六轮车，由在加利福尼亚的巴沙迪那喷气推进实验室的人员遥控运行。漫游车的遥控人员利用从漫游车和登陆器系统获得的图像对其进行操控。在星际之间遥控需要漫游车能够进行某些半自动运转，因为根据地球和火星的相对位置，信号传输时间平均为10~15分钟。

例如，漫游车有一个危险规避系统，而且在火星表面的运动非常缓慢。这个小漫游车高28厘米、长63厘米、宽48厘米，离地距离为13厘米。当被装载在登陆器里的时候，漫游车只有18厘米的高度。然而，被释放到火星地面后，漫游车便伸展到正常的高度、滚下释放滑道。这辆远行的小漫游车从其0.2平方米的太阳能电池阵列中获得了电能。一些一次性电池为它提供了后备能量。

这个漫游车配有黑白成像系统，这个系统使科学家们能够看到登陆器、火星地表环境，甚至漫游车自己的轨迹，这些能够帮助科学家分析火星土壤的属性。装置在漫游车上的阿尔法粒子及X射线光谱仪（APXS）用来分析火星岩石和土壤的成分。

登陆器和漫游车都超过了它们的原本寿命——登陆器达到了原本寿命的3倍，漫游车达到了12倍。这个登陆器和漫游车成功进行的火星探测项目获得的数据表明，远古的火星曾经是一个温暖、潮湿的地方。这引起了科学研究和大众对这个有趣问题的更大兴趣：当火星表面存在液态水和浓厚的大气时，这个行星上是否出现过生命。

◎ "火星全球观测者"（MGS）任务

1996年11月7日，美国国家航空航天局在佛罗里达州的卡纳维拉尔角空军基地采用德尔塔Ⅱ型一次性运载火箭搭载发射了"火星全球观测者"宇宙飞船。1997年9月12日，无人驾驶宇宙飞船成功到达火星，代表了20年来首次成功登陆火星。"火星全球观测者"被设计为失踪了的"火星观测者"（MO）和它的主要科学任务目标的延续者。

围绕火星飞行的轨道经1年半的修整后，从环绕地球的椭圆形轨道改为圆形轨道。

1999 年 3 月，这艘太空飞船开始了它主要的测绘任务。"火星全球观测者"使用高分辨率照相机从近极轨处低空观测这颗行星，用了火星上 1 年的时间——相当于地球上的 2 年。2001 年 1 月 31 日，此宇宙飞船完成了它的主要任务，进入了扩展任务阶段。美国国家航空航天局于 2006 年 11 月失去了与"火星全球观测者"的联系。在历史上，这艘太空飞船在火星上的运行时间比历史任何其他宇宙飞船都长，达到了最初计划时间的 4 倍多。

"火星全球观测者"的科学仪器包括一个高分辨率照相机、一个热辐射光谱仪、一个激光测高仪和一个磁强计 / 电子反射计。在这些器具的帮助下，此宇宙飞船成功地研究了整个火星表面、大气和内部情况，并在此过程中向地球传输了大量有价值的科学数据。这次任务主要发现了符合沟渠和泥石流特征的高分辨率照片。这表明：现在接近火星地表处可能存在液态水源，这与蓄水层原理相似。

磁强计的读数说明火星磁场不都是星球地心产生的，地壳的某些地方表现出地

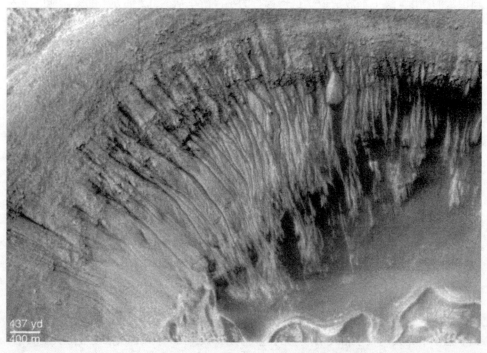

这是美国国家航空航天局的"火星全球观测者"宇宙飞船拍摄到的一张高清晰照片。"火星全球观测者"在牛顿陨石坑（火星表面的主要特征）内西南角拍摄到一个小陨石坑的北壁。科学家们推测，如大盆一样的牛顿陨石坑的跨度约 287 千米，它的形成可能是三十多亿年前一颗小行星碰撞的结果。这个小陨石坑的北壁有许多向坑底延伸的细窄沟渠。科学家们认为，这些沟渠的存在表明在远古火星表面曾经有水和泥石流。（美国国家航空航天局 / 喷气推进实验室 / 马林太空科学小组）

区性变化。宇宙飞船上的激光测高仪获得的数据使人们第一次看到了火星北部冰帽的三维图像。最后，火星卫星——火卫一的新的温度数据和特写照片表明，火卫一表面含有至少 1 米厚的粉状物质——极有可能是几百万年来流星体碰撞的结果。

◎ "火星奥德赛2001号"任务

美国国家航空航天局于 2001 年 4 月 7 日在卡纳维拉尔角空军基地成功向火星发射了"火星奥德赛 2001 号"宇宙飞船。这艘太空飞船原名"火星勘测者 2001 轨道飞行器"。它被用来确定火星表面的成分，探测水和浅埋的冰，并研究火星附近环境的电离辐射。宇宙飞船于 2001 年 10 月 24 日抵达火星，成功进入轨道。然后它进行了一系列缓冲飞行，将自己调整到火星极轨，进行科学研究的数据收集。2002 年 1 月，这次科研任务开始启动。

"火星奥德赛 2001 号"宇宙飞船有 3 个主要的科技仪器：热辐射传感器（THEMIS）、伽马能谱仪（GRS）和火星辐射环境实验（MARIE）。热辐射传感器检测了火星表面的矿物质分布情况，特别是那些只能够在有水的情况下形成的矿物质。伽马能谱仪确定了火星表面存在 20 种化学元素，包括较浅地下的氢——将它作为确定火星可能存在的水冰数量和其分布的代表。还有，火星辐射环境实验分析了火星辐射环境，为未来的人类探测器初步确定了可能存在的危险。2004 年 8 月 24 日，宇宙飞船完成了它的主要科学任务，收集了大量的科研数据。从那时起，它开始作为轨道通讯传输设备继续运行。后来，"火星探测漫游车"（MER）任务与地球上的科学家之间的信息交流由"火星奥德赛 2001 号"宇宙飞船负责双向传送。

美国国家航空航天局为这艘重要的宇宙飞船选择了"火星奥德赛 2001 号"这个有些不寻常的名字，以向著名英国作家亚瑟·C.克拉克的科幻小说中体现的火星探索的愿景和精神致敬。

◎ "火星快车号"任务

"火星快车号"宇宙飞船是 2003 年 6 月发射的火星探测任务的一部分，它是由欧洲太空总署（ESA）和意大利太空总署联合研制的。当这艘重量为 1 042 千克的宇宙飞船于 2003 年 12 月到达火星后，它的科学仪器就开始了对火星大气层和火星表面的研究。"火星快车号"的主要目的就是从轨道开始搜寻可能存在地下水的地区。

该宇宙飞船还带了一个小型登陆器，用来对更合适的地点进行更仔细的搜寻。

这个小型登陆器名为"小猎犬2号"——以纪念英国博物学家达尔文（Charles Darwin，1809—1882）（达尔文伟大的航海科学发现就是在这艘船上完成的）。在火星表面着陆后，"小猎犬2号"就开始了地外生物学和地球化学的研究。"小猎犬2号"计划于2003年12月25日登陆火星。然而，"小猎犬2号"与母舰分离着陆后，欧洲太空总署地面控制人员却无法与探测器取得联系，并于2004年2月6日宣布其丢失。虽然出现了"小猎犬2号"事件，但"火星快车号"宇宙飞船却在围绕火星的轨道内运行良好，并完成了它的主要任务——火星表面高清图像的拍摄和火星表面矿物质分布图的绘制。2004年8月，"火星快车号"又将美国国家航空航天局的"机遇号"（MER-B）漫游车拍摄的图像传回地球，成为国际网络演示的一例典范。

2006年12月，科学家们宣布欧洲太空总署的"火星快车号"人造卫星上先进的地下深度雷达探测器获得的数据表明，在火星光滑的表面下埋葬着一个更古老更崎岖的表面。此仪器为仍然神秘的火星地质史提供了新的重要线索。地下深度雷达探测器是第一个用于探测行星的地下雷达，它的探测技术包括评估无线电波传输穿透地下的回波。这个仪器获得的数据强有力地表明，远古时期撞击后的地壳现在处于火星北半球平整低洼的平原之下。地下深度雷达探测器发现的证据表明，大部分火星上的北部低地都存在一些地下的撞击陨坑——直径从30千米到470千米不等。与地球不同，火星的南半球和北半球之间表现出极大的差异。这个红色星球的全部南半球几乎都有崎岖不平、坑坑洼洼的丘陵地带。而此行星大部分的北半球是平整的，而且海拔较低。"火星快车号"的新发现使行星科学家们迈出了重要一步，他们能进一步了解这个有趣而持久的地理演化奥秘和火星的历史。

◎ "火星探测漫游车（MER）2003号"任务

2003年夏季，美国国家航空航天局发射了一对火星漫游车，并计划于2004年开始在火星表面运行。2003年6月10日，德尔塔Ⅱ型火箭搭载"勇气号"飞向火星，并于2004年1月4日成功着陆。2003年7月7日，德尔塔Ⅱ型火箭在卡纳维拉尔角空军基地搭载"机遇号"升入太空，并于2004年1月25日在火星成功着陆。这两个登陆器都采用了类似"火星探路者"任务的登陆方式，在气囊的帮助下弹跳滚动而成功着陆。

　　在到达火星表面之后，漫游车着陆并在火星表面不同的地区开始了它们的探测任务。"勇气号"在古瑟夫陨石坑着陆，大概是火星赤道以南纬度15°的地方。美国国家航空航天局的任务策划员们选定了古瑟夫陨石坑，因为那里出现了火山口湖沉积矿。"机遇号"在子午线台地登陆。子午线台地是火星上的一个地区，也叫赤铁矿地区，因为这个位置展现含有粗粒赤铁矿，它是一种富含铁的矿石，是典型的在水中形成的物质。2006年底，这两辆漫游车继续运行并在火星表面移动，超过了最初设定的90天的使用寿命。

　　2006年10月初，美国国家航空航天局的机器人漫游车"机遇号"开始探测环绕火星维多利亚陨石坑的悬崖中的分层岩石。"机遇号"在陨石坑工作的第一个星期，"火星勘测轨道器"（MRO）——美国国家航空航天局在火星天空的一只最新的眼睛——拍摄了这辆勤劳的漫游车及其周围环境的图像。美国国家航空航天局的任务操控员们通过"火星勘测轨道飞行器"的高清图像来帮助他们控制在维多利亚陨石坑探测的"机遇号"漫游车。行星探测需要联合轨道飞行器和登陆器/漫游车航天器，两个机器人系统有效和及时的数据汇总成为行星探测的典范。维多利亚陨石坑内壁的似悬崖部分中暴露出了一些地质层，记录了火星环境历史。漫游车在较小的

2004年，火星探测漫游车在火星表面登陆。（美国国家航空航天局/喷气推进实验室）

陨石坑中研究过这些历史。

由于小型漫游车"火星探路者"移动性能更强，这些强大的新型机器人探测器每天（以火星时间计算）在火星表面可以成功地移动100米。每个漫游车都配有一套精密的仪器，帮助它搜寻远古时期火星表面存在过液态水的迹象。"勇气号"和"机遇号"已经探测了火星表面的很多不同地区。登陆后，漫游车立刻开始对这个特定的登陆点进行勘探，拍摄全景（360°）可视（彩色）红外线图像。然后，通过漫游车每天传输的图像和光谱，美国国家航空航天局的科学家们在喷气推进实验室利用通信和遥控来监控整个科研过程。在人类断断续续的指导下，这对机械探测器像机器人探测员一样运作起来——查看特殊的岩石和土壤，并在微观层面上评估其成分和结构。在登陆火星两个月后，"机遇号"发现了一些迹象，证明远古火星的地质环境是潮湿的。

每一辆重量为185千克的漫游车配有5台仪器，并在这套仪器的帮助下分析岩石和土壤样品。这些仪器包括一个全景摄像机（Pancam），一台微型热量发射分光仪（Mini-TES），一个穆斯包尔分光计（MB），一个阿尔法粒子及X射线光谱仪，一个磁体和显微影像仪（MI）。还有一个特殊的岩石磨损工具（RAT，用来刺入泥土及岩石表面），帮助漫游车挖掘露出新的岩石表面，以进行其他有价值的科学研究。

2007年1月，"勇气号"和"机遇号"庆祝了它们成功登陆火星3周年。虽然机器人漫游车开始表现出破旧的迹象，但是在火星表面运行的3年多时间却使它们变得更加聪慧。它们令人意想不到的使用寿命为美国国家航空航天局的工程师们进行新技能检测提供了千载难逢的机会。这些地外测试不仅有助于改善当前漫游车的性能，也对未来漫游车系统的设计和性能产生了影响。美国国家航空航天局的工程师们将4种新技术装入2辆漫游车携带的电脑中，这2辆勤劳的漫游车的特殊工作就是检验这4项新技术的使用。

其中一项新技术使每个无人驾驶宇宙飞船都能够查看收集到的图像并识别一些的特征。另一项新技术——视觉目标跟踪——使一辆移动着的漫游车能够保持对指定地点特征的识别。虽然目标岩石的形状从不同的角度来看是不一样的，但现在的机器人漫游车具备了这种技能，便"知道"它可能就是同一块（目标）岩石。这个新软件也改进了每辆漫游车的自动性，并帮助它们躲避潜在的危险。现在，当漫游车在可能存在危险的火星表面"行走"一步时，它便能"考虑"自己前进的几步路线。

"勇气号"和"机遇号"最初设计的使用寿命为90个火星日。到2007年1月底，

"勇气号"火星探测漫游车2004年4月21日,在被喷气推进实验室的任务控制人员称为"32号地点"的地区拍摄了一些图片,这个圆柱形工程的嵌花图案就是从这些图片中的部分组合起来的。"勇气号"现在坐落于米苏拉陨石坑的东部,不再位于火山喷射物地区了,而是在外部的平原上。(美国国家航空航天局 / 喷气推进实验室)

"勇气号"与"机遇号"在火星表面的运转时间已经大约达到原计划寿命的12倍。"勇气号"已经"行走"约6.9千米,"机遇号""行走"了约9.9千米。

"勇气号"已经发现的迹象表明,在漫游车登陆的平原上的古老的小山上,水(以某种形态存在)已变成一些土壤和岩石中的矿物质成分。"机遇号"自登陆火星以来的主要发现是矿物质的收集和岩石结构的证据,这些都强有力地表明了有水流过火星表面,并在很久以前填满了这个红色星球上至少一个地区。

◎火星勘测轨道器

2005年8月12日,美国国家航空航天局在卡纳维拉尔角空军基地利用一次性助推火箭爱特拉斯Ⅲ型发射了火星勘测轨道器。这艘宇宙飞船的主要任务是从轨道上对行星表面进行高清测量。这艘宇宙飞船装置了1台分辨率大于1米的可视立体相机(HiRISE),并配有1台可视 / 近红外光谱仪,以便进行行星表面成分的研究。同样,意大利航天局在此宇宙飞船上还装置了1个红外辐射计、1个加速器和1台地下浅层探测雷达,以便进行地下水的探测。对轨道飞行器的踪迹追踪将向科学家们提供关于火星重力场的信息。

这次任务的主要科研目标是寻找过去或现在的水的迹象、研究气象以及为今后的火星探测任务确定登陆点。火星勘测轨道器获得的数据使得科学家们能够探查复杂的火星地表,并能确定与水相关的地区。火星勘测轨道器也协助科学家们在火星上探查展现水的地层的情况和构成成分,或水热活动的地点。火星勘测轨道器携带的仪器能够搜测火星表面下的地层、水和冰,也能测画出火星极帽的内部结构。火星勘测轨道器起到的另一个作用就是为未来机器人的火星地表探测任务确定可能的地点并描述其特性，机器人探索任务包括收集土壤和岩石样品并带回地球进行分析。

火星勘测轨道器高为 6.5 米，顶部装备了一个直径为 3 米的射电碟形天线。此飞行器从伸出的太阳能电池板的尖端到另一端宽为 13.6 米。太阳能电池板有一个 20 平方米的太阳能电池用于发电。发射时，火星勘测轨道器与推进剂合重为 2 180 千克，而携带推进剂重量是总重量的一半。

2006 年 9 月初，火星勘测轨道器完成了一项艰巨的任务，将它的轨道形状调整

2006 年起，美国国家航空航天局的火星勘测轨道器开始拍摄火星表面的超高清照片，并利用声波探测器对可能存在地下水的地区进行科学探查。（美国国家航空航天局 / 喷气推进实验室）

为接近圆形的低海拔极轨（约 255 千米），以便仔细地勘察整个火星表面。此航天器当时正处于其设计寿命——1 火星年（地球上的 2 年）的科研任务阶段。火星勘测轨道器将科研数据传回给地球上科学家们的速度，达到以往任意火星探测任务的 10 倍以上。此宇宙飞船在遥感勘测方面的这项伟大进步归功于一个更宽的碟形天线、一

个更灵敏的车载电脑，还有一个更大的由太阳能电池阵列供电的扩大器。信息收集工作将在 1 火星年时间内进行，此后，美国国家航空航天局将会把轨道飞行器作为未来登陆火星的探测任务的通信中继卫星，如"凤凰号"登陆器。火星勘测轨道器获得的数据也将帮助美国国家航空航天局的科学家们为未来的火星探测任务选择登陆地点，如"火星科学实验室"（MSL）。

◎更聪慧的机器人到达红色星球

美国国家航空航天局计划的"凤凰号"火星探测器在火星北极永久冰帽附近的冰雪土地着陆，并探测这些土壤及相关岩石中水的历史。作为美国国家航空航天局第一个探测火星上是否存在潜在的现代栖息地的探索者，这个精密的太空机器人在搜寻含碳化合物方面打开了一道新门（距此最近的搜寻是 20 世纪 70 年代的"海盗 1 号"和"海盗 2 号"任务）。

"凤凰号"宇宙飞船不断改进，并于 2007 年 8 月发射成功。2008 年 5 月，这个机器人探测器登陆在火星极地的一个预选地区。"火星奥德赛 2001 号"轨道飞行器曾确认这个地区地下次层土壤中高度集冰。"凤凰号"是一个固定登陆器，这就意味着它是不能在火星表面从一个地区移动到另一个地区的。而且，当飞行器安全着陆后，它将停留在原地，用它的机器手臂挖掘冰层，并将样品送到它的那套随身科学仪器中去。这些仪器会直接在火星表面开始分析样品，通过无线电信号将科学数据传回地球，由美国国家航空航天局的深空网收集整理。

"凤凰号"宇宙飞行器的立体彩色相机和气象站用来研究周围环境，而它的其他仪器查验挖掘出的土壤样品中的水、有机化学物以及能够表明此处曾适合生命的其他条件。出于地外生物学家的特殊兴趣，此宇宙飞船的显微镜会以人类头发直径的 1‰的大小显示观测物的特性。

"凤凰号"登陆器的科研目标是了解火星上水的历史和火星气候循环，补充了无人驾驶宇宙飞船最振奋人心的任务：评估适合微生物生命的环境是否存在于冰土区域中。一个亟待解答的问题是：火星上的周期——无论是长期的还是短期的——能否创造适合的条件，使哪怕极小量的接近地表的水也能保持液态？正如地球北极环境研究所指出的，如果其他因素是适合的，那么只要水保持液态形式——哪怕只是很短时期内——生命便能维持。

"勇气号"和"机遇号"于 2004 年 1 月抵达火星表面。基于两辆火星勘测漫游车的成功，美国国家航空航天局下一个移动漫游车任务设计于 2010 年底到达火星。这个称为"火星科学实验室"的移动机器人是"勇气号"和"机遇号"长度的 2 倍，体积的 3 倍。

"火星科学实验室"收集火星土样和岩核，并通过现场分析以寻找含有有机成分的地点以及过去或现在可能支持微生物生命的环境条件。科学家们从绕火星轨道或表面漫游车任务调查中发现水的地质标志之后，下一个重要的步骤便是研究那个地区。地外生物学家极为重要的目的是"跟随着水"以寻找火星生命迹象。虽然科学家们现在还不太了解火星地下，但是之前的火星任务获得的数据提供了大量的证据表明：火星的远古时期曾有过地表水，包括溪流，也可能有浅海，甚至海洋。然而，最近关于可能被流水切断的溪谷照片表明：现在，火星表面已经没有液态水的迹象了。

地外生物学家对火星上覆盖着冰的北极地区充满兴趣，因为那是有（冰冻的）水的地方——而且，哪里有水（甚至以冰的形式存在），哪里就可能有生命（现存的或已经灭绝的）。根据地球上一些寒冷地区的经验，例如在冰岛或南极洲发现的，

这幅图展示了美国国家航空航天局部署在火星表明的"凤凰号"登陆器。此登陆器用它的机器手臂在火星北极富含水冰的地区挖开一个洞，去寻找火星上水历史的线索。这个机器人探测器也会探寻可能适合微生物存在的环境。（美国国家航空航天局）

在这幅图中,我们可以看到火星日落中的"火星科学实验室"(MSL)。它是由美国国家航空航天局计划的火星探测任务,一旦"火星实验室"登陆火星表面(2010 年),作为比以往任何火星漫游车的探测范围都大的精密探测器,它将分析许多从土壤和岩石中提取的样品。火星科学实验室将探查过去及现在的火星维持生命存在的能力。美国国家航空航天局的工程师考虑以放射性同位素热电发生器的形式使用核能,为这个机器人提供充足的电能。这个设计选择会使机器人漫游车在火星环境的各种条件下运行更长时间。(美国国家航空航天局 / 喷气推进实验室)

科学家们了解到:水能以冻泥和冰混冻在一起的形式储存在永久冻结层之下,例如液态地下水。因此,即使远古的地表水在火星上已经消失了,真正的蓄水处仍然可能以液态或冻结形式存在于火星表面之下。

为了找到有冻结水的地区和可能存在于火星上的隐匿生命,科学家们期望他们能钻探或穿进约 200 米的深度。根据所有的可能性来看,液态水(如果存在)会在火星表面以下更深的地方。火星的地下深处探索意味着独特的工程挑战。到达火星极区地下的方法就是使用一个称为"科瑞奥鲍特"(cryobot)的穿冰机器人探测系统。

当登陆器成功地软着陆在这个莫测的火星北极地区之后,登陆器便会开动它所携带的穿冰机器人探测器。通过加热穿冰机器人的鱼雷形鼻子,这个设备便被地心引力拉下去,穿进冰中被融化出的隧道。穿冰机器人携带的探测器将自动进行检测,并分析其所遇到的气体和其他物质。作为一个智能机器人,穿冰机器人探测器将采用创新的加热和转向方法,在地下障碍(基本是大型岩石)周围敏捷地实施操控。穿冰机器人探测器不仅被赋予了高水平的机械智能,它还能根据地下条件轻微地改变其下行途径或利用意想不到的科研机遇,例如发现冰冻地下深处的液态水蓄水层。

穿冰机器人融化其前方的冰面，穿过冰层，使液体在机器人探测器周围流动，在其后重新结冰。探测器测量所遇环境的特征，然后通过它降入冰冻物时缠绕在其尾部的一根细电缆将科研数据向上传输给登陆车。由于冰层有 1.6 千米多厚，机器人探测器与地面登陆车更有效的联络就是通过一系列微型无线电波收发继电器传播，它在探测器下降时会保留在重新凝固的物质中。

穿冰机器人探测器代表了一个全新的主动与被动相结合的融化系统。穿冰机器人地下穿透方法比传统的钻探技术更有效，因为它比机械切削使用的能量更小。而且由于穿冰机器人穿过冰层向下运行进入一个自封道，也就没有必须用大钢管包住深钻洞以防陷落或坍塌。最后，半自动转向和智能故障处理，减少了探测器陷入预料之外的地下条件或阻碍物的危险。如第五章所提到的，穿冰机器人也将成为穿透木卫二冰壳的一种理想的机器人系统。

这幅图展示的是一个穿冰机器人——一个穿入行星或月球冰面的机器人探测器。当穿冰机器人像鼹鼠一样穿进外星球的地表时，它的仪器就开始测量所遇环境，并将收集的数据传输给地面的登陆车。在火星上，通讯电缆可用于浅层穿越。在木卫二上，有更厚些的冰层，可以通过嵌入冰中的微型无线电波收发继电器传输信息。半自动转向系统的使用和故障处理人工智能水平的提升，将帮助减少探测器被地下障碍（如大型岩石）困住的危险。（美国国家航空航天局／喷气推进实验室）

◎火星采样返回任务（MSRM）

　　火星采样返回任务的目的，如其名所示，是使用无人驾驶宇宙飞船和登陆器的合并系统在火星收集土壤和岩石样品，然后将其返回地球进行详细的实验室分析。完成这类任务的许多种方法正在探索中。例如，登陆车可携带和释放一辆或是几辆小型机器人漫游车吗？这些漫游车（在地球操纵员的控制下）从最初的着陆点开始移动，在更大范围内采集岩石和土壤样品并将其返回地球。

　　另一个选择就是设计一个非固定的或可移动的登陆器，使它能够行进（也是在地球操控员的控制下）到各种类型的地表地区并采集有趣的样品。在土样采集任务完成以后，登陆车的上部就会离开火星表面，与一个特殊的"运载者"航天器结合进入轨道。

　　这个自动交回/返回"运载者"航天器会把土壤采样太空舱从登陆车上部移开，然后离开火星轨道，进入能够将采样带回地球的轨道。大约1年的星际旅行之后，这个自动的"运载者"航天器将带着它珍贵的火星土壤和岩石样品成功地进入地球轨道。

　　为避免火星土壤和岩石中可能含有的外星微生物对地球生物圈造成任何潜在的地外污染问题，采样太空舱首先需要在一个特殊的人控轨道检疫设备中进行分析。另一种返回任务方案是完全绕过地球轨道检疫处理，并采用直接载入飞行器的方法，将封装的火星土样送回地球。

这是一幅关于火星采样返回任务的图。机器人漫游车采集到的土壤和岩石样品已储藏在特殊的封装中，本图所展示的就是采样返回飞行器带着样品离开火星表面的情景。为支持星球保护协议，采样返回飞行器一旦进入火星周围的会合轨道，便利用一个机器设备将封装的火星土壤转到返回地球的飞行器（"母舰"）上——它将把这些采样带回地球，由科学家们进行细致的研究。（美国国家航空航天局/喷气推进实验室/艺术家帕特·罗菱斯）

无论采用哪种采样返回任务方式，对火星陨石（返回到地球上的）的分析都激起了科学家们极大的兴趣——他们要获得这些首次收集到的陨石的完整资料并且对这些样本进行良好的管理。这些采样在地球实验室里分析后，将提供大量关于红色星球的重要且独特的信息。这些采样将进一步明晰那个最令人好奇的问题：火星上有（或至少曾经有过）生命吗？成功的火星采样返回任务对 21 世纪最终的人类火星探险来说，也是重要的、必要的一步。

◎第一个人类火星探险队

人类火星探险队很可能在 21 世纪中叶前——可能在 2035 年前后出发。目前的探险方案建议任务时长为 600～1 000 天，很可能在热核火箭的动力推动下从地球轨道出发。预期成员总数为 15 位宇航员。经过数百天的星际空间穿行后，第一批火星探索者将在红色星球上进行大约 30 天的地面游览活动。之前的机器人任务将为人类探索者对火星直接的详细调查确定有价值的候选登陆点。

这幅图展现了 2035 年，两个宇航员科学家（一个是地外生物学家，另一个是地质学家）正在火星上勘探一个有价值的沉积矿床。他们在搜寻红色星球上的古生命化石。（美国国家航空航天局／喷气推进实验室／艺术家帕特·罗菱斯）

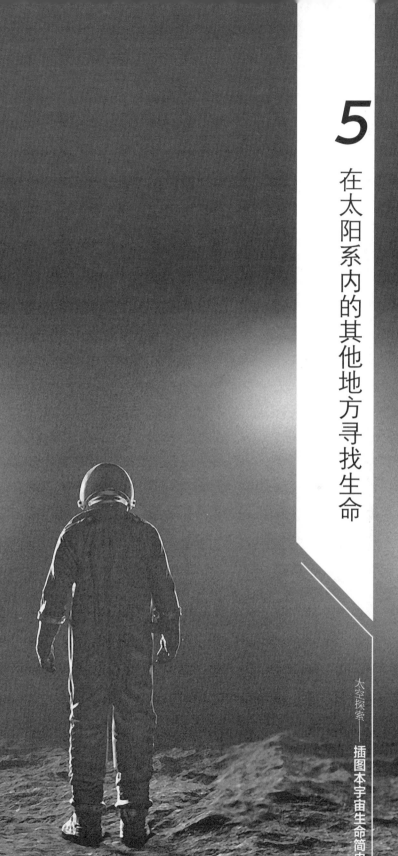

5

在太阳系内的其他地方寻找生命

太空探索——

插图本宇宙生命简史

不久之前，还存在着一种广为流传的观点，即金星是与地球最为相似的孪生儿。在大家的观点里，金星的直径、密度和引力稍逊于地球，因此这个被云层覆盖的行星一定是与地球最为相似的——尤其它拥有明显的大气层且临近太阳。对该行星的各种遐思迩想，在20世纪上半叶的科幻小说情节中频繁出现：海洋、热带雨林、巨型爬行动物，甚至是可能存在的原始人类……

尽管如此，自20世纪60年代，众多美籍与苏联籍宇宙飞船的造访，打破了所有这些前太空时代的浪漫幻想。来自这些宇航任务的信息清晰地表明，这个被云层覆盖的行星上绝非是一个重现史前地球的世界。除了尺寸和重力在物理性质上的些许相似，如今科学家们已了解到，地球与金星是截然不同的世界。比如，金星的地表温度接近500℃；大气压力是地球的九十多倍；无地表河流；稠密且有害的大气层中布满了硫酸云和过量的二氧化碳（约占96%），凸现了失控的温室效应。

太阳系中的宇航使命起源于对太阳系这个原始的神秘世界（行星和卫星）不断产生的兴趣和不断加深的认识。一度被认为可孕育生命的天体虽遗憾地被证实为不毛之地，但其他的星体世界至今仍不断地给予这样的期望——外星生命的原始形态存在的可能性。除火星外（参看第四章），首要推举的为木星的卫星——木卫二。

◎木卫二

对外星生物学家来说，木卫二一直是太阳系中最具有魅力的星球之一。在这颗卫星极其冰冷的外表下，疑似存在地下海洋。由木星巨大的地心引力（在该卫星上）所造成的曳引而产生如潮水般的活动或许可以提供生命存活的能量。在太空时代之前，木卫二始终仅仅是一个小小的光点。20世纪70年代、20世纪80年代早期，宇宙飞船"先驱者10号""先驱者11号""开拓者1号"和"开拓者2号"满载着众人对这颗神秘伽利略卫星的关注飞越木星。美国国家航空航天局的"伽利略号"宇宙飞船提供了更加引人注目的信息。

伽利略任务始于 1989 年 10 月 18 日，当这架精密的宇宙飞船由航天飞机"亚特兰蒂斯"送入近地轨道后，它通过（依靠）一架惯性上面级火箭（IUS）开始了星际旅行。在前往木星的飞行中，依靠着重力助推，"伽利略号"宇宙飞船曾一次飞越金星，两次飞越地球。就在它穿行于太阳系，越过火星、前往木星的飞行中，"伽利略号"与小行星加斯普拉［GASPRA（1991.10）］和艾女星［IDA（1993.8）］不期而遇。1991 年 10 月 29 日，"伽利略号"途经嘎斯普若的飞行向科学家们提供了对小行星的首次近距离观察。在到达木星的最后一程，"伽利略号"观察到一颗被已经支离破碎的"苏梅克-列维 9 号"（Shoemaker–Levy 9）的彗星碎片撞击过的巨型行星。在 1995 年 6 月 12 日，"伽利略号"的母舰与搭其便车而来的同伴（一个大气探测器）分道扬镳，从此这两艘无人驾驶宇宙飞船按其编队飞往各自的目的地。

知识窗

关于木卫二的一些趣闻

木卫二是一颗表面光滑，冰雪覆盖的卫星，1610 年由意大利的科学家伽利略发现。无人驾驶宇宙飞船的造访引发了科学家们对这颗令人好奇的卫星的思考——其冰冻的外表下方蕴藏着液态的海洋。木卫二直径为 3 124 千米，质量为 4.84×10^{22} 千克。这颗卫星在与木星相距 670 900 千米的同步轨道上运行。0.009 的偏心率，0.47° 的倾角，3.551 天（地球上）一周期，这些都更进一步说明了在木星周围的卫星运行轨道的特征。木卫二表面的重力加速度为 1.32 米 / 秒，这颗冰冷的卫星的平均密度为 3 020 千克 / 立方米。除了火星，外星生物学家更赞同把木卫二视作太阳系中首要候选的星体世界——可能为某种形态的外星生命提供匿身之所的星体世界。

在 1995 年 12 月 7 日，"伽利略号"点燃了它的主发动机进入木星轨道。在小型自动控制降落伞的辅助下，"伽利略号"降落到木星大气层中，在此期间，它收集到来自大气探测器传输的信息。在执行长达 2 年的主要任务期间，"伽利略号"宇宙飞船完成了途经木星主要卫星 10 次的目标。在 1997 年 12 月，这艘精密的无人驾驶宇宙飞船开始了长期的科研任务——8 次近距离飞越表面光滑且冰雪覆盖的木卫二，2 次近距离飞越金黄色且多火山的木卫一。

"伽利略号"于 2000 年初开始了第二次长期性科研任务。此次二期任务包括：近距离飞越伽利略卫星木卫一、木卫三和木卫四，携同"卡西尼号"宇宙飞船对木星进行观测。在 2000 年 12 月"卡西尼号"飞过这颗巨行星并获取了急需的重力助推——其功用足以使大型宇宙飞船最终飞抵土星。2002 年 11 月，"伽利略号"在途经一颗木星卫星的末次飞行中，飞速地冲过了小卫星木卫五。

与木卫五的不期而遇，使"伽利略号"在 2003 年 9 月出现了撞向木星的趋势。在这个富有成效且意义非凡的任务的最后，美国国家航空航天局的任务控制员们故意让"伽利略号"宇宙飞船冲入木星，以此方法来避免任何有可能发生的、由地球微生物引起的对木卫二的污染。作为一个不可控制的弃用宇宙飞船，"伽利略号"宇宙飞船在接下来的十几年里，最终很可能在某个时间冲入木卫二。很多外星生物学家认为，在木卫二冰冻的表层下藏有孕育生命的液态海洋。由于"伽利略号"宇宙飞船很可能藏匿着各种各样搭便车而来的陆上微生物，因此，科学家们认为谨慎的做法是完全避免任何污染木卫二的可能。解决这个潜在问题最简单的方法只是将"伽利略号"，这个行将退役的宇宙飞船安置到木星那冰凉的、涡动的星云里。美国国家航空航天局喷气推进实验室的任务控制员们完成了这项工作，不仅如此，他们还充分保有对"伽利略号"宇宙飞船的行为和运行轨道的控制。

美国国家航空航天局的"伽利略号"宇宙飞船所提供的对木卫二的近距离研究，向科学家们暗示了这颗木星的主卫星在其冰冷的地壳下可能具有液态海洋。哪里有液态水，哪里就有可能发现外星生命形态。因此，美国国家航空航天局的战略规划者们正在检测（在概念基础上）几个未来的、自动控制装置的任务，而这一任务将彻底地"打破僵局"，以便找寻地球外的外星生命。

美国国家航空航天局建议木星冰月轨道器（JIMO）任务引入先进的无人驾驶宇宙飞船，并使其进入木星最引人注目的卫星——木卫四、木卫三和木卫二的运行轨

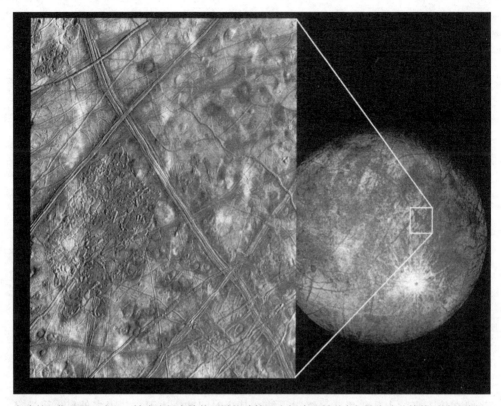

左边的图像显示了木卫二地表由很多块状区域构成的一个部分，科学家们认为这些块状区域已分解，同时"漂移"到新的位置。这些新的特征是最佳的地质学物证——充分证明了在过去的某个时间，木卫二可能存在过地下海洋。结合地质资料，磁场的存在使科学家们相信地下海洋在今天同样有可能存在于木卫二。美国国家航空航天局"伽利略号"宇宙飞船在 1996 年 9 月 7 日、1996 年 12 月、1997 年 2 月期间，从 67.7 万千米的高度上拍摄了这些图像。（美国国家航空航天局 / 喷气推进实验室）

道。这三个如行星般大小的卫星在它们冰雪覆盖的外表下很可能存在液态海洋。继"伽利略号"宇宙飞船的历史性发现之后，JIMO 任务将会对这三颗大型冰冷卫星的构成、地质历史以及维系生命的潜在因素加以详细的研究。该任务的科研计划目标包括：侦测卫星上可能存在的生命；调查研究每颗卫星的起源及演化；测定出每颗卫星被太空碎片撞击的频率。

JIMO 任务首创了由核裂变反应堆产生动力的电力推进装置。同时期的电力推进装置技术——在美国国家航空航天局的"深空 1 号"宇宙飞船上成功地进行了检测——支持了 JIMO 任务的宇宙飞船在一次任务期间能绕 3 颗不同卫星运行。现今的宇宙飞船，如"卡西尼号"，具有足够的机载推进器推力，因而（在到达指定行星后）可以绕独立的行星轨道运行，接着依据各种轨道飞越卫星或其他重要的物体，如光

这幅图展现的是美国国家航空航天局提议的普罗米修斯计划——具有核反应动力、离子推进的宇宙飞船驶入木星星系。木星冰月轨道器任务将对木卫四、木卫三和木卫二（以这样的顺序）进行详细的科学研究——搜寻这些卫星冰冷的地壳下的液态海洋。木卫二对科学界有着特殊的吸引力，因为它那疑似存在的液态海洋很可能孕育着外星生命。（美国国家航空航天局 / 喷气推进实验室）

环系统。相形之下，JIMO任务的核能电力推进装置系统则拥有必备且长期的推进能力，这足以使其渐进巧妙地穿越木星星系，同时支持了宇宙飞船成功地进入 3 颗寒冷且有着重要地位的卫星的运行轨道。

另一个非常有趣的概念性的机器人太空任务包括一个绕轨母航、一个穿冰机器人、一个涵泳机器人（hydrobot），其目的是：搜索在木卫二上的生命迹象。木卫二轨道飞行器在整个任务中充当指挥。一旦进入环绕木卫二的轨道，这艘无人驾驶宇宙飞船将在地表的特殊位置释放机器人登陆车，并识别那些对于地外生物学家和其他研究者来说有重大科学意义的特征。当机器人登陆车软着陆在木卫二那冰雪覆盖的表面后，它就分散开来，部署一个穿冰机器人。穿冰机器人穿透木卫二冰冻的地壳、融化出道路，直至它到达被怀疑有可能存在的地下海洋。破冰机器人在其后重新凝固的冰雪中留下了一路的无线电应答机，以便实现与登陆车的通讯，也就是以突发传播模式向正绕轨道而行的母航传送信息。母航（木卫二轨道飞行器）将让地球上的科学家们获知任务进程，但这轨道飞行器宇宙飞船、穿冰机器人和涵泳机器人统统都是全自动化操作的，而无任何直接作业人员监督。

一旦穿冰机器人穿过木卫二那坚硬且冰雪覆盖的地壳，并发现被怀疑是地下海洋的区域，鱼雷型机器人探测器将释放一个自我驱动的水下机器人，叫作涵泳机器人。涵泳机器人疾驶而去并开始进行水中环境的科研性测量。机器人潜艇同样也在孜孜不倦地搜索木卫二水中外星生命迹象。由涵泳机器人发送的信息经由穿冰机器人、表面登陆车和轨道上的母舰传送回地球。下图是艺术家描绘出来的可能是 21 世纪最伟大的科研发现之一。这一假设的场景显示了在木卫二地下海洋中，涵泳机器人正检查水下热泉口以及各种各样的外星生命形态（ALF）。在这一虚构的背景中，由小型机器人（轨道器、登陆车、穿冰机器人和涵泳机器人）组成的队伍使它们的人类创造者们得以在太阳系中的其他世界中探知生命。无论在木卫二上是否确实存在生命，这种以未来机器人队伍运用集合化机械智能的先进太空探险形式都值得关注。同时它们将为更令人兴奋的任务奠定基础。正如在第六章中所讨论的，太空工程师们必须把非常小心地防止未来从地球发射的任何航天器可能对木卫二造成的污染。

◎ 土卫六（Titan）

对于很多外星生物学家来说，大气层中有丰富有机分子的土卫六——这个土星最大的卫星是一个令人向往的天然实验室。土卫六的大气层是由氮气（N_2）和甲烷（CH_4）气体构成的。来自太阳的紫外线能够分解这些分子，形成复杂的有机分子。过去地外生物学家常常认为土卫六的大气成分是与早期地球——生命出现之前的地球——极为相似的。关于土卫六，科学界讨论的最为热烈的问题之一，就是在土卫六那不透明、烟雾弥漫的空气中的有机分子的结构有多么复杂。地外生物学家们所提出的另一个相关的问题就是，由于土卫六上寒冷的有机分子汤的存在，是否有存在嗜冷极端微生物的可能性。土卫六体型巨大，云雾缭绕，氮气浓度高。"卡西尼-惠更斯号"宇宙飞船的土星任务回答了一些关于土卫六的问题，同时也提出了一些新的有趣的问题。

"卡西尼-惠更斯号"宇宙飞船于 1997 年 10 月 15 日从佛罗里达州卡纳维拉尔角

这幅图显示了一个穿冰机器人（见图片下部背景）和一个能潜水的涵泳机器人（见图片上部主要位置）——这对有趣的机器人组合被用于勘探木卫二那疑似存在的冰雪覆盖的海洋。在此方案中，一个登陆车机器人将在抵达木卫二地表的同时部署"穿冰机器人／涵泳机器人"的一整套计划，它将留在地面作为通信中继站。穿冰机器人将穿过冰层熔化出一条路，接着涵泳机器人进入冰雪覆盖的海洋进行作业。涵泳机器人是水下自力推进的宇宙宇宙飞船，具有分解地表海洋化合物的功能，同时可搜索外星生命迹象。这里的插图表现了自动机器人在水下检测假想的水下活火山口，同时各式各样的外星水栖生命聚集在这个可以支撑生命存活的环境。（美国国家航空航天局／喷气推进实验室）

空军基地，由强大的泰坦Ⅳ–半人马型火箭成功发射。这个任务是美国国家航空航天局与欧洲太空总署联合指挥的，是对土星主卫星土卫六及其复杂的卫星体系进行的勘测。参照"伽利略号"宇宙飞船的例子，"卡西尼号"宇宙飞船在引力帮助下进行了太阳系旅行。该宇宙飞船沿着金—金—地—木引力辅助轨道最终到达了土星。历时近 7 年的历程，在太阳系中航行达 35 亿千米的"卡西尼号"宇宙飞船在 2004 年 7 月 1 日（美国东部夏令时）到达木星。

这艘精密且庞大的机器人宇宙飞船，是为了纪念意大利出生的法籍天文学家乔万尼·多梅尼科·卡西尼（Giovanni Domenico Cassini，1625—1712）而命名的。此人是巴黎皇家天文台的第一任主任，曾指导对土星的全面观察。"惠更斯号"探测器是为了纪念荷兰天文学家克里斯蒂安·惠更斯（Christiaan Huygens，1629—1695）而

知识窗 ━━━━━━━━━━━━━━━━━━━━━━━━━━━━━●

一些关于土卫六的趣闻

土卫六是土星最大的一颗卫星，直径大约是 5 150 千米。它于 1655 年被荷兰天文学家克里斯蒂安·惠更斯发现。它的恒星周期为 15.949/ 天，轨道与地球的平均距离为 1 221 850 千米。土卫六是太阳系中第二大卫星，同时也已经被确认为唯一有着稠密大气层的卫星。目前在土卫六上正在发生的大气化学过程与数十亿年前地球大气中发生的过程类似。

尺寸甚至大过水星的土卫六，其密度几乎是冰水混合物的两倍。因此科学家们认为，它可能是由几乎同等质量的岩石和冰构成的。土卫六的表面被一层稠密的、厚重的光化烟雾遮掩住了，而烟雾的主层从卫星表面算起大约有 300 千米厚。于 2004 年 7 月之前到达的"卡西尼号"宇宙飞船（和搭伴而来的"惠更斯号"探测器）的勘测表明，土卫六的大气主要成分是氮气。土卫六上存在着碳氮化合物是有可能的，因为该卫星富含大量的氮和碳氢化合物。

至今"卡西尼-惠更斯号"的任务显示出土卫六和地球在很多方面有相似之处，特别是气象、地貌以及河流活动——但成分不同。这些图像（由雷达收集）为地表由液体——可能为甲烷——流动冲蚀这一说法提供了强有力的证据。"惠更斯号"探测器的现场采样信息证明了复杂有机化学物的存在，而这进一步证明了土卫六是一个极有希望观察到可能是地球上生命模块之雏形的前体分子的地方。

2005 年 6 月，"卡西尼号"宇宙飞船带来一系列土卫六表面的雷达图像，其上显示出一种独特的、黑暗的、湖泊状的特征，同时具有光滑的海岸状的界线。一些科学家在检查过图像后认为，在土卫六的南极区出现的这个令人费解的、黑暗的特征可能是过去或现存的液态碳氢湖的所在。疑似存在的湖泊面积为 233 千米 ×73 千米，这一尺寸大约等同于美加边界上的安大略湖。这个有趣的地表特征出现在土卫六上云雾最多的区域——大片的云雾环绕着卫星，因此科学家们怀疑也很有可能是近期甲烷降雨所在的位置。

其他科学家对这一黑暗地表特征提出了不同的解说。他们认为这片地表曾经是一个湖泊，但如今已干涸，留下了深色碳氢化合物的沉积物。对这一特殊特征的第三种解释是，这仅仅是一条广阔的洼地，充满了由土卫六大气层沉淀到地表的黑色固体碳氢化合物。无论这块湖泊状的地表是什么，它的存在都仅仅是当"卡西尼号"宇宙飞船飞过这一引人注目的卫星时，土卫六抛给科学家们众多的谜题之一。

命名。他于 1655 年发现了土卫六。

此任务在发射后最关键的阶段莫过于土星轨道插入（SOI）。当"卡西尼号"宇宙飞船到达土星后，精密的机器人宇宙飞船启动主发动机 96 分钟，以减缓飞船的速度，使之被捕获，成为土星的卫星。穿过土星上 F 环和 G 环之间的空隙，这艘无畏的宇宙飞船成功地近距离环绕着土星运行，也开始了 72 个轨道任务的第一个——开始了其长达 4 年之久的使命。

这段时间为观察土星环和行星本身提供了一个独特的机会，因为这是宇宙飞船在整个任务中最接近土星的阶段。正如所预测到的，"卡西尼号"宇宙飞船一到达后就开始正常工作，并提供科学探测结果。

F 环自从被发现后就一直阻碍着科学家们的研究，科学家们检查了这个扭曲的环，发现在 F 环区有 1 或 2 个小体，还发现了一个与土星的卫星土卫十五（Atlas）相关的物质组成的光环。"卡西尼号"宇宙飞船对土星环近距离的观测显示：在 F 环边界外、土星卫星土卫十七（Pandora）轨道内，存在着一个小型运动体。这个小东西直径大约 5 千米，暂且被叫作 S/2004 S3。它可能是一颗距土星中心 14.1 万千米的轨道上运行的小卫星。这个物体的位置大约离土星 F 环 1 000 千米。二号物体暂且被命名为 S/2004 S4，也是在"卡西尼号"宇宙飞船所提供的初始图像中被观测到的。与 S/2004 S3 的尺寸几乎相同，这个物体似乎有着使其横穿 F 环的奇特的原动力。

在观测 F 环区域的进程中，科学家们还发现了一个先前未曾见过的光环，如今被叫作 S/2004 IR。这个新光环与土星卫星土卫十五有关。这个光环位于距土星中心 73.8 万千米的卫星土卫十五的轨道上，在 A 环和 F 环之间，科学家们估计这个光环的宽度达 330 千米。

当到达土星并成功地插入其轨道后，2004 年 7 月"卡西尼号"宇宙飞船开始了它在土星星系内长期的旅行。这次轨道旅行涉及了在土星周围的至少 76 条轨道,包括 52 次与 7 个土星已知的卫星的近距离相遇。近距离飞越土卫六,也使为这颗云雾缭绕、充满魅力的卫星绘制高清地图成为可能。"卡西尼号"宇宙飞船携带了名为"土卫六成像雷达"的设备。这种设备可穿过覆盖在卫星表面的不透明薄雾,从而观测并绘制出逼真的地表地形图。

这些轨道的大小,它们与土星、太阳的方位关系以及相对土星赤道的倾斜度由各种科学需求决定。这些科学需求包括:增大成像雷达对土卫六表面的覆盖范围;飞越选定的寒冷卫星、土星或土卫六;探索土星环的掩星现象;穿越环平面。

"卡西尼号"宇宙飞船进行了 6 次近距离指定飞行,对这些已选定的、有着重大科学价值的冰质卫星——土卫八(Iapetus)、土卫二(Enceladus)、土卫四(Dione)和土卫五(Rhea)——进行途经式飞行。超过 24 次的远程飞行(以海拔 997 794 米的高度)也在土星的大型卫星——不只是土卫六,也包括其他的大卫星上实施。"卡西尼号"宇宙飞船绕土星轨道以不同倾角进行飞行,使宇宙飞船能够对土星的极地以及赤道地区进行探究。

与"惠更斯号"探测器一样,"卡西尼号"宇宙飞船也对土卫六实施了科学调查。该宇宙飞船执行了 45 次近距离途径土卫六(土星最大的卫星)的飞行,期间最近距离距地表仅 950 千米。土卫六是土星唯一一颗大小足够能使"卡西尼号"宇宙飞船的轨道发生显著变化的卫星。精确导航和目标定位被用于确定"卡西尼号"宇宙飞船飞越土卫六的轨道行程。这次任务的策划方法与"伽利略号"宇宙飞船利用其与木星的大卫星(伽利略卫星)的相遇来确保其成功的木星系科学之旅的方法十分相似。

发射时,全部组装好的"卡西尼号"宇宙飞船高为 6.7 米,宽为 4 米。

"卡西尼号"宇宙飞船共拥有 18 件科研仪器,其中 6 件被安装于锅形的"惠更斯号"探测器内。这个欧洲太空总署赞助的探测器在 2004 年 12 月 25 日与主绕轨飞行器分离,并在 2005 年 1 月 14 日进入土卫六的大气层,成功地进行了科学探查。探测器的科研仪器包括了气相收集热解器、降落成像仪、光谱辐射计、多普勒风测实验、气相色谱仪、质谱仪、大气结构仪和地表科学仪器包。

"卡西尼号"宇宙飞船的科研设备包括:复合红外光谱计、成像系统、紫外线成像光谱仪、视觉红外测绘光谱仪,成像雷达、无线电科学仪、等离子光谱仪、宇宙尘埃分析仪、离子及中性质谱仪、磁强计、磁层成像仪、无线电及等离子体波科学仪。

航天器通信天线的遥感技术也被应用于对土卫六和土星大气层的观测，并用来测量土星及其卫星的重力场。

"卡西尼号"宇宙飞船（包括"惠更斯号"探测器和轨道飞行器）需要对土星、土星环、其磁层、其冰冻卫星及其主卫星土卫六进行细致的科学研究。"卡西尼号"对土星的科学研究包括：云层性质和大气成分；风和气温；内部结构和循环；电离层的特征；行星的起源和演变。对土星环系统的科学研究包括：结构和构成；环内的动态过程；光环和卫星的互相关系；尘埃和微流星体环境。

土星磁层包括围绕此行星的巨大的磁泡，这些磁泡产生于它的内部磁体。磁层还包括磁泡里的带电粒子和中性粒子。对土星磁层的科学探查包括：电流构造；粒子组成、来源和衰退；动力学过程；与太阳风、卫星、光环的相互作用；与土卫六和太阳风的相互作用。

在"卡西尼号"的绕轨飞行期间（2004年7月1日—2008年6月30日），"卡西尼号"宇宙飞船多次飞越所有已知的土星冰卫星。这些近飞的结果是，宇宙飞船上的仪器探测到：这些冰冻卫星的特征和地质历史；表面改性机理；表面成分及分布；体积组成和内部结构；与土星磁层的相互作用。

土星的卫星各不相同——从行星般的土卫六到直径只有几十千米的小型的、不规则的物体。现在，科学家们相信，所有这些球体不仅有液态的水，也存在其他化学成分，例如甲烷、氨和二氧化碳。在无人驾驶宇宙飞船的太空探索之前，科学家们相信，外行星的卫星是相对枯燥的，并且对地质学来说是死气沉沉的。他们推测，（行星的）热源不够熔化这些卫星的地幔以提供液态资源，甚至不够提供半液态的冰或硅酸盐浆。

似乎土卫六并没有带给科学家足够的惊喜，2006年3月，"卡西尼号"宇宙飞船发现了土卫二上液态水库的迹象，以及从土卫二上的黄石公园般的间歇泉中喷发的证据。极罕见的液态水出现在极近地表的地方，这引发了很多关于这颗神秘卫星的新的科学议题。现在的一个假想是在土卫二上的水可能是从近地表的液态水区喷射出来的，这些水在0℃以上，像是地球上的黄石公园老忠实喷泉的寒冷版本。这项发现将土卫二归入了太阳系的一个独特的群组——存在活火山的行星体群。木星的卫星木卫一、地球，也许还有海王星的卫星海卫一，都是这个独特群组中目前所知的成员。液态水现在存在在卫星冰冻的地壳下方只有30米或更浅的地方，这使土卫二成为太阳系中最令人激动的地方之一。

"惠更斯号"探测器

"惠更斯号"探测器由"卡西尼号"宇宙飞船携带进入土星星系。与母航"卡西尼号"脱离后通过一条中枢缆绳供给电力。在历时7年的旅途中，"惠更斯"探测器主要以"睡眠"的状态搭乘于"卡西尼号"上。尽管如此，任务负责人还是要每6个月唤醒探测器1次，进行为时3个小时的仪器和发动机审查。惠更斯计划由欧洲太空总署发起，以荷兰物理学家、天文学家克里斯蒂安·惠更斯命名，惠更斯是土卫六的发现者（1655），同时也是首位阐述土星环本质的科学家。

2004年12月13日，"卡西尼号"宇宙飞船二次飞越土卫六时，离开了它的轨道（该宇宙飞船依旧携带同行而来的"惠更斯号"探测器）。如果调整失误，那么它将在将海拔4 600千米的地方再次飞越土卫六。为了使"惠更斯号"探测器以精确的角度穿过土卫六的大气层，母航"卡西尼号"在释放搭便车的机器人同伴之前就自动调整了航道。12月17日，"卡西尼号"宇宙飞船完成了精确的航道调整——形成了自己的航道，同时引导机器人航天团队进入土卫六的轨道。

2005年12月25日（格林尼治时间凌晨2点），"惠更斯号"以每秒0.35米的相对速度脱离"卡西尼号"，其自转速度达到每秒7.5转。由于这些成功的调整和活动，这个稳定自转的大气探测器的降落地点被调整到土卫六南半球。为适应任务各种各样的需要和参数，探测器被设置为以65°角进入土卫六的大气层。欧洲太空总署的任务负责人选择这一角度，为的是让探测器有绝佳的机会去接近土卫六。继"惠更斯号"探测器分离之后，"卡西尼号"宇宙飞船也调整了最终的航道，避免了随之一同冲入土卫六，同时停留在土星周围的轨道上，以收集"惠更斯号"探测器冲入土卫六那不透明的、充满氮气的大气层时所传递的信息。

2005年1月14日，在长达20天的漫游之后，"惠更斯号"到达了1 270千米高的"理想进入高度"，同时打开降落伞协助缓慢地进入土卫六的大气层。"惠更斯号"以自由落体运动穿过土卫六大气层，5分钟后便开始向"卡西尼号"宇宙飞船发送用于科学研究的信息。

在探测器进入大气层的第一个阶

段,"惠更斯号"的头部护盾由定时器控制。当"惠更斯号"下降到海拔10~20千米处时,内置的雷达高度计根据自身的海拔高度控制科学设备。大约138分钟后释放头部护盾,"惠更斯号"进入土卫六的大气表层。到达土卫六地表后,"惠更斯号"进入休眠状态。所有的地表图像都在"惠更斯号"着陆之前发送。"惠更斯号"最终降落在湿软的地表——既非科学家设想的岩石或者冰的坚硬表面,也非乙烷形成的海洋中。当从"卡西尼号"上看去,"惠更斯号"的着陆点位于土卫六的地平线以下时,"卡西尼号"就会停止接收数据。"惠更斯号"持续传递了大约4.5小时的信息。

科学家很快指出,这一最新发现使地外液态水的搜寻出现了一个戏剧性的转折。土卫二上的这类液态水迹象与科学家在木卫二上看到的完全不同。木卫二的表面地质特征的证据表明,在木卫二的内部存在一个液态水的海洋。土卫二上的证据是(用"卡西尼号"宇宙飞船装置的仪器)直接观测到的从接近地表的液态水源处释放的水蒸气。

知识窗

关于土卫二的趣闻

1789年土卫二作为土星的一个卫星被英国的天文学家威廉·赫歇尔(Wilhelm Herschel, 1738—1822)发现。这个体型相对小巧的卫星,直径近500千米,距离土星的公转轨道23.8万千米,其自转周期为1.37天。土卫二由新鲜且干净的薄冰所覆盖,这使得土卫二具有较高的反射率。因为土卫二几乎反射了100%的入射光线,所以卫星的地表温度低至-201℃。早在2005年,"卡西尼号"宇宙飞船就已揭示了关于这颗神秘卫星的很多谜题的答案。"卡西尼号"宇宙飞船上的磁力计发现了土卫二周围有大气层,同时向科学家们提供了证据——气体可能正从卫星表面或内部逃逸出去。2005年11月,"卡西尼号"太空探测器视觉和红外测绘光谱仪最早测量了该卫星南极的羽流光谱,并向科学家们展示了小冰颗粒这一与众不同的特征。土卫二南极流出的冰状物质的图像表明,该卫星拥有由浅表处地下水库所提供水源的、如黄石公园般的喷泉。

◎探寻太阳系中的小星体

四十年前，关于太阳系中的小天体，如彗星和小行星，科学家们并没有太确切的信息。对于彗星内核的真正本质曾出现过大量的假想，而没有人近距离地看到过一个小行星的表面。当无人驾驶宇宙飞船在任务中飞越、拍摄、采样、探测，甚至登陆在一些有趣的天体上时，这一切都变了。本章将讨论美国国家航空航天局的"星尘号"宇宙飞船和它的彗星采样任务。

人们认为小行星和彗星是太阳系形成初期（40亿多年前）的遗留物。从生命在地球的起源到壮观的"苏梅克－利维9号"彗星与木星的碰撞（1994年7月），这些所谓的小天体对塑造地球所在的行星区域的基本过程产生了很大的影响。

美国国家航空航天局的"伽利略号"宇宙飞船第一次近距离地观察了一颗小行星。它于1991年和1993年分别飞越了主带小行星加斯普拉和艾女星，证明加斯普拉和艾女星是形状不规则的天体，很像马铃薯——布满陨坑和裂痕。"伽利略号"宇宙飞船也发现了艾达有它自己的卫星——一个非常小的天体，叫作艾卫（Dactyl），在绕其母星的轨道中运转。天文学家指出，艾卫可能是过去的小行星带碰撞留下的碎片。

彗星是一种暗淡的冰岩，由尘埃、冰和围绕着太阳运行的气体组成。当一颗彗星从太空深处来到太阳系内部时，太阳的辐射便使其冻结的物质开始汽化（升华），形成彗发和一个由尘埃和离子构成的长尾。科学家们认为，这些冰冷的小天体是数十亿年前外空行星形成时的原始物质的残余。如宇宙飞船任务所证实的，彗星内核是一种暗淡的冰球，由冰冻的大气和尘埃组成。虽然伴随的彗发和彗尾可能会很大，但彗星内核的直径一般却只有几十千米或更小。

美国国家航空航天局的太空发现类任务——"星尘号"的主要目标是飞越"威尔德2号"（P/Wild 2）彗星，并在此彗星的彗发内收集尘埃和挥发物样本。美国国家航空航天局于1999年2月7日在佛罗里达州的卡纳维拉尔角空军基地，使用一次性德尔塔Ⅱ型火箭发射了"星尘号"宇宙飞船。发射后，"星尘号"宇宙飞船成功地进入以太阳为中心的椭圆形的轨道。到2003年仲夏，"星尘号"宇宙飞船已完成了对太阳的第二次绕轨飞行。之后，在2004年1月2日，"星尘号"宇宙飞船又成功地飞越了彗星"威尔德2号"的彗核，这次飞行是以约6.1千米/秒的相对速度完成的。这次亲密接触的最近距离是距彗星彗核小于 250 千米，并带回了彗核图像。宇宙飞船的尘埃监控器表明，已经收集到许多颗粒样品。然后，在 2006 年初，"星尘号"在接近地球的轨道上运行。收集到的彗星物质样本已被装载封存在"星尘号"宇宙飞船上携带的返回舱的一个特殊的样本储藏库中。2006 年 1 月中旬，当"星尘号"宇宙飞船飞越地球时，它便卸下这个样品舱。样品舱穿过地球大气而降落，然后于2006 年 1 月 15 日在犹他沙漠成功回收。

在分析"星尘号"获得的彗星样本成分时，科学家们确认了一些预料之中的结论，但仍旧感到惊奇。比如，彗星的样本显示了来自太阳系中最寒冷的地方的高温物质（如橄榄石、绿色夏威夷海滩的沙子）。这看起来似乎表明了彗星实际上是一个各种温度下形成的物质混合体。橄榄石成分包括了铁、镁以及其他元素。来自"威尔德 2 号"彗星的样本包括了其他高温物质所含有的钙、铝、钛，以及在地球上也可发现的一种硅酸盐矿物镁橄榄石。由全世界近 200 名科学家所做的初步分析得出一个

这幅画作显示了美国国家航空航天局的"星尘号"宇宙飞船与彗星"威尔德 2 号"于 2004 年 1 月相遇，同时捕获了数千个彗星尘埃颗粒和挥发性物质样本。这艘无人驾驶宇宙飞船将捕获的彗星微粒样本收藏在一个特殊的返回舱的储藏库中，该储藏库装载于"星尘号"内部。在 2006 年 1 月 15 日，样品太空舱成功地返回地球。（美国国家航空航天局 / 喷气推进实验室）

初步结论——很多彗星粒子的构成如松散的土块一般，即既有巨大且坚硬的岩石也有细微的粉尘物质。最令人兴奋的初步结论之一是，彗星是来自其他恒星的星尘微粒与太阳系中形成的物质混合而成的。这一假设可以解释为何收集到的彗星样本中含有"来自最寒冷的地方的高温物质"这一谜团。如果对数据的初步解释是正确的，那么美国国家航空航天局所选定的"星尘号"这一名称，无论对宇宙飞船还是对航空任务来说都是非常适合的。

6

地球以外的污染：微生物世界的战争

总的来说，地外污染就是指一个生态系统遭到了来自另外一个世界的生命体，尤指微生物的入侵。拿地球生物圈作参考，如果来自太空的标本，或是地球以外的星球受到地球本土的微生物的污染，该过程就可以称为正向污染；反之，要是来自外星的微生物污染了地球的生物圈，就称为逆向污染。

就地球而言，一个新物种被引入一个新的生态系统后，通常存活不了，因为当地的生物已经能够很好地适应自己所属的环境，新物种不能与之匹敌。然而，偶尔新物种会因为新环境非常适合而活下来，并且繁衍生息，这是因为当地的物种不能有效地抵御这些入侵者、保护自己。这种生物战争一旦爆发，当地的生物圈大多会遭到永久性的破坏，严重的生态危机也随之而来，人类经济也将遭到打击。

当然，引进新物种并不都是坏事。例如，各种来自亚洲和欧洲的蔬菜水果被成功引入了北美，人们由此获得了丰厚的利润。然而，无论何时，将一个新的物种放到一个稳定的生态系统中，都会带来一定的风险。

通常，毁坏本土物种的元凶是那些微生物，这些家伙可能对它们家乡的生物无害，可一旦到了新环境，就开始无情地伤害那些没有抵抗力的当地生物。在过去的几个世纪，整个人类社会对外来物种毫无防备，深受其害，例如，过去有一种在波利尼西亚人和印第安人中间迅速传播的疾病，据说就是由欧洲的探险家者们带去的。

但是，外来物种所带来的危害并不一定立刻显现出来。例如，有谁能忽视发生在 19 世纪席卷整个欧陆和英国的马铃薯免疫病菌所带来的灾害？仅爱尔兰就有 100 万人死于这场灾难。

显然，在太空时代，认识到地外污染（无论是正向污染还是逆向污染）所带来的潜在危害是极其重要的。任何一个物种被人为地引入另一个星球之前，科学家们必须仔细确认新物种的引进能否给当地的物种造成伤害（可致病），还要确定该物种会不会使当地生物无法生长，这些都会对原有的生态系统造成毁灭性的打击。将兔子引入澳洲就是一个很典型的例子，尽管兔子不会致病，但到了新生态环境后还是招致了一系列的麻烦。由于兔子的高繁殖率，再加之当地本来就缺乏捕食者，澳大利亚的兔子数量直线激增，草原受到严重破坏。

◎检疫隔离协议

早在太空探索初期，科学家们就已经意识到了地外污染这一问题的方方面面。检疫隔离协议的提出就是为了防止开往地球外的无人驾驶飞行器给外星带去正向污染。同样，作为阿波罗登月计划的一部分，带回的月球标本也可能给地球生物圈带来逆向污染。美国是《关于各国探索和利用包括月球和其他天体的外层空间活动所应遵守原则的条约》（简称《外空条约》）的签署国。这个重要的国际协定提出了法律要求，在这些要求的约束下，签字国必须在星际探索过程中，采取尽可能的技术手段，避免正向污染和逆向污染。并且国际科学联盟理事会空间研究委员会（COSDAR）也会监督各签字国在防止星球间污染方面做出努力。

检疫隔离是一种强制性隔离措施，为的是防止传染病的扩散。历史上，检疫隔离是指一段时间内到港船只上的乘客及货物，被怀疑得了或是携带传染性疾病而被扣留的那段时间。检疫隔离期一般为40天，这段时间覆盖了大部分高传染性疾病的潜伏期。到了检疫隔离期结束时，若没有发现传染病的症状，便允许旅客上岸、货舱卸货。

如今，检疫隔离有了新的含义，即对可疑生物或患感染病的人进行隔离直到其不再有传播能力。随着阿波罗计划及月球检疫隔离的实施，检疫隔离这个词包含了这两种含义。人们对未来要执行的往返于其他行星及卫星的太空任务，特别关注的是：无人驾驶飞行器和人类带地外物质返回地球实验室进行分析时，科学家与航空航天工程师如何才能避免这些物质给地球带来逆向污染。

因为火星和木卫二符合孕育生命的条件，所以人们担心在这些星球上的太空探索活动会引发地外污染。具体来说，科学家们和航空航天工程师要控制住从地球而来的微生物的污染，而任何一艘将要停留在这些星球附近，或是经过、登陆这些星球的飞行器都要检查是否携带地球微生物。加之未来机器人的任务是从火星或木卫二带回一些物质做深入的研究，因此科学家和工程师们更要密切关注这些任务会给地球带来的逆向污染。科学家主要的顾虑包括两种：一种难以控制的病原体可能会直接感染人类，或者发现一种能够破坏地球生态系统当前自然平衡的新生命体。

同样至关重要的是，美国政府的官员，包括 NASA 的官员也要负起责任，小心谨慎地消除隐藏在大众心中的疑虑。在外星样本回归地球前打消人们的顾虑，因为人们可能把将来一些传染病的暴发，或某种个人疾病及一些不寻常的事件归罪到火星任务上。人们早就领教过一些有代入感的科幻作品，并产生了抵触情绪。这些作品的内容主要讲，某种来自外太空的疾病或生物如何肆无忌惮地夺去成千上万人的生命。例如，拍摄于 1971 年的经典电影《人间大浩劫》（*The Andromeda Strain*）就是改编自迈克尔·克莱顿（Michael Crichton，1942—2008）在 1969 年所写的优秀的同名小说。其他的电影如《变形怪体》（*The Blob*）（1958）和《异形》（*Alien*）系列都加重了人们对于逆向污染的恐惧。

◎ 星际检疫隔离计划

20 世纪 50 年代末美国民用太空计划开始时，美国国家航空航天局也相应实施了星际检疫隔离计划。该项计划具有广泛的国际性，用以防范太空探测器所带来的地外污染，至少要将污染的可能性降到最低。那时，科学部门主要关注的是正向污染问题，在该类型的地外污染中地球的微生物随宇宙飞船登陆到其他星球，然后扎下根，迅速遍及整个星球，它们将毁掉当地任何一种生命体，甚至连最原始的生命形式也不例外。正向污染一旦爆发，就会使科学家寻找外星生命体的计划受挫。21 世纪初，人们对火星及木卫二探测中的正向污染问题也表示了担忧。

为解决潜在的地外污染问题，美国国家航空航天局的科学家及工程师们制定出了严格的《星际检疫隔离草案》。

该草案要求飞往外太空的无人驾驶飞行器，在执行任务过程中，应把对外星造成的污染降至最低。任务的设计以及对任务的配备，就是要把传染概率降到 1‰。污染解除及物理隔离（例如发射前进行的检疫隔离）的要求和飞行器的设计要依照该草案进行。

下面是一个用来描述星际污染概率的简化公式：

$$P(c) = m \times P(r) \times P(g)$$

P（c）是地球微生物污染其他星球的概率。

m 是地球微生物的负荷（重量）。

P（r）是微生物从宇宙飞船上泄露出来的概率。

2003 年 7 月 7 日，佛罗里达卡纳维拉尔角空军基地，火箭即将发射。在此之前，身着防护服（为将污染降至最低）的太空技师正在检查美国国家航空航天局设计的"机遇号"火星探测器。火箭起飞后，"机遇号"于 2004 年 1 月 25 日成功登陆火星，并进行地表探测活动。（美国国家航空航天局 / 喷气推进实验室）

P（g）是微生物登陆后存活的概率。

如前所述，P（c）的设计目标值应小于 1/1 000。微生物量（m）应由飞行器的大小、数量多少而定。然后，通过接下来的杀菌实验，科学家们要确定有多少微生物能够得到清除。最后在实验室里模拟太空环境下宇宙飞船的具体情况得出 P（g）的值。不幸的是，将 P 数量化比较困难。综合见识广博的太空生物学家的见解，并根据以往经验做出的猜测，最终得出地球的微生物会在外星繁衍的概率的估计值。当然，今天随着科学家们对人类太阳系以外其他星系环境了解的加深，对 P（g）的预估也会越来越准，究竟地球生命体在多大程度上能够活下来，甚至可能在月球、火星、金星、土卫二、土卫六上繁衍生息，这些都是外空生物学家们在模拟实验室的实验主题。

在航天航空技术发展的历史中，早期的美国火星探测任务（例如于 1964 年 11 月 28 日发射的"水手 4 号"和 1969 年 2 月 24 日发射的"水手 6 号"），其 P（c）值在 4.5×10^{-5} 到 3.0×10^{-5}。这些飞行器分别在 1965 年 7 月 14 日和 1969 年 7 月 31 日成功掠过了这颗红色的星球。这些早期的飞行任务，都没有对其他行星造成污染。

1969 年 11 月，在"阿波罗 12 号"登月任务中，宇航员小查尔斯·康拉德（Charles Conrad Jr.，1930—1999）正在"勘测者 3 号"宇宙飞船上取回一些设备，宇航员艾伦（Alan Bean，1932—2018）拍下了这张照片。"无畏号"登月舱在地平线的右上角。"勘探者 3 号"宇宙飞船于 1967 年 4 月 19 日在月球表面软着陆。阿波罗登月计划的宇航员们从"勘探者 3 号"上面带回了一些设备，以便关注地外污染的科学家们能够研究搭便车而来的地球微生物的生存状况，这些微生物暴露在恶劣的月球环境中长达 2 年时间以上，但研究结果还很不全面。（美国国家航空航天局）

◎阿波罗登月计划

　　阿波罗登月计划（1969—1972）是由美国国家航空航天局发起的，它激起人们对逆向污染和正向污染问题的探讨。20 世纪 60 年代初期，人们开始静下心来思考：月球上有生命存在吗？随着阿波罗登月计划的实施，人们就该问题在技术层面展开了激烈的争论。如果有生命，那么这个生命会是多么的原始或微小。科学家们要对月球进行细致的探查，并比照地球生命的起源情况对月球生命状况进行推测。然而，因为顾及污染问题，所以该项目可谓举步维艰、花费巨大。例如，所投放到月球的设备和物品都需要经过严格的消毒和净化处理。同样，逆向污染问题也存在不确定性。如果月球上真有微生物，科学家们想知道这种可能存在的微生物会不会威胁地球生物圈。因为存在诸如此类的污染问题，所以一些科学家敦促尽快实行既昂贵又耗时的检疫隔离程序。

20世纪60年代早期，关于污染问题的讨论还有另一方面，一些科学家（包括第一批外空生物学家）也强调在月球恶劣的环境下基本没空气、没水，温度存在极端差异，从中午120℃的高温到夜间-150℃的低温，并且充斥着大量致命的紫外线、带电粒子、还有来自太阳的X射线辐射以及其他宇宙射线。因此，他们推测没有任何生命能在这样极端恶劣的环境下存活。而另一部分科学家则对此持保留态度：他们假定原始的生命可能存活在月表之下。那里既有水，温度也较适宜。激烈的争论来来回回，直到"阿波罗11号"在第一次登月计划结束后才算尘埃落定。"阿波罗11号"采取了折中的策略，飞到月球时小心翼翼地对逆向污染进行了控制，但对正向污染的控制则很有限。

设在休斯敦的约翰逊航天中心的月球物质回收实验室，为第一次登月计划准备了2年的时间，提供了检疫隔离设备。这次的筹备为科学家们设计新型的、以地球为基地或以太空为基地的检疫隔离设备开了个好头。未来，先进的检疫隔离装置会接收、处理和检测来自火星及其他太阳系行星的物质，以寻找外星的生命体。

在阿波罗登月计划中，没有任何证据显示月球上存在，或曾经存在过本土生命。因为地球上的生命是基于碳的，所以科学家们也在月球物质回收实验室做了细致的碳含量检测，月球标本的碳含量仅为百万分之一百至两百。在这种比例下，每百万吨的月球物质，碳含量仅有几吨。并且大部分的碳还是由太阳风带来，并沉积在月表的。外空生物学家和月球专家得出结论：月球上，碳的含量不足以维持生命活动。事实上，第一次"阿波罗登月"几乎没怎么对月球表面进行侦查。甚至在"阿波罗14号"完成任务后宇航员也没有进行检疫隔离。

那么直到现在，对月球是否存在生命的争议也该停止了吧？但确切地说可能还没有，因为人们怀疑位于月球两极地区的环形山中有冰水混合物的存在。这种怀疑也许会把20世纪60年代早期的"月球生命说"重新拉进人们争论的焦点。此外，在地球上，科学家们发现了多种多样的嗜极生物。这些顽强的生命体能够适应极端恶劣的环境。若这种生命体在地球上最令人意想不到的角落被人发现，那么在太阳系其他有水的地方会不会也同样存在这类生物呢？

◎ "阿波罗11号"，人类首次来到另一个世界

"阿波罗11号"完成了由肯尼迪总统（President Kennedy）于1961年制定的国家

目标：在 20 世纪 60 年代要将人类带到月球表面并安全地将他们带回地球。1969 年 7 月 20 日，宇航员尼尔·A.阿姆斯特朗（Neil A. Armstrong，1930—2012）（指挥员）和埃德温·奥尔德林（Edwin Aldrin，1930—　）（登月舱驾驶员）乘坐登月舱在月球表面登陆，安全踏上了月球这片宁静之海。阿姆斯特朗与随后而来的奥尔德林成为首批踏上另一个世界的人类，与此同时，他们的同事，宇航员迈克尔·柯林斯（Michael Collins，1930—2021）（指挥舱驾驶员）正驾驶着"哥伦比亚号"（指挥服务舱）沿轨道飞行。

1969 年 7 月 16 日，巨大的"土星 5 号"火箭完美地从位于肯尼迪航空中心的 39-A 发射台起飞，开始了人类历史上意义重大的探险旅程，"阿波罗 11 号"宇宙飞船（指挥服务舱与登月舱相连）同"阿波罗 10 号"的任务一样，都要完成勘测月球侧面的任务。发射升空后，"阿波罗 11 号"宇宙飞船很快进入了绕地轨道，在绕地球运行 1 圈半后，"土星 5 号"火箭的第三级（S–IVB 的上一级）再次点燃，持续约 6 分钟，使"阿波罗 11 号"宇宙飞船进入登月路径。

33 分钟后，"阿波罗 11 号"上的宇航员把"哥伦比亚号"指挥服务舱与 S–IVB 型火箭分离开来，随后宇宙飞船转体与登月舱对接。约 75 分钟后，S–IVB 火箭被释放，废弃的火箭进入日心轨道。对接后的指挥服务舱与登月舱沿地球与月球间的轨道航行，寻找与宇宙飞船的会合点。同时，"阿波罗 11 号"的宇航员将一幅色彩鲜明的电视画面传送到了地球。

7 月 19 日，"阿波罗 11 号"宇航员点燃指挥服务舱推进系统，宇宙飞船进行逆向飞行，358 秒后进入月球轨道。在轨道嵌入完成的同时，宇宙飞船飞行至月球背面，脱离地球引力，宇宙飞船第二次点火，这次点火发动服务推进系统（SPS）的时间要短得多（17 秒），宇宙飞船开始围绕月球轨道航行。

次日（7 月 20 日），阿姆斯特朗和奥尔德林进入"鹰号"登月舱进行最后检查。随着登月舱与指挥服务舱分离，宇航员柯林斯在"哥伦比亚号"上对"鹰号"登月舱进行目测检查。阿姆斯特朗和奥尔德林随后发动登月舱的下降引擎，持续了 30 秒，把"鹰号"登月舱推入下降轨道，此时距月球表面最近点约 14.5 千米。2 名宇航员再次发动下降引擎约 756 秒，进入登月最后阶段。虽然阿姆斯特朗操控宇宙飞船在月球上空已经找到了预定着陆点，但"鹰号"登月舱剩下的燃料只能维持不到 30 秒，因此，宇航员必须尽快找到一个合适的地点着陆。尽管在登陆前做过预先拍摄侦察，但着陆点还是选在了有许多小陨石坑和岩石的静海（宁静之海），一旦失败会对此次任务造成毁灭性的后果。眼看"鹰号"的动力就要耗尽了，阿姆斯特朗最后终于找到了一个相对平稳的着陆点，然后迅速地在 1969 年 7 月 20 日 4 点 17 分（美国东部时间）让这个外形如同蜘蛛的宇宙飞船降落。在休斯敦，美国航天航空管理局任务控制中心的工作人员都在为"鹰号"的燃料耗尽而担忧。一会儿的工夫，从"鹰号"登月舱传来的信号显示登陆任务已经成功了，任务控制中心随后发送了一条短信息："'鹰号'，快回答！"那天无线电信号往返的短暂间隔（3 秒不到的时间）让人们觉得仿佛时间停滞了一般，然后，传来了阿姆斯特朗那句著名的回复："休斯敦，这里是静海基地。'鹰号'着陆成功。"休斯敦传来的声音更值得纪念："收到，静海基地。我们收到你们已成功登陆的消息，你们把我们吓坏了。"

这段简短的对话，标志着伟大的探索时代的来临。6 小时后，阿姆斯特朗打开舱口盖，小心地爬下梯子，随着他的左脚接触到月球土壤，休斯敦收到了他的声音："对我个人来说这仅是一小步，但却是全人类的一大步。"19 分钟后，奥尔德林紧随其后登陆，他成为人类历史上第二个在月球上行走的人。当他环视着月球陆地的景色时，他注意到整个月球的表面几乎同荒漠一般，奥尔德林叹道："太美了！太美了！多么壮观的荒凉啊！"

壮举实现了！智慧生物成功地从太阳系的一个星球来到了另一个星球。人类思想所及的范围已经由人类身体力行地拓宽了，人类超越了地球。如今，人类面临一个非常有趣的与全社会相关的决定：这样的探索将带领我们深入宇宙，还是让我们走向自我毁灭？

如游客一般，阿姆斯特朗和奥尔德林开始了月球之旅，拍摄了许多照片，收集了纪念品——大约 21.7 千克的土壤和岩石标本，以便带回地球供科学家进行研究。他们的兴奋随着时间的推移减弱了一些，然后开始着手组装仪器，其中有安装在登月舱附近的早期的"阿波罗号"地表实验包。在这段忙碌的时间里，他们共在月球表面穿行了 250 米，收集岩石标本，检查登月舱，定位科学仪器，还插上一面美国国旗。这面旗并不代表对土地的占有（这种行为是被国际条约所禁止的），而是首次完成人类登月的国家的象征。他们还移去了保护"阿波罗号"外壳的一层薄金属板，这样登月舱梯子上的"阿波罗 11 号"的标志便能显露出来。

舱外行动结束后，宇航员们回到了登月舱，关上舱盖。他们应该在与"哥伦比亚号"

上的宇航员迈克尔·柯林斯会合前休息几小时。与此同时,迈克尔正在"哥伦比亚号"指挥服务舱中航行。显然,已经没有多少时间了,而他们还有太多事情要做,太多东西要看。

奥尔德林所能获得的最好的休息,就是挤在狭小的登月舱地板上(用他的话说)打几小时的盹,而阿姆斯特朗则始终清醒,伴着机器的轰轰声和刺眼的灯光,在狭窄的工作间做了简单的休整。

7月21日,在月球上停留了21小时36分钟后,宇航员点燃了登月舱上升引擎,飞离了月球表面。"鹰号"登月舱上半部分升入月球轨道,下半部分则留在了位于北纬0.67°、东经23.5°(月球坐标)的宁静之海基地,这个坐标如今成为人类征服太空的最好见证。随后,阿姆斯特朗和奥尔德林与"哥伦比亚号"完成了对接,将月球的岩石及一些设备转移到了指挥舱。

7月22日,为返回地球做准备,宇航员丢弃了登月舱的上升动力级,宇宙飞船进入绕月轨道。关于"鹰号"登月舱的上半部分的处理没有详细的计划,但美国国家航空航天局任务管理主任推测说,"鹰号"的上半部被遗弃在月球轨道上后的1至4个月内就撞毁在月球表面。"哥伦比亚号"在绕月飞行了31圈后,准备返回地球。指挥服务舱的引擎点火2分半钟,宇宙飞船进行地球转移轨道射入。

7月24日早晨,指挥舱按计划与服务舱分离,3名宇航员准备返回地球。"阿波罗11号"任务共耗时195小时18分钟35秒。任务结束后,阿姆斯特朗、奥尔德林和柯林斯如流星般滑落进太平洋,坠落地点距回收船("大黄蜂号")约24千米。美国海军回收小组的成员乘直升机迅速赶到着陆点,把生物隔绝服扔进了宇宙飞船。"全副武装的"宇航员从"哥伦比亚号"指挥舱出来了,回收小组的工作人员游过去,用有机碘溶液擦拭宇宙飞船的舱盖。随后,宇航员同回收小组成员用次氯酸钠溶液为彼此的防护服进行了消毒。回收组人员随后把3名宇航员从海水里捞出来,直升机把3名宇航员运送到"大黄蜂号"航母上,3名宇航员又被立即转移进了位于航母甲板上的一个特制的月球隔离检疫拖车里。在检疫隔离区中,宇航员迅速换好衣服,然后,宇航员在隔离区内受到了尼克松总统(President Nixon)的亲自道贺(总统已经飞抵"大黄蜂号")。

检疫隔离拖车中的3个人——阿姆斯特朗、奥尔德林、柯林斯,已经进行了隔离处理的指挥舱和宝贵的月球岩石被送往位于休斯敦的月球物质回收实验室。直到8

1969 年 7 月 24 日，尽管被检疫隔离窗隔开（该设备在"大黄蜂号"的甲板上），尼克松总统还是与"阿波罗 11 号"的宇航员（从左至右）尼尔·阿姆斯特朗、迈克尔·柯林斯和埃德温·奥尔德林共享了一段短暂而快乐的时光。在不确定污染是否存在的情况下，美国航空航天局的管理人员对前三批登陆月球的宇航员进行了隔离检疫（"阿波罗 11 号""阿波罗 12 号""阿波罗 14 号"）。在确定无害后，美国航空航天局没有再对参与登陆计划（"阿波罗 15 号""阿波罗 16 号""阿波罗 17 号"）的宇航员进行隔离检疫。（美国国家航空航天局）

月 10 日晚，他们才被放出隔离室。从体检结果来看，宇航员们实在是没有必要进行隔离检疫。暴露在月球尘埃下的宇航员并没有任何生病的征兆，也没有证据显示他们带回地球的宇航服附着地外微生物，因此，NASA 的生物医学专家们决定恢复他们的自由。几位宇航员与家人团聚后，就奔向世界各地，分享他们的成功。

美国国家航空航天局为了表明此次登月并没有引发任何污染，在位于华盛顿的国家航空航天博物馆展出了月球石块标本和"阿波罗 11 号"的指挥舱（"哥伦比亚号"）。几乎所有由"阿波罗号"带回的月球岩石都在严格的环境下保存，以便进一步科学研究。在不确定污染是否存在的情况下，美国航空航天局的管理人员对前三批登陆月球的宇航员进行了隔离检疫。在确定没有出现有害影响的情况下，美国国家航空航天局没有再对参与登陆计划的宇航员进行隔离检疫。

◎对逆向污染的防范

有3种基本的手段来应对地外样本的逆向污染。首先，科学家们可以在样本返回地球的路上进行消毒处理。其次，科学家们还可以把样本放置在地球上较为偏僻的地方，并保存在能够最大限度保证样本安全的隔离检疫设备中，以方便科学家仔细研究。最后，样本进入地球生物圈之前，科学家们还可以在太空隔离检疫设备中对样本进行初步的危害检测（根据《地外检测草案》）。一个合格的检疫隔离设备必须做到：（1）范围包括地外样本中存在的所有外星生物；（2）按《地外检测草案》检测外来的生命体；（3）发现生命体后，在科学家找出安全处置方法前能够控制住这些有机生命体。若想要清除地外样本上的所有微生物，一种方法是在返回地球的途中进行消毒。然而，灭菌的强度一定要足够大，以确保那些科学家们所知的以及他们所能预计到的微生物都不能存活。另一点需要关注的是，消毒过程可能会对标本产生影响。例如，使用化学杀菌剂很有可能会污染样本，从而妨碍对一些土质的检测。加热也会引发土壤标本中的化学反应，导致重要的太空地质数据的缺失。消毒可能还会减少标本寿命。

经过加热杀菌后提取出的样本，其中含有的生物信息是否可靠值得怀疑。简单来说，对于找寻地外生命体，太空生物学家需要的是初始的外星标本。如果科学家们不打算进行杀菌处理，那么通常有两种方法可以避开逆向污染。第一种是他们可以把未经处理的样本安全地放入设在地球的检疫隔离设备中，并确保其安全。然后，科学家们可以在这个与世隔绝的实验室内对样本进行仔细的勘测。第二种是在样本进入地球生物圈前在太空予以拦截，进行研究。

在地球上，对危险物质的控制处理，其技术和程序来自对剧毒化学物质和高传染性疾病的研究（随着人类试验的进步）。同时，人们对检疫隔离系统提出了一个严峻的质疑，即在试验进行的同时，预置措施有没有足够的能力处理已知的病原体或疑似的病原体。因为外来有机体的特性目前还不为人知，所以科学家们必须假设外来病原体带来的灾害至少等同于地球上的Ⅳ类病原体（这种病原体可以极为迅速地在人类中传播，没有疫苗，没有治疗方法，而且可造成极高的死亡率）。

由于对地外生命体了解不足，科学界及大众对地球上的检疫隔离系统并不十分认可。例如，工作时所有工作人员都要与外界隔离，被安置在地球上一个偏僻地区的隔离设施中，这种保护措施实际上的保护能力非常有限。

知识窗

"起源号"太阳风粒子样本收集任务

由美国国家航空航天局设计的"起源号"宇宙飞船，最初执行的任务是收集太阳风粒子样本，然后安全返回地球做进一步研究。该任务的具体科学目的是收集太阳同位素，为未来的研究提供一个太阳物质库。这项收集太阳风物质的研究可以使科学家测试太阳形成的理论。这些物质的获得还可以帮助人们解决那些悬而未决的问题——太阳系的进化及古老太阳系星云的成分。

2001 年 8 月 8 日，在位于佛罗里达州的卡纳维拉尔角空军基地，"德尔塔"Ⅱ型火箭成功地把重 636 千克的"起源号"宇宙飞船推入太空。宇宙飞船航行 3 个多月，飞行 150 万千米。2001 年 11 月 16 日，从地球起飞至"第一拉格朗日点"。随后绕"第一拉格朗日点"飞行了 5 圈，用将近 80% 的时间来收集太阳风粒子。

2001 年 12 月 3 日，"起源号"展开收集器阵列，开始收集太阳风样本。采集行动耗时 850 天，阵列的圆盘由一些巴掌大小的六边形面板组成，面板由各种优质材料制成，如硅、金、蓝宝石和类金刚石。收集舱开启后，收集器的盖子也随之打开。收集器阵列露出，接收到来自不同方向的太阳风。

"起源号"上另一个精巧的科学仪器是太阳风收集器，正如它的名字一般，该装置可以将太阳风集中在一个小六边形收集器内，这个收集器由钻石、碳化硅等制成。只要打开科学罐，收集器就可以一直工作。

2004 年 4 月 1 日，地面控制中心命令宇宙飞船收起收集器，太阳风粒子收集工作结束。4 月 2 日收集器关闭，"起源号"封闭了样本返回舱。4 月 22 日，宇宙飞船开始返回地球。然而，由于美国犹他州空军检测中心不能准确测定宇宙飞船着陆的具体位置，加之宇宙飞船回归时独有的几何轨道路径，飞船只能在白天降落。为了使回收人员乘直升机捕获到"起源号"，"起源号"的控制者们设计了新的捕获路线。在绕到"第二拉格朗日点"成功航行一周后，"起源号"准备在 9 月 8 日返航。当天，宇宙飞船靠近地球，在距地球 6.6 万千米时释放了样本收集舱。按计划，"起源号"应以 11 千米/秒的速度进入大气层。

不幸的是，在回归时，返回的样

品收集舱的降落伞未能展开，收集舱于是以 86 米 / 秒的速度坠入犹他州的沙漠，标本返回舱破裂，收集舱被撞了出来，样本很可能会暴露在外受到污染。

然而，科学家们经过辛勤工作尽可能地回收了大量的样本。10 月初，回收的样本运往得克萨斯休斯敦的约翰逊太空中心。在复原过程中，人们找到了一块由金箔包装的监测器（在这次硬着陆中并未损坏），它成为整个补救过程的关键。另外，人们回收了散落在四处的收集器部件，这些部件用来测量氧和氮的同位素比值。这

类样本的获取正是此次活动的主要目标。

"起源号"带回的样本主要是太阳风粒子。美国国家航空航天局将这次任务界定为"无限制安全返回"。这个声明意味着经过外空生物学家与安全专家的推断，此次行动在样品收集过程中没有造成外星污染。美国太空研究委员会也赞成对此次任务的界定。经过研究，专家们也确定样本中没有生命体。然而，当返回舱是从可能存在生命的天体返回到地球时，星际间的污染还是值得关注的。

如果外星生物出现在地球，毁坏地球生物圈，那么地球上的生命体会怎么样呢？如前所述，危险的外星微生物肆虐地球，这已经是科幻小说老生常谈的话题了。尽管没有造成污染，但 2004 年 9 月 8 日发生在犹他州沙漠上的返回舱坠毁事故还是令人着实吃了一惊。在复杂的样本返回任务中，经常会发生坠毁事件，因此，人们增加了对此类事件的担忧。一种有效的办法是，将检疫隔离设备设在外太空。

◎太空检疫隔离设备（OQF）

太空检疫隔离设备的优点很明显：第一，有了该设备，人们不会担心返回舱坠毁或太空有机物附着在货物上偶然被带回地球。第二，该设备可以确保外来生命体即使在太空泄漏，也不会立刻侵入地球生物圈。第三，构想的太空检疫隔离设备可以确保所有的检疫工作人员在检疫期间保证完全的身体隔绝。

随着宇宙飞船及其他飞行工具将人类的影响范围扩大到了太阳系，人们必须面对地外污染问题。科学家们、宇宙探险者们以及致力于开发地球以外世界的企业家们

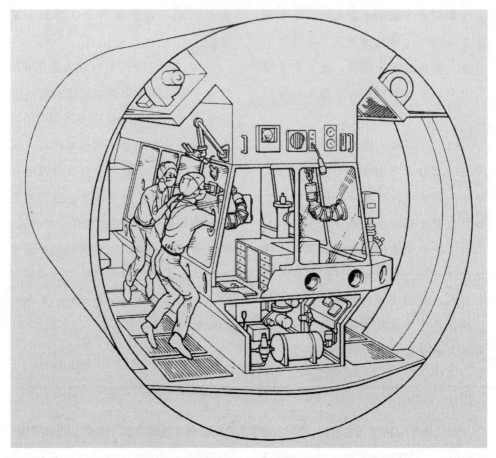

外空生物学家们正在太空检疫隔离设备中检测外太空土壤样本中潜在的有害外星微生物。（美国国家航空航天局）

必须意识到，外星世界里那些以微生物形式出现的生命体可能带来生态灾难。

　　设计适当及操作方便的检疫隔离系统，可以查出来自外星世界的物质所带来的危险。以下是 3 种模拟检测结果：1. 没有发现可繁殖的外星生物；2. 发现可繁殖的外星生物，但它们对地球无害；3. 发现可繁殖且有危险性的外星生命形式。在检测中，如发现来自外星的有害生命体，那么实行检疫隔离的工作人员应采取消杀措施（例如通过高温和化学消毒），或者小心翼翼地将其放置在原来的人工太空环境中，然后进行更精细的分析。总之要在外星生命体到达地球以前妥善处理。如果有工作人员被传染，那么科学家会将病者放入太空检疫隔离设备进行隔离，然后再进行治疗。任何情况下都不允许感染者进入地球。

◎探索火星引发的污染问题

由于对探索火星的兴趣日益浓厚，人们也开始全新审视星际保护条款中的正向污染问题。例如，1992年，美国国家科学院空间研究委员会就建议更改针对火星登陆的一些要求：大幅度减少与这些任务相关的用在星际保护方面的花费及取消繁琐的操作程序。

委员会的建议登在了一篇已发表的、名为《火星的生物污染：问题及建议》的文件里，并在1992年华盛顿召开的第二十九届世界空间科学大会上正式提出。1994年第三十届世界空间科学大会对这些建议做了答复，随后美国国家航天局将其引入星际保护法。当然，随着科学家对火星了解的加深，星际保护也要不断与当前人类对宇宙的认识保持同步。并且，还要实现一个总体目标：无论火星上的原生生物有多么微小，都要保护其免受来自地球微生物的侵袭。

这些新建议也顾及了地球微生物在火星表面生存概率极低。考虑到这一假设，正向污染保护政策也做出了调整，从过去考虑的微生物的生存概率转变为估计每一次登陆所携带的微生物的数量。如果登陆器没有配备生命检测系统，那么飞行器的洁净程度要与经过加热处理前的"海盗号"宇宙飞船相当。在10万级无菌室组装和检测宇宙飞船的零件，可以达到这一洁净的程度。这也是一种减少未来太空探索风险的非常保守的方法。带有生命检测装置的登陆器应与消毒后的"海盗号"宇宙飞船洁净程度相当，或者达到在"生命探测"实验中所规定的水平。同时，科学家们也意识到了生命探测仪器的敏感性会限制火星任务的完成。

如果飞行器能够达到洁净标准，那么即使不经过生命探测器检测，也可以相应缩短环火星轨道飞行时间，这是世界空间科学大会最近做出的修改。参照前几项要求，世界空间科学大会对于无意中提早进入火星大气层的行为也不再做任何限制。

当今对从外星带到地球的样本施行的政策是为了控制可能有危害的火星物质。尤其对于可能传染人类及破坏地球生态系统的微生物，世界空间科学大会表示格外担忧。而未来的火星任务也必将遵循这些政策：所有外星物质必须密封保管。与火星接触的宇宙飞船表面也要严加防范，以切断任何污染物质的来源。返回地球的样本即使没有具体的太空生物研究目的，也要接受星际返回样本保护程序以及为防范正向污染而设定的生命检测程序。这项措施不但缓解了人们对潜在污染（正向或逆向）的担忧，也避免了人们将"搭便车"的顽强地球微生物误认为来自火星的生命体。

无 菌 室

无菌室，或无尘室，是一个封闭的空间，人们（根据具体标准）调节室内温度、湿度和气压，最终达到控制空气中存在的活性微粒及无活性微粒的目的。活性微粒在采集后，将其置于一个适宜的生长环境，利用一种特殊的培养菌进行培育，最后可生成可观察到的菌落。无活性微粒在采集后，尽管将其置于一个适宜的生长环境并利用特定的培养菌进行培育，但最后生成不了可观察到的菌落。

科学家和工程师们利用无菌室将空气中活性和无活性微粒的产生或浓度降低到指定水平。粒径为颗粒的表观最大线性尺寸或直径，通常用微米来计量。

根据在单位容积或单位水平面内微粒的最大数量，划分出3种无菌室。最洁净或是（对微粒数量规定）最严格的环境称为100级无菌室。在这种无菌室中粒径为0.5微米的微粒平均值不能超过3.5个/升；活性微粒数量不超过0.0035个/升，在水平面上

平均值不超过12 900个/平方米（1.29万个/平方米）。1万级无菌室位居其次；排在最后的为10万级无菌室。

在航空航天领域，无菌室被用来制造、组装、测试、拆卸和修理宇宙飞船精密的传感系统、电子元件和一些机械子系统。航天工作人员穿着特殊的防护服，包括手套、罩衣（通常被称为兔子装），头部和脚都被覆盖住以降低无菌室的灰尘和污染级别。1万级无菌室通常用来装配和测试大型宇宙飞船。如果一架探测器要去一个可能蕴藏着生命的星球，例如火星，这就必须要通过无菌室的检测，以确保飞行后携带的微生物的含量与《星际检疫隔离草案》规定相一致，这样就可以避免给外星带去正向污染。

星际科学家和外空生物学家也把来自地外的可能带有微生物的土壤和岩石样本放进隔离水平及安全性良好的无菌室。这样就可以避开外星来的样本给地球生物圈带来的逆向污染。

◎防止木卫二遭受污染

经过美国国家航空航天局"伽利略号"飞船的大量观测，发现木星的卫星（即木卫二）地质运动活跃，液态水可能就藏在表层的冰盖下面。木卫二被一层冰壳所包围，其厚度在 10~170 千米之间。

尽管科学家们没有足够的证据证实木卫二下确实存在有亚层（这个亚层可能有一片液态水，可能有原生地外生命，可能符合地球生命生存的要求），人们却对此满怀希望。基于此，应遵守国际星际保护协议，未来所有探测任务都要经过严格的检查以防止给该星球带去污染。另一方面，除非人们采取行动，严格防止来自木卫二的生物给地球带来污染，否则，未来对木卫二生命的探索任务将会无法进行。

嗜极生物是一种在极端环境下也能生存的有机体。嗜极生物的发现使科学家们意识到人类对地球上生命的多样性了解还存在不足。因此，人们必须要注意避免地球上的有机生命体侵入木卫二的表面和亚层。如果木卫二上的确存在着大范围的海洋或整个星球都被大海所包围，那么地球生物的一次意外泄漏将会迅速导致整个木卫二的污染。只要科学家们（通过机器人探测）有一次疏忽，那么木卫二上的生命很快会被地球上的侵略者所压制，不久就会灭亡。因此，星际保护专家们建议，对于未来每个有关木卫二的任务，其污染概率应低于 10^{-4}。作为保护木卫二的措施之一，世界空间科学大会允许航空航天工程师和宇宙飞船设计师利用木卫二地表的电离层，帮助减少航天器上的生物质载。经美国国家航空航天局／喷气推进实验室鉴定，木卫二冰壳的 10 厘米深处自然电离辐射量每月近 50 戈瑞，相比之下，地球表面每年的量为 0.001 戈瑞。同样，对宇航员来说，每个月所承受的电离辐射量应不超过 0.25 戈瑞，每年不超过 0.5 戈瑞。根据个体的年龄和性别，每名宇航员在其职业生涯中受到的辐射极限是 1~4 戈瑞。因此，宇航员仅到木卫二短暂访问，就会患上辐射综合征，导致生命危险。因此，在 21 世纪晚些时候，最好派遣经过良好杀菌处理和抗辐射加固的机器人到木卫二执行生命探测任务。

7

适于居住的遥远星球

太空探索——插图本宇宙生命简史

"**太**阳系外行星"是指除太阳之外恒星所属的行星。现代天文学家使用2种方式寻找太阳系外行星：直接方式——搜寻行星发射出的红外辐射；间接方式——密切观察母星的任何扰动运动，或母星的光线强度、光谱特性的周期性变化。

关于太阳系外行星的越来越多证据证实了天文学家的设想，行星的形成不过是恒星演变过程中普通的一部分。太阳系外行星的详细物理证据，尤其是当科学家们确定行星的出现频率可作为恒星类型的函数后，将会极大地帮助科学家判断宇宙中生命的存在。如果生命起源于环境适宜的行星（类似地球），那么了解银河系中有多少这样适宜的星球，将会使科学家做出更令人信服的判断（或者说是更有科学依据的猜想），知道到哪里去寻找地球外的智慧生命，及在人类所处的太阳系外找到生命（智慧的或非智慧的）的可能性。

从 20 世纪 90 年代开始，科学家们在类似太阳的恒星附近寻找与木星体积相仿的行星（通过了解其所属恒星的光谱变化），这些恒星包括飞马座 51、室女座 70，及大熊座 47。对这些光谱数据的详细分析显示，这些恒星所发射的光线周期性（正弦波）地偏红或偏蓝。这种周期性的光变化模式可能是由一个巨大的（未发现的）行星的引力，导致这些恒星离地球忽远（偏红色的光谱数据）、忽近（偏蓝色的光谱数据）。猜想中围绕飞马座 51 的行星——我们有时称之为热木星——因为这是一颗巨大的行星（木星质量的 70%），十分靠近其所属恒星，所以其轨道运行周期不过几天的时间（接近 4.23 天）。围绕室女座 70 的行星距其 0.5 天文单位，质量差不多是木星的 8 倍。据估计，围绕大熊座 47 的行星，质量大约是木星的 3.5 倍，轨道运行周期差不多要 3 年时间。

科学家使用现有的（或计划中的）太空天文台来寻找太阳系外的行星并分析其大气特性，如斯皮策太空望远镜、韦伯太空望远镜和开普勒太空观测台。在 2003 年

图中所示为一颗巨大的太阳系外行星，被称为热木星。这颗巨大的行星围绕黄色的、类日恒星 HD 209458 运行，距离地球 150 光年。天文学家使用美国国家航空航天局的哈勃望远镜（HST）观察这颗星球，并首次探测到系外行星周围有大气层。但哈勃望远镜无法直接观测到这颗星球，除非当这颗星球从其所属恒星和地球之间穿过，发生掩星现象时。科学家从它的大气中被过滤的光中检测出了钠的存在。1999 年通过这颗星球对恒星的牵引力，人们发现了该行星。这颗行星的质量大约是木星质量的 70%，运行轨道为 640 万千米。（美国国家航空航天局 / 格雷格·贝肯）

下半年，美国国家航空航天局捕捉到了一张围绕北落师门运行的碟状尘云的图像。行星科学家认为这样的尘云是行星形成过程中的残余物，并相信地球即由类似的碟状尘云演变而来。

斯皮策太空望远镜正在帮助科学家寻找其他恒星周围可能发展成为行星的尘云。2004 年，这台天基红外望远镜搜集到的数据表明，可能有一颗行星正在其所属恒星附近的碟状星云中旋转。斯皮策太空望远镜观测到这片区域位于太阳系外恒星"CoKu Tau 4"附近。天文学家们相信这个旋转的类似行星的巨大天体，可能已经席卷了该恒星周围的尘埃团，留下一个中空的洞。理论数据显示，这颗可能存在的行星体积至少与木星相仿，也许与（人类的）太阳系中的巨型行星在亿万年前的面貌相似。正如艺术家的图画中展示的一样，有一圈非常美丽的光环在这颗星球的尘埃星云上方旋转，与土星环十分相似。组成光环的是无数的碎冰块和尘埃颗粒，它们是最初的引力坍缩形成这颗疑似巨型行星后的残留物。

如果人类能够置身于这样一颗星球，那么一定会从一个截然不同的角度去看待宇宙。天空，不再是熟悉的、由无数星星点亮的黑暗区域，而是充斥着巨大、厚重的碟状星云的"年轻的"行星系统。因为尘埃碟状星云的中心部分已经与共生恒星融为一体，所以能够很清楚地看到这颗太阳系外的恒星（"CoKu Tau 4"）。由于中央恒星的光线被星云中的尘埃散射回来，因此可以看到一条明亮光环出现在中央恒星周围。远处看"CoKu Tau 4"，碟状尘云会暗淡无光，遮盖住了除尘云上方之外所有的恒星。

韦伯太空望远镜是一架大型天文望远镜，设计安装至运载火箭，并能够适应太空深处的低温，以提高其探测微弱、遥远天体的灵敏度。任务控制人员控制韦伯太空望远镜在远离地球的轨道运行，并远离人类家园向太空辐射的热能。该天文望远镜主要科学目标之一是判断行星系统如何形成并相互作用。韦伯太空望远镜通过绘制围绕恒星运转的星云

图中所示为猜想中的太阳系外行星。2004 年 5 月，美国国家航空航天局的斯皮策太空望远镜探测到"CoKu Tau 4"周围的空旷区域。天文学家相信一个巨大的、绕恒星运动着的天体（如图所示的行星）可能已经席卷了恒星周围的碟状物质，留下中央的空洞。（美国国家航空航天局／喷气推进实验室）

物质发射的光线图，观察这些行星系统的形成（其中一些的形成也许与我们的太阳系中的相似）。

红外天文卫星（IRAS）发现的恒星绘架座 β 星周围就有这样的星云。这些明亮的星云聚集在所属恒星周围，也许受到大型行星的引力影响，分割成许多光环。科学家们推测这些尘埃星云就是形成行星的物质。围绕在更古老恒星周围的星云，可能是未能聚集成行星的残余物质。韦伯太空望远镜以前所未有的灵敏度来探测附

近恒星周围星云。利用红外线波长是直接寻找行星的最佳方法，因为相对于中央恒星来说，行星要暗得多。例如，在可见光波段，木星的亮度大约是太阳的 1 亿分之一，但在红外波段，木星亮度达到太阳的 1 万分之一。通过地球上的太空望远镜很难直接观测像木星这样的行星，但韦伯太空望远镜可以，它在太空中运行，可以远离地球大气层的干扰。

美国国家航空航天局的开普勒宇宙飞船使用一种独特的太空望远镜，专门寻找太阳系外的类地行星。开普勒宇宙飞船带领科学家寻找银河系中与地球大小相似甚至更小的行星。在此之前，找到的太阳系外行星都是巨大的行星，与木星相似，主要成分极可能是氢和氦。因此，地外生物学家相信这种木星大小的行星上很难有生命的存在。尽管如此，一些科学家却认为这些巨大的行星可能拥有存在大气和液态水的卫星。如果是这样的话，那么生命就可能存在于这些行星系统。开普勒宇宙飞船的任务尤其重要，因为在此之前，没有任何一种探测太阳系外行星的方法能够找到地球大小的行星。而且目前发现的系外行星都没有液态水，甚至没有固体表面。

开普勒宇宙飞船与以往搜寻行星的方式都不同，因为它要探测行星的掩星现象。掩星现象是指行星沿运行轨道穿越其所属恒星与观测者观测视线之间的现象。当发生掩星现象时，行星会遮蔽住恒星的部分光线，导致恒星周期性的变暗。这种周期性的现象可以用来探测行星并确定其大小和运行轨道。恒星的 3 次掩星现象，如果其周期、亮度和持续时间一致，就提供了一种非常可靠的探测方法，能很好地确认行星的情况。根据测量得知的行星运行轨道及其所属恒星的特性，判断发现的行星是否处于持续宜居带，即与所属恒星距离适中，在行星表面有液态水的存在。

开普勒宇宙飞船使用一种特制的口径 1 米的太空望远镜——光度计，来测量掩星现象中发生的光度的细微变化。科学家们希望发射开普勒宇宙飞船后，用 4 年的时间跟踪观察 10 万颗与太阳相似的恒星，找到成百上千计的类地行星。

美国国家航空航天局提出的类地行星发现者任务（TPF）包括两套互补的太空观察器——用于观测可见光的日冕观测仪和红外太空干涉计。干涉计由若干（小型的）太空望远镜组成，共同发挥作用拍摄图片，效果比使用单一望远镜清楚得多。

这项大胆艰巨的类地行星发现者任务，目的是在周围的恒星中寻找处于持续

宜居带的、与地球大小相仿的行星。之后科学家将在最有希望的太阳系外候选行星
上进行光谱分析，以寻找具有可居住性，甚至支持生命存在的大气特征。

这幅艺术家的创作展示了一颗假想中的卫星，该卫星环绕一颗存在于恒星系统中的行星运行。图中
所示即为从该行星的卫星角度观察的结果。这颗行星，被称为 HD 188753 Ab，是一颗巨大的气体
星球，大小为木星的 1.14 倍，运行周期为 3.3 天。这颗巨大的行星围绕 1 颗恒星运行，同时有另外
2 颗恒星也围绕这颗恒星运行。这颗与 3 颗恒星为伴的行星是由位于夏威夷莫纳克亚山上的凯克 I 型
望远镜发现的。这个 3 颗恒星的家族被称为 HD 188753，位于距离地球 149 光年的天鹅座。（美国
国家航空航天局 / 喷气推进实验室 / 凯尔泰池）

知识窗 —————————————————————————————————●

（行星的）掩星现象

行星的掩星现象涉及一颗天体在另一颗体积大得多的天体前面经过。在太阳系，一个很重要的例子就是在地球上的人观察到金星从太阳前面经过。受到运行轨道的限制，地球上的观察者只能观看到金星和水星的掩星现象。每一个世纪（100年）水星会发生13次掩星现象，但金星的掩星现象就罕见得多。事实上，自从发明了天文望远镜以来，只观测到了8次这样的现象，分别发生在1631年、1639年、1761年、1769年、1874年、1882年、2004年、2012年。

天文学家们使用接触等级来描述掩星过程中的几个重要阶段。以金星罕见的掩星现象为例。它开始于第一级，即行星的外环与太阳形成相切的角度。紧接着当行星内环与太阳相切的时候，就看到了金星的全部面目。在接下去的几个小时里，金星以每小时接近4弧分的角度穿过太阳。金星在第三级到达太阳的另一侧，并再次以内环与太阳相切。掩星结束于第四级，即当行星再次以外环与太阳相切之时。在掩星现象中的第一、二级被天文学家称为进入阶段，第三、四级则被称为离开阶段。

从天体力学的角度来说，金星的掩星只能发生在其交点经过太阳之时，即12月初或6月初。如果此时金星到达下合点，则发生掩星。你可能已经从金星的掩星历史记录中发现了其发生的规律，即每经过8、121.5、8和105.5年发生一次。下两次的发生时间将是一个世纪以后，2117年12月11日和2125年12月8日。

2012年的掩星全过程（4个阶段）可以在北美的西北部、夏威夷、太平洋西岸、亚洲北部、日本、韩国、中国东部、菲律宾、澳大利亚东部和新西兰进行观测。遗憾的是，在葡萄牙、西班牙、西非以及南美东南的2/3地区无法观测到此次掩星。对于上述没有提及的其他地区，掩星发生的过程中太阳正在升起或落下，因此无法观测到掩星的全部4个阶段。

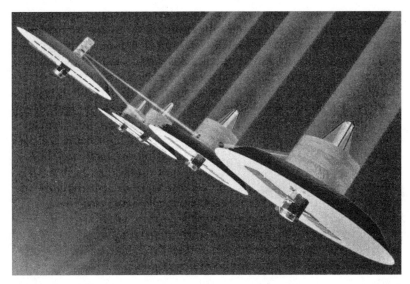

图中所示为美国国家航空航天局计划的类地行星发现者任务——协同运行的一组太空望远镜，在临近恒星周围寻找类地行星，并探寻这些行星是否适宜居住或有任何形式的生命。科学家们使用光谱仪器以测量所有探测到的类地行星上相关气体的含量，如二氧化碳、水蒸气、臭氧和甲烷。这些数据，被称为生命信号，将帮助外空生物学家确定该行星是否适宜居住或是否已经有生命的存在。（美国国家航空航天局 / 喷气推进实验室）

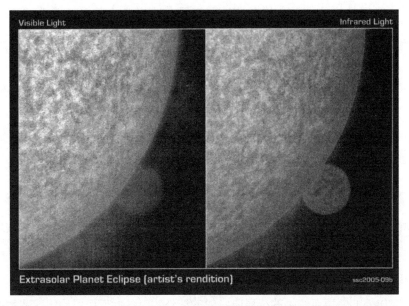

图中所示为用可见光（左）和红外线（右）分别观测到的炽热的恒星及其行星。用可见光，恒星十分耀目，完全遮蔽了附近行星反射的微弱光线。但如果透过电磁光谱的红外线部分观测，恒星就没有那么耀目，而相伴的行星就脱颖而出了。一颗炽热的（超过 5 400℃）黄色恒星，像太阳一样，在可见光（黄光）的波长中是最耀眼的，而一颗温暖的（约 27℃）的行星，其发射的热辐射在电磁光谱的红外线部分达到峰值。（美国国家航空航天局 / 喷气推进实验室 / 凯尔秦池 /R. 怀特）

知识窗 ————————————————————————

红 外 天 文 学

作为现代天文学的一个分支，红外天文学研究并分析天体发射的红外辐射（IR）。大部分天体都发出一定量的红外辐射。但是一颗天体温度不够高，不能在电磁光谱的可见光区域发光时，它通常以红外辐射的形式释放大部分能量。因此，红外天文学主要研究那些温度相对较低的天体，如星际尘埃和气体（通常大约-173℃），或星体表面温度低于5 762℃的天体。

许多星际尘埃和气体分子会发射特有的红外辐射信号，天文学家通过这些信号来研究星际空间中的化学过程。这些星际尘埃也阻碍了天文学家观测来自银河系中心的可见光。但是银河系核子发射的红外辐射并不如电磁光谱中的可见光部分的辐射那样容易被吸收，因此，科学家可以应用红外天文学研究银河系稠密的中心区域。

天文物理学家同样使用红外天文学来观测大量尘埃和气体云（被称为星云）形成天体（被称为原恒星）的过程。此时该天体还需要很久才能开始其热核反应并"开启"可见光发射。

遗憾的是，地球大气层中的水和二氧化碳吸收了来自天体的大部分红外辐射。地球上的天文学家只能使用很窄的红外光谱波段来观测宇宙，即便如此，还常常受到"天空噪声"的干扰（来自大气层分子的"不受欢迎的"红外辐射）。但随着太空时代的到来，天文学家已经向太空发射了复杂的红外太空望远镜（如斯皮策太空望远镜），不再受地球大气层的限制和干扰，并在可观测到的太空中已经发现了一系列丰富的红外辐射发射源。

即使在最近的恒星周围寻找类地行星，这难度也不啻于在几千米外的强烈的探照灯旁寻找1只小小的萤火虫，因为恒星发射的红外辐射强度要比其周围环绕的行星所发射的红外辐射强度高百万倍。类地行星发现者将搜集数据，使科学家能够分析100光年外的恒星系统中的行星所发射的红外辐射。他们可以使用这些数据研究大气的构成，如二氧化碳、水蒸气和臭氧。这些大气的气体数据及温度、行星半径等数据将告诉科学家哪些太阳系外行星可能适于居住或已经存在生命的初级形式。

◎小结——寻找太阳系外行星的技术

寻找太阳系外的行星是现代天文学中最有趣的一个领域。但是天文学家该如何在遥远的恒星周围发现行星？在寻找太阳系外行星的过程中，他们借助了几项非常重要的技术。这些技术包括：脉冲星计时、多普勒光谱学、天体测量学、掩星光度法、微引力透镜。

天文学家20世纪90年代初就使用脉冲星计时技术进行了太阳系外行星（脉冲星的行星）的探测，这一技术得到了广泛接受。通过测量脉冲到达时间的周期性变化，找到了一颗围绕脉冲星运行、与地球相似或小一些的行星。不过，观测到的行星围绕的是一颗脉冲星——死恒星，而不是一颗矮恒星。尽管如此，此次观测结果还是有令人兴奋之处：发现的行星可能是超新星爆发后形成脉冲星过程中的产物。这表明行星的形成是一种普遍而不是罕见的天文现象。

天文学家使用多普勒光谱学探测由巨大行星的运行引起的恒星光谱周期性速率变化。这种方法有时被称为径向过渡法。使用陆基观测设备，科学家可以测量由行星所属恒星的反射作用产生的大于3米／秒的多普勒频移。这种技术可以测量到的距离地球一天文学单位远的最小行星是质量约为地球30倍的天体。这种方法同样可以用于测量光谱类型中F类至M类的主序星。与光谱类型中F类至M类的恒星相比，光谱类型中F类以上的恒星更炽热、质量更大、旋转更快，通常更为活跃，拥有较少的光谱结构，因此更难测量其多普勒频移。如前所述，科学家目前已经使用这种技术成功地探测到许多大型（如木星大小）的太阳系外行星了。

科学家们同时使用天体测量学来寻找由行星引起的其母恒星的周期性摆动。行星和恒星的距离与能够探测到的行星体积成反比。对于置于太空中的天文设备来说，如美国国家航空航天局计划的太空干涉测量任务（SIM），测量角度可以小至2微角秒，它所探测到的最小行星是围绕一颗太阳大小的恒星旋转、运行周期1年、距离地球32.61光年的行星，质量为地球的6.6倍。SIM也探测到一颗运行周期为4年、距离为1 630光年、质量为木星的2/5的行星。在地球上的现代太空望远镜，如（位于夏威夷的）凯克干涉仪，测量角度可以小至20微角秒，所探测到的最小行星是围绕一颗太阳大小的恒星旋转、距离地球32.6光年的行星，质量为地球的66倍。这种方法受到地球距恒星距离以及由于星斑而引起的光度中心位置变化的局限和影响。在距离地球32.6光年的范围内只有33颗非双星、类太阳主序星（F类、G类和K类）。这种技术使这些恒星所属的最远行星的探测受到至少观测其一个运行周期的时间限制。

天文学家使用掩星光度法测量恒星的周期性变化——行星在恒星与观测者之间经过导致恒星变暗。恒星由于掩星现象发生的变化使科学家能够探测到的行星，限制在大小为地球的一半、轨道半径为一个天文学单位、围绕一颗和太阳质量相当的恒星运转的行星。或者通过 4 年的观察，这种方法可以探测到与火星大小接近的、沿着类似水星运行轨道运转的行星。甚至在 K 类和 M 类恒星的持续宜居带可以探测到水星大小的行星。目前还无法观测到运行周期超过 2 年的行星，因为它们与恒星及观测者之间三者成一线的机会较少。

知识窗

太空干涉测量任务

太空干涉测量任务，也被称为 SIM 行星搜寻计划。

天体测量学涉及天体位置和运行的精确测量。太空干涉测量法首次使得天文学家可以不受大气层的干扰，以 10 米的最大基线，对天体位置和运行的测量精确到微角秒。这代表我们能够探测到恒星受绕其运行的行星（体积是地球的几倍）牵引而产生的微小运动。

太空干涉测量任务将对太阳系周边恒星的行星、伴星进行详细的比较，以使科学家能够进一步了解不同类型恒星周围的行星体系全貌。太空干涉测量任务提供的银河系中恒星位置和距离的数据，将比之前所有项目提供的数据精确数百倍，同时描绘出恒星的参考网格，即具有空前精度的可见光天文学坐标系统。根据此坐标系统，太空干涉测量任务可以测量银河系的内部运动以及本星系群的运动，测量银河晕轮中暗物质的光度和天文作用，校准天文"标准烛光"的亮度等级。

迈克逊科学中心（MSC）与喷气推进实验室等其他科学中心一起，负责开发并实施太空干涉测量任务的科学操作系统（SOS），包括立项、使用界面、咨询及数据基础结构。

在内轨道运行的巨大行星则不受与恒星及观测者是否三点一线的影响，总可以探测得到，这主要归功于它们周期性变化的发射光线。掩星深度与通过多普勒数据确定的行星大小，可以共同用来判断行星的密度。科学家们就是通过这种方法确认了行星 HD209458b。通过光度测定发现的巨大行星，同样可以通过多普勒光谱和天体测量法进行搜寻。多普勒光谱学的建立基础是多普勒频移现象，即相对于行星的运行而言，恒星的位置并不是完全静止的。事实上，恒星受到绕其运行的行星引力影响，进行轻微的运动（以小的圆形或椭圆形为轨道）。对在地球上进行观测的天文学家来说，这种微弱的运动导致了恒星光谱的多普勒频移。当恒星被引力牵引靠近观察者时，其光谱会朝向频谱的蓝色一端。相反，如果恒星被行星牵引稍远离观察者的话，其光谱就会偏向红色一端。由于轨道的倾斜度必须接近 90° 才能形成掩星现象，因此几乎可以确定探测到的巨大行星的质量。光度测定是在持续宜居带寻找与地球体积相似的行星时唯一切实可行的方法。

在使用微引力透镜方法探测太阳系外行星的过程中，科学家们利用了一个有趣的物理现象，与爱因斯坦的相对论有关，即引力弯曲空间理论。在 1919 年 5 月，英国天文学家亚瑟·爱丁顿（Arthur Eddington，1882—1944）带领一支太阳系日食探险队抵达西非普林西比岛，测量当光线接近太阳时发生的引力偏转现象。他成功的实验结果成为爱因斯坦相对论的早期论据。天体物理学家认为正如 1919 年爱丁顿实验及随后的许多实验结果表明的一样，存在的巨大物体（如恒星）将带来时空连续统弯曲，导致远处发射来的光束发生弯曲。

当行星碰巧在母恒星前面经过时，其行星引力将起到透镜的作用，使恒星的光线更为集中。这将急剧但短暂地提升恒星的亮度，并从观测者的角度，发现恒星位置的显著变化。因此，天文学家发现有时通过这种微引力透镜效应很容易探测到自己不发射光线的（巨大）天体。由于引力作用，当行星经过恒星及地球中间时，恒星的光线（通过微引力透镜作用）变得更为集中。

◎ 生命世界的信号

太阳系的外太空生物探索建立在这样的假设基础上，即通过在星级间进行的遥感技术探测到来自适宜或不适宜人类居住星球的生命信号。生命信号可以是某种物体、物质或图案，但一定是由某种生命体产生的。为了科学上的用途，生命信号应该是未经过非生命体加工而产生的，或者这样的可能性较低。

对临近恒星周围的适宜居住行星的搜寻，建立在更进一步的假设基础上，即在某颗适宜居住的太阳系外行星上存在最基本的生命形式，且分布非常广泛。外空生物学家同时假设，这种来自适宜居住的行星表面或大气中带有生命迹象的信息，能够轻易从该行星的红外线光谱中识别出来。

美国国家航空航天局的类地行星发现者任务（TPF），将使用直接成像探测技术和光谱表征技术，来在临近星系探寻类地行星上大规模的生命效应及信号。科学家和外空生物学家希望通过分析 TPF 探测到的红外辐射"色彩"（波长），找到构成大气层的气体，如二氧化碳、水蒸气和臭氧。与太阳系外行星的表面温度和体积（直径）等数据相结合，科学家们可以据此判断这些太阳系外行星是否适宜居住，以及其中某些行星是否已经有生命存在。

以太阳系及地球上的生命作参考，外空生物学家认为最佳的类地星球应该存在于其所属恒星附近的持续宜居带（CHZ）。在 CHZ 范围之外的行星不是太热就是太冷。如果行星太热，那么所有表面的液体都会最终变成蒸气，蒸发至太空。如果行星太冷，那么所有表面的液体都将冻结。在这些极端的情况下，前者被称为失控的温室效应，后者被称为冰川大灾难。这些极端的气候都会使地球大小的行星上无法有生命的存在。

作为比较，在人类的太阳系，持续宜居带始于金星（太热），终于火星（太冷，以至于表面无法有液体的存在）。

科学家们认为仅在行星大气层中有大量氧气的存在就可以作为一种强烈的生命信号。比如，地球大气层中氧气是光合作用——绿色植物或其他生命体以太阳光作为能源将二氧化碳和水转化为碳水化合物的副产品。但是氧分子并不在空气中长期存在，而是与其他分子重新组合，这个过程称为氧化。因此如果科学家在太阳系外持续宜居带内探测到这样一颗行星，那么就可以得出这样的结论，即存在某种形式的生命可以不断补充大气中的氧气。

尽管如此，科学家们同时发现，非生命过程同样能够在无生命的行星上制造出含有大量氧气的大气层，因此保守的外空生物学家不将在太阳系外行星上氧气的存在作为一个明确的生命信息。这些谨慎的科学家更希望在确定一个太阳系外行星是否适宜居住前，在该行星上探测到一氧化碳或甲烷与臭氧共同存在。举例来说，如果类地行星发现者任务提供证据表明某个行星的大气层存在氧气、臭氧和甲烷，则外空生物学家将得出结论，这一行星不仅适宜居住，而且已经有生命的存在。

美国国家航空航天局计划者们预想通过类地行星发现者任务提供的结论来进行更为复杂的太空任务，称为生命发现者。美国国家航空航天局将向太空中发射一系列的大型望远镜。这些太空望远镜将结合太阳系外候选行星的红外辐射以绘制其大气的高分辨率光谱。外空生物学家将认真分析这些来自生物活动的信息，如甲烷的季节性变化以及大气化学的周期性变化。当然，科学家们始终没有忘记这一点，即地球是他们目前唯一的参考，遥远星球上的生命信息也许与地球上的生命信息并不完全相同。

8

搜寻外星智慧生命

大空探索——插图本宇宙生命简史

地外生物学里，人们广泛运用缩略语"SETI"（Search for Extraterrestrial Intelligence），其含义是搜寻外星智慧生命。SETI项目由私人和政府合力兴办，其目的是接听来自外星人的无线电信号。在地外生物学中，还有另外一个用得较少的词与"SETI"相配，它就是"CETI"（Communication with Extraterrestrial Intelligence），含义是与外星智慧生命进行交流。这两个词多少有些类似，但它们在研究星际间接触问题时都独具特色，因此，从整个星球的角度来说，这种方法会导致的社会结果也有显著的不同。

在研究星际接触方面，SETI 是一种较保守、较被动的科研方法，地球上的科学家们耐心寻找，收听来自银河系的有可能代表外星文明的信号。无论是现在还是将来，人们探索外星智慧生命的工作都将继续下去，如果可能的话，人们会成功接收并破译出一个非自然的、由生命发出的信号。人类不一定非得做出答复，于是这个信号发送者（最大可能）就不会知道信号被一个名叫地球的行星上的智慧生物拦截，这个星球存在生命，绕着一个叫作太阳的黄色主序星旋转。

CETI 在研究星际接触问题时显得不那么保守，在技术方面也更为主动。在实施CETI 时地球上的科学家们有意识地向太空发送经过精心准备的无线电信号和承载着大量信息的物品——这是在告诉那些在星际交流中有能力接收并破译人类信息的外星人关于人类的存在（见第九章）。在绝大多数情况下 CETI 也暗示了地球人可以对外星信号予以回答，只要地球人收到并且成功破译了外星人发出的信号。

巨型射电望远镜是现代天文学最重要的工具，在特定的操作条件下，它同时支持 CETI 和 SETI 活动。作为一个功能强大的无线电发射器，它将人们特制的信号发送到人们感兴趣的星系，这使它成为实践 CETI 活动最重要的工具。作为一个敏锐的接收器，它收集出现在各个星球间的微弱信号，这使它成为实施 SETI 活动最重要的工具。科学家们的工作则变成了熟练区分那些引起天文学家兴趣的自然宇宙无线

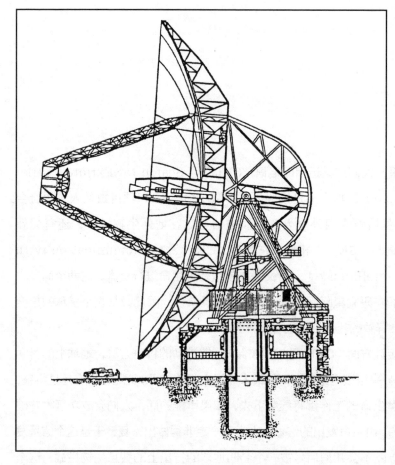

图中所示的是一个巨型抛物面射电望远镜，通常人们也叫它"圆盘"。（美国国家航空航天局）

电信号和那些引起地外生物学家关注的任何看似非自然的（外星人创造的）信号。

脉冲星的首次发现激起了天文学界的极大兴趣，人们最初称脉冲星为"小绿人"的信号（这种称呼透着英国式的幽默）。一些功能强大的射电望远镜，如位于波多黎各的阿雷西博天文台（见第九章）兼具两种用途，既是功能强大的无线电发射器，又是无线电频率接收器。

在第十一章，我们将讨论星际接触所带来的社会效应及实施 SETI 或 CETI 包含的风险。本章着重从技术和操作层面上探讨在具有特色的现代 SETI 活动中比较保守的"仅能接收"理论。

人类对地球以外智慧生物的搜索是在尝试回答一个重要的哲学问题：人类是否孤独地存在于宇宙中？由朱塞佩·可可尼（Giuseppe Cocconi，1914—2008）和菲利普·莫里森（Philip Morrison，1915—2005）所写的经典文章《寻求星际间的交流》（*Searching for Interstellar Communication*）（《自然》，1959），被认为是现代 SETI

发现脉冲星

脉冲星是一种具有辐射能力的天体（人们认为它是一种年轻的、快速旋转的中子星）。其辐射形式为快速的脉冲，并伴有特定的脉冲周期和间隔。1967 年 8 月，一名应届毕业生——乔瑟琳·贝尔·伯奈尔（Jocelyn Bell Burnell，1943—　）和她的导师，英国天文学家兼诺贝尔奖获得者安东尼·休伊什（Antony Hewish，1924—2021），发现了第一颗脉冲星。这个不同寻常的天体以脉冲节奏发射无线电波，因为无线电信号具备一定的结构和可重复性，所以人们首先想到这种重复的无线电信号可能来自外星人。然而，经过缜密的调查，人们又发现了另一颗发射无线电波的脉冲星——就在当年 12 月。这一新发现很快便推翻了"小绿人"信号的假说，并使科学家明白了这不同寻常的信号来自一个有趣又新奇的自然现象——脉冲星。

安东尼·休伊什与马丁·赖尔（Martin Ryle，1918—1984）合作致力于无线电物理学的研究。休伊什的功绩在于他发现了脉冲星，为此，他与赖尔共享了 1974 年的诺贝尔物理学奖。尽管他的学生乔瑟琳·贝尔·伯奈尔实际上是第一个发现脉冲星发射重复信号的人，但 1974 年的诺贝尔奖颁奖委员会还是忽视了她的贡献，这令人感到十分费解。而休伊什在做诺贝尔奖致词时，公开承认了他的学生乔瑟琳·贝尔·伯奈尔发现第一颗脉冲星这一贡献。

的开山之作。随着太空时代的来临，这门关于搜寻外星生命的学科逐渐脱离了科幻小说的范畴，并且被当作——至少是在许多技术层面上——一门受人尊敬并且值得人们付出努力的（尽管现在来看是这样）新领域。不幸的是，那些动辄就"挥动预算大斧"的政治家们和目光短浅的官僚们总喜欢拿 SETI 那少得可怜的经费说事，他们认为抨击将经费花在这项研究上在当下是很流行的，并且省事。令 SETI 科学家们费解的是为什么每次一提到研究中胀气动力学机制时，联邦政府就会毫不犹豫地批下大量资金，而提到用科学方法去探索人类历史上最该解决的哲学问题时，政府却一毛不拔。

如今，对星体形成的理解促使科学家们推测，通常情况下恒星与行星之间都是相伴相倚的关系。恒星由尘埃云和气体云压缩而成，天文学家估计银河系内有 1 000 亿 ~2 000 亿颗恒星。20 世纪 90 年代初，天文学家发现了太阳系外的行星，这证实了一个重要的假设，恒星的形成是由一片尘埃气体组成的云团开始的，而行星仅是恒星进化的一个副产品而已。结论是，银河系中有 10 亿 ~100 亿的行星，其中的一些可能适合生命生存，但其比例尚未确定。

人们预计有许多适合生命的星球，现今关于生命起源及化学演化的理论说明，不仅地球上有生命，银河系各处遍布着生命。进一步说，一些科学家认为生命一旦产生就会迅速进化，随后，一个充满智慧和求知欲的种族将会诞生，甚至它们会发展出科技，制造能够向宇宙中发送并回收电磁信号的仪器。例如，同人类一样，许

这幅图展示的是在许多完整行星包围下的一颗新形成的恒星。它最外围的圆环由尘埃组成。这些圆环的形成是行星彼此相撞的结果。图片的左上角展示行星相撞的过程。这幅图告诉我们在岩石的撞击下，一个新的行星系统形成的过程。美国国家航空航天局的斯皮策太空望远镜收集的数据显示，当恒星的年龄高达 1 亿岁的时候，这种灾难会在星球间不断发生，甚至在其他星系已经发展出全尺寸行星时，在恒星周围仍会发生这样的灾难。（美国国家航空航天局 / 喷气推进实验室）

多智慧的外星人也会向太空发射电磁能量。这种行为可能是无意的，结果却构成了行星范围内的无线电网络；可能经过精心的准备将无线电信号发送到银河系，为的是其他智慧生物能将其拦截并且与宇宙中天然的电磁辐射做出区分。

SETI 的观察站可能设在地球，可能设在太空，甚至（有一天）会设在月球背面。每一处都有明显的优点和缺点。直到最近，电磁波谱只有极狭窄的部分被用于检测"造出的信号"（即那些由智慧的外星人发出的信号）。对于人造的无线电及电视信号，被射电天文学家归为杂乱无章、只起干扰作用的信号——实际上与 SETI 要寻找的信号很相像。

我们的上空充满了无线电波，除了我们人类用以传送信息的电磁信号外（例如收音机信号、电视信号、雷达信号），天空还弥漫着许多自然天体发出的无线电波，如太阳的、木星的、射电星系的、脉冲星的和类星体的，甚至可以说整个太空都充斥着恒定的、可探测的无线电噪声。

那么，来自外星的无线电信号又是什么样子的呢？下页图是一幅光（频）谱图，它向我们展示了一个来自太阳系外的"疑似"外星文明信号。这个特殊的信号是由美国国家航空航天局"先驱者 10 号"宇宙飞船从海王星轨道外发送的，位于加州黄石公园的深空网射电望远镜负责接收。接收时使用了一个 6.5 万频的激光频谱分析仪。有 3 个信号波峰明显高于普通的无线电噪声。图中位于正中央的波峰传输信号功率近 1 瓦特，相当于一个微型圣诞树所耗费电力的一半。SETI 的科学家们一方面寻找这种清晰的信号，另一方面也正着手准备新设备，以便在更强的噪声信号干扰下分辨出他们想要的信号。经过无数次的信号搜索，SETI 的科学家研发出了先进的频谱分析仪，该仪器不但可以在几百万个频段内进行搜索，还能够自动识别那些候选的"人造信号"以供科学家们进一步观察、分析。

1992 年 10 月，美国国家航空航天局启动了一项长达十年的 SETI 项目——名为"高分辨率微波巡视"的计划（HKMS）。HKMS 的主要目标是搜索来自其他恒星系的微波信号。为此，美国国家科学基金会下属的、位于波多黎各的阿雷西沃天文台，美国航天航空管理局下属的位于加州黄石的深空网和其他设施都投入了使用。除了这些望远镜外，高速的数据处理系统也准备就绪。该处理器装备了最先进的硬件及特制的软件。

此次搜索活动包括了 2 种不同的模式：针对目标的定向搜索和大范围的搜索。

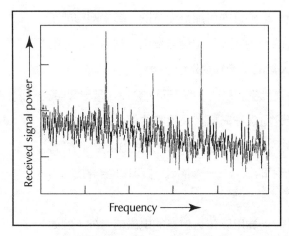

一个疑似来自外星文明的信号，这是"先驱者10号"从海王星轨道外传送过来的"人造信号"。（美国国家航空航天局）

定向搜索针对离地球较近的大约1 000颗类似于太阳的恒星。大范围搜索模式下，其敏感度多少会打折扣，但能在整个宇宙中寻找独特的无线电信号。然而，1年后，即1993年，由于严重的预算紧缩再加上国家研究目标的重整，美国国家航空航天局的HKMS计划不得不在起步阶段搁浅。从那以后，尽管美国国家航空航天局对在太阳系内寻找生命的兴趣依然不减，但是SETI计划却始终没能得到政府的资助。

今天，一些私人资助的组织和基金会（如加州山景城的SETI研究机构——一个非营利性组织），致力于探索外星生命的研究及相关培训，仍然没有放弃对太空的研究，寻找着来自外星的信号。

如果一个外星的信号被发现并被破译，那么人类会面对另一个充满挑战性的问题：我们要不要回答？如今，对被动地接收那些来自太空的疑似信号，SETI的科学家已经很满足了。

◎射电天文学

射电天文学是天文学的一个分支，主要收集和分析来自太空的无线电信号。射电天文学，作为一个相对年轻的学科，起源于20世纪30年代。一名叫卡尔·扬斯基（Karl Jansky，1905—1950）的美国无线电工程师，是他首次发现了来自太空的无线电信号。在此之前，天文学家只使用电磁光谱的可见光部分来探测太空。

想要细致地探测这些宇宙射电源非常困难，这是因为这些信号传送到地球后能量极低。但到了20世纪40年代中期，在奈菲尔射电天文实验室工作的英国天文学家查尔斯·伯纳德·洛弗尔（Charles Bernard Lovell，1913—2012）取得了突破性进展。

脉冲星算是这些无线电波最为奇特的来源之一——它原来是一颗坍缩了的巨星，然后蜕变成一颗中子星，一边急速旋转一边发射脉冲射电信号。脉冲星于1967年被发现，当时引起了科学界的轰动。因为其信号很有规律，所以科学家们误以为它是由外星人发射的。

另一种有趣的天体是类星体，又叫类星射电源，发现于 1964 年。人们认为类星体现象是一个星系中的一小部分行星发出巨大的能量所导致——这些能量相当于数百万颗行星湮灭时所释放的能量总和。类星体是宇宙中已知距我们最远的星体，其中一些正以超过 1.9 倍光速的速度远离地球。

◎奥兹玛计划

奥兹玛计划是人类为发现外星无线电信号所做出的第一个尝试。1960 年，在西弗吉尼亚国家射电天文观测中心的绿岸天文台，美国天文学家弗兰克·唐纳德·德雷克（Frank Donald Drake，1930—2022）正式启动了这个具有开创意义的 SETI 实验。该计划的名字源自一部童话，用德雷克自己的话说："奥兹玛代表了一个遥远的难以接近的神奇世界，那里住着奇异的生物。"

在最初的研究中，德雷克选择的波段为 1420 兆赫兹——这是太空中 21 厘米波长氢原子所发出的频率。绝大多数新兴的技术文明首先使用的窄谱宽、高灵敏度的射电望远镜，都可以探测到这个频率的信号。同时，德雷克和其他科学家认为这个频率也很有可能是外星人在太空中传递信息的频率。基于这个原理，"水洞"成为 SETI 的新名词。

1960 年，德雷克将直径约 26 米的绿岸射电望远镜对准了两颗类日恒星，鲸鱼座天仑五星和江波江座天苑四，这两颗恒星距太阳系均为 10.5 光年左右。德雷克与奥兹玛小组的同事，耐心等待着能够证明外星人存在的信号。但是，经过 150 多小时的监控，人们都没有接收到任何来自外星的明显信号。人们普遍认为奥兹玛计划是人类为接收外星人信号所做出的第一次尝试，而德雷克的努力也促使了现代 SETI 项目的诞生。

奥兹玛计划使得德雷克的公式成为一种可推的具有半经验性质的数学表达式，如今，人们普遍叫它"德雷克方程"。正如下一章要谈到的，德雷克方程试图告诉人们，在银河系中到底有多少智慧生物可能进行沟通交流。在射电天文学领域，德雷克本人有许多职位。他曾任康奈尔大学天文学教授（1964—1984），还是波多黎各阿雷西沃天文台主任，还曾任加州大学克鲁兹分校天文学、太空物理学名誉教授。

知识窗

水 洞

作为 SETI 的术语,"水洞"用来指代一个小范围的电磁光谱,这个频段特别适合星际通信。这种特制的波谱频率在 1 420~1 660 兆赫(21~18 厘米波长)的频段。

氢遍布宇宙各个角落。当氢原子发生碰撞时,便会发出 1 420 兆赫频率(21 厘米波长)的无线电波。银河系内,任何一个拥有射电天文学技术的外星物种最终都会探测到这些自然辐射。与此类似,还有另一组 1 660 兆赫(18 厘米波长)为主的特定光谱发射与羟基(OH)相关,也能作为建立同外星人联系的手段。

因为科学家们知道这样一个化学方程式:$H+OH \rightarrow H_2O$,所以科学家们将水分解为两种无线电波,并以这种形式发送到太空。因为水是"生命之源",所以外星人也会认同这种联系的方式。这也就是"水洞"的基本原理。

那么人们是不是高估了 1 420~1 660 兆赫频率的合理性?或者,这难道只是我们地球人的一厢情愿?许多外空生物学家认为如果宇宙中真有外星人,那么构成这些外星生命的元素很有可能是碳,而水又是维持这种生命必不可少的元素,就同在地球上一样。进一步说,从纯粹的技术层面来讲,即使让科学家们在几十乃至上百种电磁光谱中选择一个合适的范围,他们也会把同外星人交流的最佳范围定在 1~10 吉赫的微波区域。

归根到底,水洞理论已为从事接收分析信号为主的 SETI 项目的科学家所接受,他们普遍认为,对电磁光谱的应用,为人类接收外星人的信号开启了一扇新的天窗。

知识窗

绿岸射电望远镜

1988 年 11 月 15 日,由于一主要结构性元件失灵,最初的 91.5 米高的绿岸射电望远镜轰然倒塌。这场出乎意料的损失使得美国射电天文中心不得不着手建造一架新的望远镜，这就是现在的罗伯特·伯德绿岸射电望远镜（GBT）。

GBT 由美国国家射电天文台（NRAO）负责，它是世界上最大的，且便于操作的单孔径天线望远镜。除 GBT 以外，在西弗吉尼亚绿岸还有几架射电望远镜。GBT 通常被描述为一个 100 米型望远镜，但实际上，其表面长 110 米，宽 100 米。从整体上看，GBT 采用了轮轨式设计，这使得望远镜能超出仰角 5° 观察整个天空。轨道周长 64 米，负荷着重 7 300 吨的望远镜，其移动起来可精确到一厘米的千分之一。GBT 设计独特，与其他传统的射电望远镜不同，它的中间区域没有什么辅助支撑设备，开口天线暴露在外，这样方便直接接收到无线电信号。

◎ "独眼巨人"计划

作为一项研究，"独眼巨人"计划拟使用一巨型圆盘状雷达天线矩阵来详细搜索（特别是 18~21 厘米波长的水洞区域内的）外星人的无线电信号。1971 年美国航天航空管理局在斯坦福大学资助了一个特殊的夏季科研设计计划，而这次 SETI 行动中施工的细节也都来自这个计划。已发布的"独眼巨人"计划的目标是在使用当下最先进的技术手段寻找外星生物的过程中，人们要对所需的硬件、人力资源、时间以及资金做出评估。

"独眼巨人"计划以古希腊神话中一个只有一只眼睛的巨人族命名。作为"独眼巨人"计划中巨人的眼睛的是一个由抛物面碟形天线所组成的直径 100 米的巨型阵列。这些天线呈六边形排列，这使得天线与天线间可以等距排列，而 292 米的中心间距又使得每两个巨型矩阵不会因彼此的阴影而影响信号接收。在"独眼巨人"计划中由 1 000 个天线所组成的阵列，可以用来同时收集和评估落在它们之上的来自其他星球的信号。整个"独眼巨人"的阵列，运行起来就像一个独立的巨型天线，面积 30~60 平方千米。这项调查不但评估了"独眼巨人"在地球上实施的情况，还评估了在月球上安装天线的情形——那是一个绝佳的地点，可以避免接收过程中受到地球上无线电信号的干扰。

"独眼巨人"计划可以看作为搜索外星智慧生命所建立的一项基础研究。它的成果——基于弗兰克·德雷克、菲利普·莫里森、约翰·贝林汉姆（John Billingham，1930—2013）和伯纳德·奥利弗（Bernard Oliver，1916—1995）等人的努力——为

图中假想的是一个在月球远端实施"独眼巨人"计划的场景，图中的六边形射电望远镜阵列，除了能够免受地球信号的干扰外，这个巨型的射电望远镜可以更大范围地搜索来自其他星球的外星人的信号。（美国国家航空航天局）

随后的 SETI 研究制定了技术框架。"独眼巨人"计划再次肯定了水洞理论，它可能是星际交流过程中最合适的工具。

◎德雷克方程

德雷克方程是一个概率论性质的数学表达式，它由美国天文学家弗兰克·德雷克在 1961 年提出。该公式非常耐人寻味，尽管里面有许多值得商讨的地方。它试图解答银河系中存在的能够彼此联络的发达的外星文明的数量。德雷克方程主要依据折中原理——也就是说太阳系的环境及地球本身的情况并没有什么特别的，这种情况在银河系随处可见。

仅仅在银河系就有 10 亿~100 亿颗星球，科学家们把注意力放在哪里才能接收到外星人的信号呢？1961 年，西弗吉尼亚州，绿岸镇美国国家射电天文台举行了有关外星智慧生物的绿岸会议。在会议中，这个问题作为主要议题被与会者提了出来。该会议所取得的最重要的成果就是德雷克方程式，因为它首次在寻找外星生物方面做出了比较可信的量化的尝试。在 SETI 术语中，这个方程叫作萨根-德雷克方程，又叫作绿岸公式。

尽管与其说德雷克方程是一个科学化的等式，倒不如说它只是主观的臆断，但这方程却尝试着说明在茫茫宇宙中可能进行交流的发达外星文明的数量。方程如下：

$$N = R^* f_p n_e f_l f_i f_c L$$

这里

N 代表银河中可进行交流的智慧文明的数量；

R^* 代表我们银河系内一年之间新诞生恒星的平均速率；

f_p 代表恒星拥有行星的比例；

n_e 代表在这些行星中具备生命发生、进行条件的概率；

f_l 代表在满足这些条件的行星中，实际上有生命存在、进化演变的比例；

f_i 代表形成的生命进化到智慧生物的概率；

f_c 代表智慧生物能够与外界进行联系的比例；

L 代表先进的技术文明的平均寿命（以年为单位）。

快速地扫一眼这个公式，我们会得出这样的结论：公式中的主要术语包含不同学科，不同技术内容，从可以量化的数字（如 R^*）到完全凭主观推断的变量（如 L）。

例如，天体物理学家可以推导出比较合理的 R^* 的近似值。总体上说，在 SETI 的讨论中人们估计 R^* 值应该大约在 1 至 20 之间。

随着恒星的演化，行星也在逐渐形成，行星形成到底有多快，天体物理学家很感兴趣，并且也进行了广泛的讨论。是不是所有的恒星都有行星呢？如果是的话，那 f_p 的值会趋近 1。另一方面，如果几乎没有形成行星，那 f_p 的值将趋近 0。现在天文学家和天体物理学家认为在恒星形成过程中一般都会伴有行星。进一步说，天文学家们会依赖先进的太阳系外行星探测技术发现离太阳较近的恒星周围的类地行星（所使用的激光技术涉及天体测量、自适应光学、干涉度量学、分光光度学、高精度径向速度测量和几艘新型"类地行星猎人"航天器）。因此，在未来，科学家们将直接对太阳系外的行星进行观测以确定 f_p 的经验值。在典型的 SETI 的讨论中，人们通常假设 f_p 值落在 0.4 至 1 范围内。比较悲观的预测是 $f_p = 0.4$，而 $f_p = 1.0$ 则非常乐观。

同样，如果恒星形成一定伴有行星，那么确切地说又有多少行星适合生命存在呢？拿 $n_e = 1.0$ 来说，其含义是每个孕育着行星的恒星系统中，至少有一颗行星处在持续宜居带中，或者称生态圈。当然，这也就是我们现在居住的太阳系的情况。地球舒舒服服地躺在持续宜居带中，而火星却待在持续宜居带外侧（较冷），金星在最里边（较热）。

德雷克方程并没有直接回答，那些绕着行星转动的卫星上是否可能具有生命这一问题。但是，近来人们却将注意力转向了太阳系中几颗行星的卫星上。这些卫星，尤其是木星的卫星木卫二，上面是否有液态水呢？水中有生命的概率有多大？这促使地外生物学家将变量 n_e 的含义稍稍做了扩展。n_e 包括了处于持续宜居带的行星的数量，在类似的行星系统下，尽管一些行星不适合产生生命，但其卫星上的环境却很适宜，那么这些卫星的数量是多少呢？

科学家们接下来又要问了：即使有了适合的环境，生命产生的概率又是多少呢？地外生物学家做出了一个假设（再次援引折中定律）：无论生命在哪儿，既然能够产生，那么就会存活、繁衍下来。按照这个假设，f_l 的值也可达到 1。同样，大多数地外生物学家都倾向于这一假设，即一旦生命产生，便会进化为高智慧的生物，这样，f_i 值等于（或无限接近）1。

随之而来的一个更具有挑战性的问题呈现在了那些试图寻找外星人的科学家面前：外星人发展出了相应的科技，然后也想与其他智慧文明沟通，这样的比例是多少呢？目前，任何人都只能凭人类历史做出非常主观的猜测。持悲观态度的人认为 f_c 值为 0.1 或更少。而乐观的人坚持认为所有智慧生物都渴望交流，因此 $f_c=1$。

讲到这里，我们应该停下来想一想：一个外星科学家离我们非常遥远（也就是大约 50 光年），它也在几次三番地申请奖金，以研究从银河系而来的外星人信号，但不幸的是，它所在星球的科学部始终拒绝这位科学家的请求，它们认为这位科学家的"SETI"行动简直就是在烧钱，这些钱可以花在更有价值的项目上。结果，这位科学家的超灵敏接收器被迫关掉了，而恰恰在这 1 年后，来自其他星球的（从地球发送出来的）电视信号却经过了这个星系。结论是，尽管这个假设的外星文明具有发达的科技手段，f_c 值达到 1.0，但它们却没有对"SETI"引起重视，因此 $f_c \approx 0$。

把平庸原理应用到外星人的社会行为中，这显然值得商榷。但是，一个与德雷克方程相关的问题却不容忽视：其他星系的外星人，特别是政治家，会不会有目光短浅的毛病，缺少战略眼光？如果平庸原理行得通，那么我们会得到一个糟糕的答案：是的！

最后，地球上的科学家还得推测一个科技发达的文明能存在多长时间。拿地球来说，科学家们算出 L（最小值）在 50~100 年。地球是仅在 20 世纪才取得了辉煌的科技成就的。太空旅行、核能、电子计算机、全球通信等已经得到广泛的应用。到底是要走向毁灭，还是能够步入"黄金时代"、登上社会最成熟的阶段，我们的星球每天都在这两者之间徘徊。难道大部分外星人也都会遵循这样一个模式：如果新兴的科技被滥用，成熟的文化便不得不拼命地与其竞争以达到平衡？难道对于发达的文明来说，帮助人们实现星际交流及太空旅行的科学技术，最终会导致人们自相残杀，无人幸免？或者，外星人难道已经懂得如何合理利用不断发展的科学技术？它们真的步入了安静、繁荣的"黄金时代"，生活了数百万年？面对德雷克方程，悲观主义者们坚持 L 值会很低（可能是一百年左右），而乐观主义者们认为 L 会延续几千年甚至上百万年。

在所有关于 L 取值的讨论中，令人感兴趣的是，人们认识到了太空科技和核武器同样也是帮助人类抵御来自宇宙中的流星、彗星撞击的有力武器（见第二章）。尽管其他星系小行星或彗星所带来的风险或多于或少于地球所面临的危险，但这种遭受灭顶之灾的威胁却依然存在。因此，高科技意味着外星人可以免受自然灾害（包括彗星、流星的致命撞击）的侵袭——因此，延长了文明存在的时间，也提高了德雷克方程中的 L 值。

让我们再回到德雷克方程，我们把一些具有代表性的数值代入方程，$R^* = 10$ 颗恒星 / 年，$f_p = 0.5$（排除掉复合恒星系统），$n_e = 1$（以人类所处的太阳系为标准），$f_l = 1$（根据折中原理），$f_i = 1$（根据折中原理），$f_c = 0.2$（假设大部分外星人都很内向，不想进行太空旅行）。德雷克方程最后结果是 $N \approx L$。这个特殊的结果表明外星文明的数量几乎与外星文明的平均寿命相等。

将这个结果进一步扩展也很有教育意义。如果 N 是 1 000 万（由德雷克方程推出的乐观的结果），那么银河系中两个能够交流的文明相距约 100 光年。如果 N 是 10 万，那么两个智慧文明平均距离就是 1 000 光年左右。但如果现在有 1 000 个智慧文明存在，那么它们彼此间大约应相隔 1 万光年。所以，即使银河系真有这么多的外星人存在，等到他们之间能取得沟通的时候，恐怕那时他们的文明就不存在了。例如，如果两个文明相距 1 万光年，那么完成一次星际对话就得花 2 万年的时间。

银河系中，拥有高科技的外星文明能存活多长时间？难道大多数的文明不能驾驭威力巨大的工具（包括核武器）或是未到迁移到其他星球就最终走向自我毁灭？图中显示了一颗1 100吨当量、名叫"斐索"的核弹爆炸后产生的景象，这颗核弹是在1957年9月14日在位于美国的内华达测试基地引爆的。（美国能源部／内华达指挥办公室）

◎费米悖论——它们在哪儿？

悖论是一段自相矛盾但却反映了事实的论述。从物理学发展的历史来看，著名的费米悖论是1943年的一个晚上，在新墨西哥罗史阿拉摩的一个聚会上提出的。当时，杰出的意大利裔美国物理学家兼诺贝尔奖获得者恩利克·费米提了一个深刻的问题："它们在哪儿？"费米的同伴则吃了一惊，接着向费米问道："谁在哪儿？"紧接着，这位诺贝尔奖获得者又说："当然是指外星人。"而那时，费米和其他科学家正在进行最高机密——曼哈顿计划的研究——美国正在尝试制造世界上第一颗原子弹。

费米的推理导出了著名的悖论，这奠定了与SETI相关的现代思想的基础。总结起来如下：银河系的年龄约130~150亿（10^9）年，包括大概1 000亿~2 000亿颗恒星。如果这时产生了一个智慧文明，并且这个智慧文明有能力往返于恒星之间，那么这个智慧文明要用去5 000万~1亿年的时间，才能做到将其足迹遍布整个星系——从一个星球到另一个星球，开创属于自己的天地，到处都会见到它传播的文明。但是，随着科学家们逐步搜索太空，他们发现宇宙里并不是生机勃勃的，更别提有外星人拜访并且与外星人接触了，所以科学家们推断可能在宇宙发展的近150亿年历史里没有先进的外星文明存在过。伟大的悖论就这样产生了。

尽管科学家期望看到的是一个生机盎然的宇宙，但是却没有找到任何证据证实外星人的存在。难道人类就真的孤零零吗？从另一方面说，如果我们不孤单——那么它们又在哪里啊？许多人想要尝试回答这个深奥的问题。

悲观主义者认为人类之所以看不到外星人，是因为整个银河系或者整个宇宙只有人类而已。另外一种说法有时也被提起：人类实际上是银河系里第一种实现太空旅行的生物。如果真是这样，那么可能人类的宇宙命运就是要成为第一个横扫银河系并传播智慧生命的物种。

另一方面，乐观主义者们认为外星人一定生活在宇宙某个地方，他们还列出了许多理由来解释为什么科学家们找不到外星

意大利裔美籍物理学家、诺贝尔奖获得者恩利克·费米。（美国能源部／阿尔贡国家实验室）

人。本书在这一节只选出了几种解释。首先，可能是外星人不想同人类有什么瓜葛。面对这个新兴的文明，外星人认为地球人过于好斗，并且不够智慧，故而不予理睬。另一个解释是，人类的通信技术远远落后于高度发达的外星人，根本说不上话。其他的解释是并不是所有外星人都渴望星际旅行。可能有些外星人不使用电磁信号通信。对费米悖论的另一个回答是，人类实际上就是它们——我们就是外星人在进行星际扩张殖民后的后代。

还有一部分乐观主义者认为外星人其实就在我们身边，只不过它们刻意与我们保持距离罢了。它们静静地看着地球人要么发展成为一个成熟的文明，要么走向自我灭亡。为此他们提出了动物园理论。这个假说认为人类就像是生活在动物园中的动物一般，由选出的外星人管理。但是这些外星管理员又不能暴露自己。这个假说在地球上就有模型：专业博物学家和动物保护专家都建议成立一个"完美的动物园"，

动物园中的动物不与饲养员直接接触，它们甚至不知道自己已经被关了起来。

最后，剩下的人对于费米悖轮的回应是，外星人对宇宙的扩张还未波及地球——因此人类也只能寻找。有些持有这个观点的人甚至大胆假设外星人就生活在我们身边。

知识窗 ●━━━━━━━━━━━━━━━━━━━━━━━━━━━━

古代宇航员理论

作为同时代的假设，古代宇航员理论认为，外星人过去曾拜访过地球。尽管未经传统的科学所证实，但是却有不少故事、小说和电影都在流传这个假设。古代宇航员理论建立在毫无根据的推测基础上，这些推测总是试图与一些现象相联系，如古代神话中的神、无法解释的神秘现象和不明飞行物。

知识窗 ●━━━━━━━━━━━━━━━━━━━━━━━━━━━━

实 验 室 假 说

实验室假说是动物园理论的一个特例，它也是对费米悖论的一个答复。这个特别的假说认为，人类之所以在银河系找不着外星人，是因为外星人将太阳系当成了一个"完美"的实验室。外星的科学家想观察和研究人类，但又不能暴露自己而影响实验。

◎推测外星人的本性

一些科学家认为，根据社会的发展及对科技的应用情况，外星人可以方便地划分为几种基本水平。在 SETI 中，得到最广泛认可的是外星文明的三分法，这是由苏联天文学家尼古拉·谢苗诺维奇·卡尔达舍夫（Nikolai Semenovich Kardashev,

1932—2019）在 1964 年提出的。在审视外星文明传递信息这一话题时，卡尔达舍夫将银河系的文明分为 3 种。分类标准以外星人能够驾驭的能量总量而定。他紧接着又提出，一个特殊的外星文明，其掌控的能量越多，星际沟通的能力也就越强。

20 世纪末期地球的科技已经达到了卡尔达舍夫 I 型文明的水平，已经能够掌控 $10^{12} \sim 10^{16}$ 瓦特的能源。地球绕太阳旋转，它可用的所有能量上限是在围绕太阳的轨道上运行时所截获的总辐射能。

对于地球来说，科学家们将太阳常数定义为正常情况下太阳光垂直照射在行星大气层顶部单位面积的能量总和。在距太阳一个天文单位处，科学家们测出太阳常数值大约 1 371 瓦 / 平方米。当然，一个外星文明所在的行星可能较靠近一个 K 型或 M 型恒星，受到的辐射少一些。因此，对于 I 型外星文明来说，它可利用的能量最大值大约在 10^{16} 瓦。

卡尔达舍夫 II 型文明星际工程学很发达，依靠先进的太空技术，能从自己的星球迁移到其他地方，并利用它所在恒星系所有星球的资源。当卡尔达舍夫 II 型文明达到顶峰时，就会创造出"戴森球"。戴森球是假想出来的，外有硬壳、内部中空，外星人绕星球内部一层层居住。它们利用恒星辐射到星球上的能源生存。1960 年戴森（Freeman Dyson，1923—2020）就提出外星人最终发展出的太空科技，可以重新改造恒星系内的所有行星，并且创造出一个更为合理的行星系统。参考太阳辐射能，卡尔达舍夫 II 型文明可以掌控 $10^{26} \sim 10^{27}$ 瓦的能源。一旦形成了这种规模的文明，对额外资源的渴求和繁殖的压力将促使它们向其他星球移民。星际移民的开始为卡尔达舍夫 III 型文明诞生拉开了序幕。

卡尔达舍夫 III 型文明作为发展成熟的一个阶段，能够掌控整个星系的资源（大约 $10^{11} \sim 10^{12}$ 个恒星），能源总量在 $10^{37} \sim 10^{38}$ 瓦之间甚至更多。

掌控能源的多少是评价一个外星文明的重要指标。在卡尔达舍夫分类中，II 型文明拥有的能源是 I 型文明的 10^{12} 倍左右，而 III 型文明的能源量则是 II 型文明的 10^{12} 倍。

关于这些文明科学家们还能想到些什么呢？我们再一次拿地球举例（至少这是科学家们唯一的科学数据来源），科学家们可以合理地推理出 I 型文明所具有的以下特性：① 理解物理定律；② 一个星球社会，拥有全球通信网络和食品物质自由流通的网络；③ 有意或无意地向太空传送电磁信号；④ 拥有航天技术、火箭推进技术，这是星际旅行的基础，也是离开家乡行星的必要工具；⑤ 发展出核能技术，既能提供能源，又可以作为武器；⑥ 渴望寻找并且有意愿与其他行星的智慧生命接触。

当然，在这些文明中也包括了许多不确定的因素。例如，即使外星人拥有了相应的太空技术，它们就一定会向太阳系移民吗？它们会做长远打算，为冲出恒星系向其他星系移民做准备吗？或者，它们还没来得及发展成Ⅱ型文明，就会走向自我毁灭？离开自己舒适的星球到另一个陌生但资源丰富的星球去发展，这对于外星人来讲是必要的吗？如果这种移民并不是时有发生，那么银河系也许确实充满了生命，但是这种Ⅰ型文明的生命一来没有发达的科技去实现移民，二来它们也没这个意愿。而这些内向的外星人自然也不会愿意远距离地同其他外星种族沟通。

然而，假定一个外星文明诞生，然后发展出了一个跨星际的社会，这样其文明类型也就显而易见了。依靠发达的星球工程学，它们可以容易地建造出属于它们自己的太空家园（太空家园发展的终极形式是绕恒星转动的戴森球）。

卡尔达舍夫Ⅱ型文明可能也很想寻找自己所在星系外的智慧生命。其外星科学家也可能会使用电磁光谱（无线电波或者是 X 射线、伽马射线）作为信息交流的手段。要知道Ⅱ型文明能控制约为Ⅰ型文明 10^{12} 倍的能量，应用于电磁学和太空工程学领域的 X 射线、伽马射线对它们来说真是小菜一碟。它们对物理宇宙的理解要比我们透彻得多。Ⅱ型文明可能会利用引力波及其他物理现象，在这些领域，地球的科学家还都是门外汉。鉴于此，外星人现在很可能在向地球发射信号，只是我们不具备接收这种信号的能力罢了。其中一种极难探测的信号可能是经调制过的微中子，而微中子天文学在地球才刚刚起步。

卡尔达舍夫Ⅱ型文明可能也会采用一些初级的方法进行交流。它们会送全自动宇宙探测器到附近的星球做单程旅行。即使这种探测器的飞行速度比光速慢很多，Ⅱ型文明社会还是能做出长远的计划，去支持这种复杂、昂贵和长期的计划。Ⅱ型文明也可能直接采用胚种论（有意将孢子和分子前体散播到宇宙中）。外星文明可能会利用无人驾驶探测器将编码过的微生物播撒到宇宙四处，希望这些微生物能够到达适宜的环境，然后落地生根繁衍起来，发展为新的智慧生物。

最后，戴森球最终完成时，卡尔达舍夫Ⅱ型文明满足了它的漫游宇宙的愿望，开始了首次星际间旅行。结构复杂的太空城成为太空诺亚方舟，它载着发达的外星人去往其他星系。

这个图景令人神往，但地外生物学家又问了：Ⅱ型文明的寿命是多少？根据地球目前的工程学水平推测，可能最少需要500~1 000年的时间，一个地外文明才能建造出戴森球。

如果一个卡尔达舍夫Ⅱ型文明在整个星系范围内开始实行移民计划，然后——至少原则上是这样——外星文明会最终以蛙跳形式蔓延整个星系（可能在10^8~10^9年之间），这也宣告了Ⅲ型文明的开端。

这个卡尔达舍夫Ⅲ型文明最后可控制的资源可达到10^{12}颗恒星——或整个银河系。卡尔达舍夫Ⅲ型文明还可以研究出太空传送、太空通信等技术，我们礼貌地称这种技术为"异域技术"。可能这种文明还可以准确地应用中微子和比光速还快的微粒作为标准的信息传递工具。可能它们还会利用黑洞通道作为星际传送网络。可能它们还会拥有某种心灵传送技能，能在两个星球间进行沟通。不管怎么说，卡尔达舍夫Ⅲ型文明是显而易见的，因为其范围已蔓延到了整个星系。太空工程学及科技创造出的奇迹令人叹为观止。

目前，银河系不可能存在卡尔达舍夫Ⅲ型文明，否则太阳系就是正在被忽视——也就是说，被故意独立——据科学家们推测，可能就是一个游乐园或是动物园。再提一次，太阳系可能正是最后一个还未被外星文明发现的区域。除此之外，关于费米悖论还存在着许多假设。

还有另外一种假说：如果人类确实就是银河系中最发达的文明，那么我们人类，无论是男人还是女人，正站在迈向卡尔达舍夫Ⅱ型文明的起跑线上。如果人类完成了这一历史重任，那么我们的后代将成为银河系中第一种自由穿梭在星际间的智慧生物，并在银河系建立属于我们自己的Ⅲ型文明。

20世纪早期，人类开始无意地将无线电和（随后）电视信号传输到银河系。除了用这种方式可以显示人类的存在，另外还尝试过3种方法。这3种方法作为尝试，都是有目的的。人类试图向可能居住在恒星间的外星文明发送信息。第一项尝试是传送一个强大的无线电信息，就是众所周知的阿雷西博星际信息。其他两个有目的的星际交流尝试涉及人造物体，即两个特殊的金属薄板和两段录音，由四艘美国国家航空航天局的宇宙飞船（"先驱者10号""先驱者11号"及"旅行者1号""旅行者2号"）运送至外空。这些宇宙飞船的使命是最终到达带外行星，将远行的机器人送至星际轨道上。这章论述这些探索及取得的成就。

◎阿雷西博天文台发送的信息

位于波多黎各热带丛林的阿雷西博天文台巨大的射电望远镜已投入使用，一个承载友谊的星际信息被传送到银河系的边缘。1974年11月16日，这个星际无线电信号传送到武仙座内的巨大球状星团（缩写成 Messier13 或 M13），它距地球大约2.5万光年。这个巨大球形星团 M13，包含大概30万颗恒星，半径大约18光年。

这次传输经常被称作阿雷西博星际通信，它的无线电传输频率是2 380兆赫兹，带宽10赫兹，平均有效发射功率在传播方向上是 3×10^{12} 瓦（3太瓦）。这个信号被认为是迄今为止由我们行星文明发射到太空中最强的无线电信号。大约从2.5万年后，在 M13 星团的某个智慧的外星文明将会通过射电望远镜接收和破解这个有趣的信息。如果它们真的做到了，就会知道地球上有智慧生命的存在。

阿雷西博天文台

阿雷西博天文台装配了巨大的射电望远镜，直径达 305 米。它位于波多黎各的热带丛林中一个天然形成的巨大碗状山谷里。这个巨大的装置是美国国家天文学与电离层研究中心（NAIC）的主要观测设备。NAIC 由康奈尔大学（Cornel University）与美国国家科学基金会（the National Science Foundation，NSF）共同运作。阿雷西博天文台 24 小时持续运转为来自全世界的天文学家进行观测和资料运算。

这架巨型望远镜，作为无线电波接收器，能辨别出来自宇宙最远处天

阿雷西博望远镜是巨大的射电望远镜，直径达 305 米。它位于波多黎各的热带丛林中一个天然形成的巨大碗状山谷里。（美国国家航空航天局）

体发出的信号。作为雷达发射器 / 接收器，它帮助天文学家和行星学家从遥远的月球、近地行星及其卫星、小行星甚至地球的电离层转换或接收信号。

阿雷西博天文台对天文学和天文物理学做出了很多贡献。1965 年，该装置（作为雷达发射器 / 接收器）确认水星的自转频率是 59 天，而不是先前估计的 88 天。1974 年此装置（作为无线电波接收器）又发现了第一个脉冲双星系统。这一发现是对爱因斯坦相对论的充分肯定，美国物理学家拉塞尔 · A. 赫尔斯（Russell A. Hulse，1950— ）、约瑟夫 · H. 泰勒（Joseph H. Talor，1941— ）因此赢得了 1993 年的诺贝尔物理学奖。20 世纪 90 年代早期，天文学家用此装置发现了围绕快速旋转的脉动星 B1257+12 运行的太阳系外行星。

2000 年 5 月，天文学家用阿雷西博天文台作为雷达发射器 / 接收器，首次收集到一个名为艳后星（216 Kleopatra）的小行星的雷达影像。艳后星是一个巨大的、形状像狗骨的小行星带，大约 217 千米长、94 千米宽。这一小行星带早在 1880 年就被发现，直到 21 世纪初，艳后星的准确形状才为人所知。利用阿雷西博望远镜，天文学家使艳后星上的雷达信号返回地面，然后利用复杂的计算机分析技术来解码这些回音，将它们转换成图像，收集整理小行星形状的电子模型。阿雷西博无线电望远镜在 20 世纪 90 年代的技术改进后功能得到了巨大提升，灵敏度也显著提高，因此，观测离太阳系更远距离的天体的雷达影像也更加清晰。

阿雷西博天文台，聚焦于 1 000~3 000 兆赫兹的范围内的数千个恒星系统，特别适合于搜索地外生命的信号。到目前为止，还没有确定的 SETI 信号被发现。

1974 年，阿雷西博星际通信包括 1 679 个连续的字符，它以二进制的形式写出——这就是说，只用两种不同形式字符。在二进制的标记法中这两种字符是"0"和"1"，在实际的传输过程中每种字符各自由两种特殊无线电频率中的一种来代表。信息传输时，由阿雷西博天文台的无线电发射机按信息的规划，在两种无线电频率之间进行频率转换，以实现其传输任务。

通讯信息本身由 NAIC 的工作人员编制。信息被分解成每组 23 个字符，共 73 个

这幅图，名为《呼叫》，代表 SETI 的形式。它有趣地描绘了一个外星科学家在一个遥远太阳系的行星上，正操纵一个巨大的无线电转换／接收器望远镜序列。这个外星人正向外发送无线电信号至银河系，试图与另一个智能种族建立联系。这个智能种族也正使用这样的装置耐心倾听来自其他智慧文明传来的无线电信号。（帕特·罗菱斯）

连续的组，随后将这些组一个接一个地排起来。73 和 23 是主要的号码，外星人很容易发现，接收到的信息是按上述方式来破解的。下页图揭示了破解信息：第一个传输的（或接收到的）字符位于右上拐角处。

这一信息描述了一些地球生命的特征，NAIC 的科学家认为这将对外星文明具有极大的吸引力，同时这也是个技术交流。NAIC 的工作人员对星际信息的解释如下：

阿雷西博通信以一个解释数字系统怎么应用的"课程"作为开始。这个数字系统是二进制计数法系统，数字以 2 为单位写出，不是以 10 为单位写出，而在日常生活中十进制系统较为常见。NAIC 的科学家相信，二进制计数系统是最简单的数字系统之一，极易被破译成简单的信息。信息上端写出的（从左至右）是二进制标记法的 1—10 的数字。每个数字都被标记了数字标签——一个单独的字符，作为一个数字开始的标记符号。

此通讯信息中，下一个被传送的信息模块就在下面的数字里，有 5 个数字，从右至左分别是 1、6、7、8、15。这些数字序列最终只可能被解释成元素氢、碳、氮、氧、

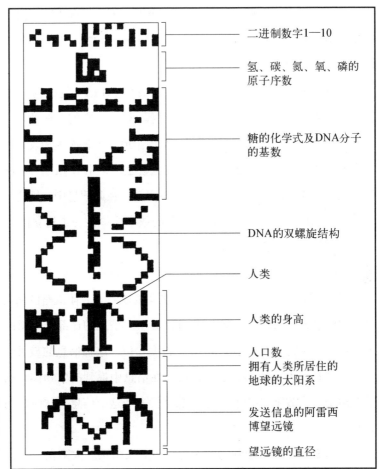

二进制数字1—10

氢、碳、氮、氧、磷的
原子序数

糖的化学式及DNA分子
的基数

DNA的双螺旋结构

人类

人类的身高

人口数

拥有人类所居住的
地球的太阳系

发送信息的阿雷西
博望远镜

望远镜的直径

1974年阿雷西博信息的译码形式。（美国天文和电离层中心工作人员弗兰克·D.德雷克）

磷的原子序数，不太可能被解释成其他意义。

接下来，是由12—30中任5个数字组成的12个排成直线的相似数字组，每组代表一个分子或基的化学式。每个数字组从右至左的数字提供氢、碳、氮、氧、磷在各自分子或基中所代表的原子数目。

由于信息的局限性，不能描述分子或基的分子物理结构，所以简单的化学式不能定义所有情况下的分子或基的准确特征。但在此信息中，这些结构按照信息描述的微分子组织形式进行排列。在M13星团某个位置的智慧外星有机化学家，最终能破解信息中描述的分子结构。

这些结构的最独特之处，或许是指出正确解释其他结构的钥匙是在轨道17—20、27—30上出现4次的分子结构。这个结构包括1个磷原子和4个氧原子，是比较有名的磷酸盐组合。在轨道12—15、22—25的外部结构中给出了一个糖分子化学式——脱氧核糖。在轨道 12—15，两个糖分子之间有两种结构的化学式——胸腺嘧啶（左边）和腺嘌呤（右边）。相似地，在轨道 22—25 的糖分子之间的分子是鸟嘌呤（左边）和胞嘧啶（右边）。

微分子或整个化学结构是脱氧核糖核酸（DNA）的结构。DNA 分子包含的遗传信息控制着所有地球生命形式、生命过程、行为。它的结构像是一个相互缠绕的双螺旋，信息中轨道 32—46 描绘了这一结构。地球上智能生命发展的复杂性和现有程度由在遗传密码里碱基的数目来表现，也就是说，由 DNA 分子的腺嘌呤-胸腺嘧啶和胞嘧啶-鸟嘌呤结合的数目来表现。事实是，在此信息中，轨道 27 和 43 之间的双螺旋中心显示的数字已证实，用在这儿的数字标签是为了建立信息的一部分——数字信息，而且显示数字从哪里开始。

双螺旋处于人体概略图之上。编写信息的科学家们希望以此来揭示 DNA 分子、螺旋尺寸、智能生命存在这几个方面之间的联系。人体概略图的右边是一条从头到脚贯穿"信息人"的线，数字 14 也伴随其中。信息的这部分是想传达这样的事实：图上的这种"生物"在大小上是 14 个长度单位，这种信息的最可能的一个长度单位是传播的波长，大约是 12.6 厘米，所以在信息中提到的生物体大约 176 厘米。在人体的左边是一个数字：40 亿。这个数字代表当这个信息传送时，地球这颗行星上的人口数目。

人体概略图下面绘制的是人类所在的太阳系。太阳在右端，左方跟随其后的是 9 颗行星，并粗略代表相应的大小。第三颗行星，地球，向上移动了一点位置来表明地球的特殊性。事实上，它已被移至靠近人体概略图的地方，意味着人类聚集在地球上。期待破译此信息的地外科学家能意识到地球就是发送此信息的智能生物的家园。

在太阳系和聚集人类的第三颗行星的下面是一架望远镜的图像。望远镜的概念被描述为一种在观察物体时，径直向目标物传播射线的装置。导致路径偏向的数学曲线被粗略地表现出来。望远镜没有倒置，而是镜头"向上"，是有关地球的象征。

在信息的末尾，指出了望远镜的规模。它是地球上规模最大的无线电望远镜，也是最大的能发送信息的望远镜（它被命名为阿雷西博天文台无线电望远镜）。它有 2 430 个波长的范围，粗略估算有 305 米。当然没有人能相信一个外星文明能拥有同我们地球一样的设备系统——但一些物理数据，像传输的波长，却能提供一个共同

你会对一个"小绿人"说什么呢？

假设真有一种智能的地外种族，离我们有 75 光年的距离，不仅能接收到我们的信息，而且很愿意与我们交流；如果人类真的成功完成了对外星智能的探索，那么我们会对外星人说什么呢？记住，无线电波以光的速度行进，将花费 75 年把一条信息沿轨道传送到进行外星交流的另一方。这个地外"电话呼叫"的间隔将会很漫长。实际上地球人对第一次星际交流满怀激动，最初的情形是：

地球：我是地球，有人吗？

（大概 150 年的漫长等待）

它们（可能的第一种回答）：是的，我们在，你们是谁（什么）？

或

它们（可能的第二种回答）：是的，这儿有人。你们想做什么？

或最后

它们（可能的第三种回答）：是的，有人。你们是谁，你们在哪儿？

好的，那么地球人该如何回应这几种假设的回答呢？此外，谁将代表地球呢？

或许我们能发出一些基本的数据和信息，类似 1974 年发出的阿雷西博星际信息，但那样很像一个很小的、匿名的、类似打印简报的假日贺卡。地球上的人类真的需要选择适当的信息传送方式以保证信息的持久性。举个例子，如果科学家决定发送有关最新技术成果的信息，那么在一个半世纪的漫长航行后，人类将会对这些已经"落后"的文明数据感到尴尬。想想一个半世纪前发生在地球上的科技变化吧。或许人类决定发送当今世界形势或是许多地球政治家或领导人的欢迎词，但即使是当今最火的新闻，在整个行星历史的背景下，大多会变得无聊琐碎，这些地外的观众很快就会丧失兴趣。

所以，对这些耐心等待来自其他恒星系统的无线电信息的"小绿人"，我们地球人该说什么呢？一位科学家认为应该谈些数学、物理和天文学。如果真如他们所愿能等到来自其他恒星系统的下一条信息，那么中间漫长的等待将将给人类下几代一些启示。另一位科学家建议发送一些人类创造的音乐作品，如果高频无线电或视频传感技术能应用的话，那么甚至可以发送艺术家伟大作品的摹本。或许美的创造和鉴赏在星系文明间是彼此交流的基础。

按照这些标准，地球上的人类和地外社会的第一次交流摘要如下：

地球：你好！有人吗？

（大约 150 年的漫长等待）

它们：是的，我们在这儿。你们是谁？

（另一个大约 150 年的漫长等待）

地球：我们是智慧的生物人类，我们生存的地方叫地球。听一些我们最美妙的音乐吧……

（又一个大约 150 年的漫长等待）

它们：你们打错了。（咔嚓挂断）

严格说来，在人类试图伸出手想接触跨越人类社会或行星空间的地外事物或人时，必须考虑清楚如何回应邀请地球人"聊天"的外空信息。谁将代表地球的人类发言？他们会提供哪些有关地球的信息？他们会问外星人哪些问题？

的参考框架。

这个星际通讯以 10 秒 / 个字符的速率传输，传输整个信息包花费 169 秒的时间。在信息传输完成后，仅 1 分钟时间就能把星际的祝福传到火星的轨道，这是非常有趣的。35 分钟后，信息进入木星的轨道；71 分钟后，它静静地穿越土星的轨道；传输后 5 小时 20 分钟，信息到达冥王星的轨道，离开太阳系进入"星际空间"。在宇宙的任意一处与阿雷西博无线望远镜尺寸和功能相当的某个望远镜可以探测到它发出的信息。

◎ "先驱者10号"和"先驱者11号"探测器的星际旅行

"先驱者 10 号"和"先驱者 11 号"，就像它们的名字所透露的一样，是深邃太空的真正探索者——这是第一个航行在小行星带的人造物体，是第一个进入木星及其强烈辐射带的航天器，是第一个进入木星的航天器，也是第一个离开太阳系的航天器。这些宇宙飞船还能勘测到磁场、宇宙射线、太阳风粒子以及漂浮在行星际空间的行星际灰尘团。

1972 年 3 月 2 日，佛罗里达卡纳维拉尔角空军基地，"先驱者 10 号"宇宙飞船由阿特拉斯-半人马火箭发射。它成为第一个穿越小行星带的航天器，首次在木星系里进行近距离的观测。当 1973 年 12 月 3 日它掠过木星时（与巨大行星最亲密的接触），发现巨大行星厚厚的云层的覆盖下没有固态的表层——这表明木星是一个液氢的行

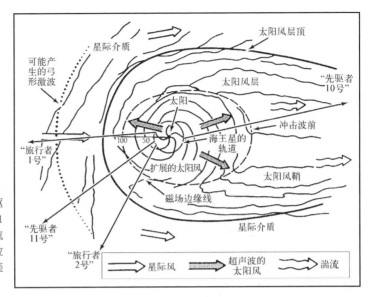

"先驱者 10 号""先驱者 11 号"及"旅行者 1 号""旅行者 2 号"的航行路径，通过太阳风粒子层进入星际介质。（美国国家航空航天局）

星。"先驱者 10 号"同样勘测到巨大的木星磁圈，拍到了红河谷引人入胜的特写照片，近距离观察了伽利略卫星木卫一、木卫二、木卫三和木卫四。"先驱者 10 号"飞过木星时，需要足够的动力燃料使它完全离开太阳系。

离开木星，"先驱者 10 号"继续进入太阳风粒子层（太阳的巨大磁泡区域，是太阳风所能到达的区域）。随后，1983 年 6 月 13 日，"先驱者 10 号"穿越海王星的轨道，海王星是离太阳最远的主要行星。这个具有历史意义的日期记录了人造物体首次经过太阳系的主要行星边界之外。一旦通过这个太阳系的边界，航天器就开始了它的星际空间旅行。"先驱者 10 号"会继续测量太阳风层的范围，与它的姊妹探测器（"先驱者 11 号"）一起，帮助科学家勘测深邃的宇宙环境。

"先驱者 10 号"驶向一颗红色的星，金牛座中的一等星毕宿五。它离毕宿五的距离超过 68 光年，完成此航程大概要 200 万年。1997 年 3 月 31 日，预算紧张迫使美国国家航空航天局终止对"先驱者 10 号"的常规追踪和项目数据处理。但是，"先驱者 10 号"的不定期追踪在 1997 年 3 月 31 日之后继续。美国国家航空航天局的深空网系统连续从"先驱者 10 号"上成功获取数据，一次是在 2002 年 3 月 3 日（发射 30 年后），另一次是在 4 月 27 日。最后一次检测到的探测器信号在 2003 年 1 月 23 日，在一条上行链路信息发出之后，这条信息是为了将剩下的操作设备——盖革计数望远镜关闭。但没有监测到下行链路数据信号，直到 2003 年 2 月初也没监测到一个信号。美国国家航空航天局工作人员总结，探测器上用来提供电能的放射性同

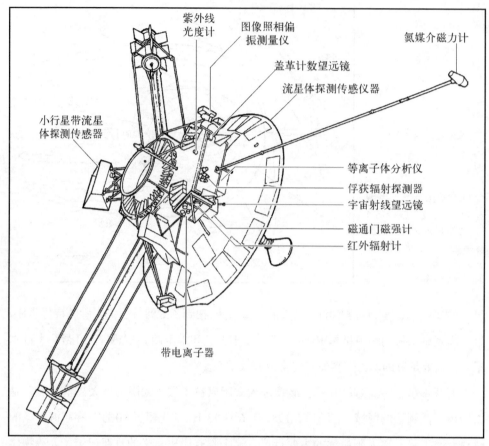

带有科学设备的"先驱者 10 号"和"先驱者 11 号"。每个宇宙飞船的电能都由经久耐用的放射性同位素热电式发电机来提供。（美国国家航空航天局）

位素热电式发电机（RTG），功率降到了操作其发射器所需能量水平以下，因此无论怎么努力也无法与"先驱者 10 号"取得联系。

　　"先驱者 11 号"于 1973 年 4 月 5 日发射。1974 年 11 月 2 日它飞过木星，相遇时两者之间距离仅 4.3 万千米。另外，探测器提供了详细数据和木星及其卫星的图片，包括首次观测到的木星两极地区的地貌。随后，在 1979 年 9 月 1 日，"先驱者 11 号"飞过土星，证明了木星光环中有一条安全的飞行路径，设备更加精密的"旅行者 1 号"和"旅行者 2 号"可以沿着此路径通过。"先驱者 11 号"（从那时起"先驱者 11 号"由官方重新命名为"先驱者土星号"）提供了土星的首次近距离观测，包括它的光环、卫星、磁场、辐射带和大气层的相关资料。太空机器人在土星发现没有固态表面，但发现它至少有一个额外的卫星和光环。在飞过土星后，"先驱者 11 号"会离开太阳系，向更远处的航行。

自发射后，"先驱者11号"使用后备的发射器。由于1985年2月RTG能源输出下降，因此启用器械能源共享。其能源水平不足以操纵探测器上的设备，技术操作和日常遥测术在1995年9月30日停止。在1995年末，与"先驱者11号"的联系完全终止。那时，该宇宙飞船离太阳44.7天文单位，以每年大约2.5天文单位的速度在星际空间运行。

两个"先驱者号"探测器都载着一条特殊的信息（叫"先驱者号"金属信息板）。某些智慧的外星社会，在几百万年之内会发现这项遨游在星际空间的信息。这项信息是一个图解，被刻在阳极电镀的铝制薄板上。这个薄板描述了地球和太阳系的位置、男人和女人，还有天体物理学和其他科学观点，这些将会被懂得技术的智慧外星人破解出来。

智慧的外星文明在几百万年内会发现、拦截"先驱者号"宇宙飞船，这块薄板试图告诉它们该宇宙飞船何时发射，从哪儿发射，由哪种智慧的生物制造。这块薄板的设计是一块雕刻的黄金的阳极电镀铝板，宽15.2厘米，长22.9厘米，大约0.127厘米厚。工程师们将此薄板与"先驱者号"宇宙飞船的天线杆连接，这样能够保护它，避免其因星际灰尘而腐蚀。

添加在薄板上的一些数字是对为了便于描述"先驱者号"薄板的信息。数字（1—6）被有意地添加在薄板上，为信息描述提供帮助。在最右边的（1）指出女人相对于"先驱者号"探测器的高度。在薄板的左上部的（2）画的是中性氢原子的超精细转换的简图，作为一个普遍的"标准"，它提供了银河系中时间和空间（长度）的基本单位。这个图解说明在氢原子中电子旋转的方向是相反的，描述的这个转换过程中发射出的代表其特性的无线电波，其波长大约21厘米。因此，按照提供的这幅图，地球的人类想告诉具有技术的智能外星人，在信息中人类选择21厘米作为基本的长度。当然，外星人会用不同的名称、不同的长度来构筑它们基本的物理单位体系，但在星系中，与氢原子无线电波的发射有关的波长是不变的。科学和一般存在的物理现象是一种普遍的星系语言——至少为发起者提供方便。（3）水平和垂直的标记代表了二进制形式的数字8，希望研究这块薄板的外星人最终能意识到氢原子波长（21厘米）乘以二进制数字代表的8（女人的侧面）可以表示她的整个高度——意思是，21厘米 × 8 =168厘米，即168厘米高。男女两人的图案试图展示建造"先驱者号"的智能人类的形象。男人的手抬起是一种友善的姿势。这些人的轮廓图是经过精心

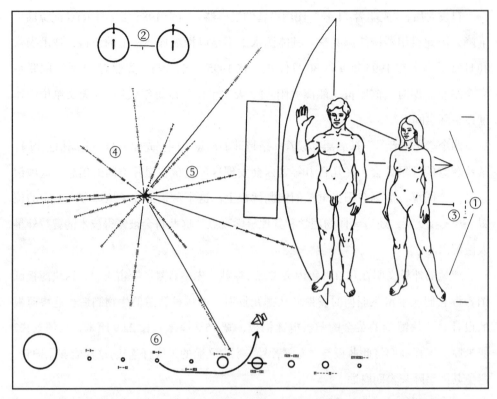

"先驱者10号"和"先驱者11号"的信息金属板图解。添加在薄板上的数字是为了便于信息描述：（1）指出女人相对于"先驱者号"探测器的高度；（2）是中性氢原子的超精细转换的简图；（3）代表了二进制形式的数字8；辐射状的图案（4）确定太阳系在银河系的具体位置；实线代表距离，没有二进制标志的长的水平线（5）代表从太阳到银河系中心的距离，而短实线代表从太阳到14颗脉冲星各自的方向和距离；（6）是一个人类所处的太阳系示意图。（美国国家航空航天局）

绘制的，代表一种中立的种族。另外，人类没有试图向外星人文化解释在地球上的"性别"——图画没有特别解释描绘的男人和女人潜在的不同。（4）这个辐射状的图案将会帮助外星科学家确定太阳系在银河系的具体位置。实线代表距离，没有二进制标志的长的水平线（5）代表从太阳到银河系中心的距离，而短实线代表从太阳到14颗脉冲星各自的方向和距离。跟随在这些脉冲星轨迹后的二进制数字代表了脉冲星的周期。知晓了氢原子转换的应用而建立的基本时间单位，智慧的外星文明能推论出所有时间大概是0.1秒——脉冲星的特有周期。由于脉冲星周期似乎在一个确定的速率下减速，所以脉冲星被视为银河系的时钟。外星科学家能够寻找天体物理学记录，以确定恒星系，从"先驱者号"宇宙飞船的起源、大约何时发射（即使每个宇宙飞船若干年也未被发现）等方面来进行研究。通过这个脉冲星图的使用，美国国家航空航天局的工程师和科学家既在银河空间也在时间上来定位地球。（6）为更好地辨认"先驱者 10 号"或"先驱者 11 号"的起源，在薄板上有一个太阳系的示意图。伴随每个行星的二进制数字表示该行星与太阳的相对距离。图上显示宇宙飞船的轨道从第三颗行星（地球）开始，在其他行星之上已稍微偏移。作为"先驱者号"探测器起源于地球的最终线索，图中宇宙飞船的天线指回地球。

这项信息由已故的弗兰克·德雷克和卡尔·萨根为美国国家航空航天局设计，琳达·萨尔茨曼·萨根（Linda Salzman Sagan，1940—　）提供插图。

◎ "旅行者号"星际任务（VIM）

当太阳磁场和太阳风的影响变弱，"旅行者号"无人驾驶宇宙飞船最终会穿越太阳风层，进入星际介质。按照（美国）航天局的"旅行者号"星际任务（这是官方从 1990 年 1 月正式开始的），"旅行者 1 号"和"旅行者 2 号"宇宙飞船将继续沿着它们的航线行进。

"旅行者号"星际任务的两个主要目标是：星际间和星际介质的研究以及两者之间相互作用的特征描述；并且继续"旅行者号"的紫外天文学成功项目。

在"旅行者号"星际任务过程中，宇宙飞船将寻找太阳风层顶（太阳风的最外层，与星际空间的界限），科学家希望至少有一艘"旅行者号"宇宙飞船在穿过太阳风层顶后仍然能发挥功能，并且提供它们首次进入的星际环境中的实际取样。两艘宇宙飞船中任何一艘的核动力系统都为其提供至 2015 年的可靠动力，除非遭到毁灭性失败。

每艘"旅行者号"宇宙飞船的重量是 825 千克，并且载着完整的科学设备，去研究带外行星、它们的卫星以及令人着迷的环状系统，这些设备的动力由一个经久耐用的核动力系统提供，此系统叫作放射性同位素热电式发电机。它记录下巨大的带外行星和其有趣的卫星系统壮观的近距离照片，来研究其复杂的环形系统，并测量行星间介质的特性。

每隔 176 年，巨大的带外行星木星、土星、天王星、海王星——它们以这种顺序排成一线，这时我们使用一种叫作重力助推的技术，让宇宙飞船在适当时机从地球发射到木星，有可能在同一任务中访问其他 3 个行星。美国国家航空航天局的空间科学家，把这种与多个巨大行星相遇的任务叫作伟大旅程，并于 1977 年利用这个独特的天体共线机会发射了 2 个先进的航天器，叫作"旅行者 1 号"和"旅行者 2 号"。

　　1977 年 8 月 20 日，阿特拉斯-半人马火箭载着航天器从佛罗里达的卡纳维拉尔角发射。（美国国家航空航天局的科学家把第一个发射的航天器叫作"旅行者 2 号"，因为第二个发射的航天器最终会超过前者，成为"旅行者 1 号"。）"旅行者 1 号"于1977 年 9 月 5 日发射，这艘太空飞船作为"旅行者 2 号"的双胞胎，沿着相同的轨迹超过它的同胞航天器，在 1977 年 10 月中旬进入小行星带。

　　"旅行者 1 号"在 1979 年 3 月 5 日与木星有最近距离的接触，随后利用木星的重力使自己旋转，驶向木星。1980 年 11 月 12 日，"旅行者 1 号"成功进入木星系统，随后向上航行离开星际轨道的黄道面。"旅行者 2 号"在 1979 年 7 月 9 日进入木星系统（最近接触），随后利用重力助推技术跟随"旅行者 1 号"到达木星。在 1981年 8 月 25 日，"旅行者 2 号"进入土星轨道，并随后继续进入天王星（1986 年 1 月24 日）和海王星（1989 年 8 月 25 日）轨道。太空科学家认为，"旅行者 2 号"成功进入海王星系，在星际探索史上开启了一个非同凡响的新纪元。

　　自它们从卡纳维拉尔角发射后，12 年间，这些难以置信的无人控制宇宙飞船对

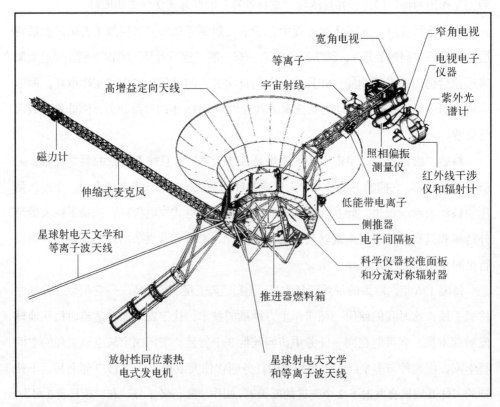

"旅行者 1 号""旅行者 2 号"宇宙飞船及其精密的科学辅助设备

太阳系巨大的带外行星的认识，比在地球上进行的三千多年的观察做出了更大的贡献。沿着海王星系统，"旅行者2号"也会在星际轨道上运行，像它的同胞"旅行者1号"一样，继续远离太阳向外航行。

由于两个"旅行者号"航天器最终的旅程将超越太阳系，它们的设计者在每个航天器上都放了特殊的星际信息，希望或许从现在起几百万年内，一些智慧的外星人将发现其中某一个航天器安静地漂在星际空间中。如果它们能找到使用记录的方法，那么它们将了解到同时代的地球文明和发射"旅行者号"航天器进行星际旅程的人类。"旅行者号"的星际信息是一个叫作"地球之音"的电唱机唱片，向那些外星文明介绍地球的文字、照片、图表等，以电子形式记录在上面。其中包括用五十多种不同语言写成的问候语，来源于多种文化和时期的音乐，以及许多种地球自然声音，例如风声、海浪声及各种不同动物的声音。"旅行者号"的唱片也包括来自前总统吉米·卡特（Jimmy Carter，1924—　）的信息。已故的卡尔·萨根在他的书《地球的私语》（*Murmurs of Earth*）（1978）中详细描述了关于行星的表音信息的全部内容。

每个录音唱片都是由带着黄金镀层的铜做成的，并且被放在铝制的防护罩内，也附带了怎么使用唱片的说明。下页的图解是附在"旅行者号"录音唱片上的一系列使用说明。在左上方是一张唱机录音唱片和其携带的唱针。

唱针周围写的二进制符号，是唱片旋转一周的准确时间3.6秒。这里，时间单位是1秒的7亿分之一，时间周期和氢原子的基本转换相关。这幅图进一步说明了唱片应该从外向内播放。画面的下面是唱片和指针的一个侧面图，上面有二进制数字，这些数字给出了播放一面唱片所需的时间（大约1

名为"地球之音"的铜制镀金唱片正由"旅行者1号""旅行者2号"宇宙飞船载向星际太空。（美国国家航空航天局）

小时）。

在说明图的右上角的信息想要展示录音信号是怎样构建为图片（图像）的。右上方的图画说明了图画开始阶段的波形。图片 1、2 和 3 的线条用二进制数字标出，并且一幅图片的线条的传播时间也被标记了出来（大约 8 毫秒）。画面下面立即展示了这些线条是怎样被垂直地画出来的，交错给出正确的图片画法演示。接下来，一幅完整图片的光栅呈现在下面，展示出一个完整的图画中有 512 条竖直线。然后，下面是录音唱片的第一个图画的复制品。这些会使地外的接收者核实他们已经准确破译的地球图片。第一幅图选择一个圆周以便确保任何发现此信息的外星智慧生物在图片重构时，使用正确的图样比例。

最后，在铝制保护罩的底部和"先驱者 10 号""先驱者 11 号"薄板上画的是同一幅脉冲图。这幅画展示了 14 个脉冲星相对于太阳系的位置，同时给出了它们的准确周期。在右下角带着两个圆圈的小幅图画代表处于两个最低状态的氢原子，带着连接线和阿拉伯数字 1。这表明从一个状态到另一个状态的转换的时间间隔被用来作为最基本的时间单位尺度，两个时间都被刻画在铝制保护罩和破译的图片上。

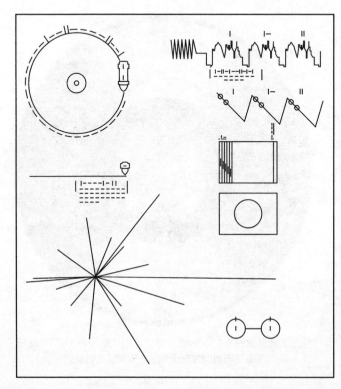

给外星社会的一系列说明，便于发现"旅行者 1 号""旅行者 2 号"宇宙飞船，也解释了怎样破解"旅行者号"唱片以及宇宙飞船和信息来自哪里。

本章将大大地激发读者的智力潜能，从现在起，几百年甚至上千年，人类未来的科技能在宇宙探索中发挥重要作用。本章对读者智力的锻炼，包括一些实实在在的、令人叹为观止的科技。有探索星际的无人驾驶飞行器，有往返于星际间且能够进行自我复制的系统，甚至还有能够搭载智能机器或是人类的宇宙飞船。本章还着重介绍了当前的科学技术，即人类能够有意识地将生命播撒到外太空。这些活动的第一步是在人类居住的太阳系内传播生命；接下来最主要的一步是在部分银河系，或其至是整个银河系孕育一波新的生命和意识。对太空探索富有远见的人以及支持者有时用"绿化星系"来描述这一人类行为。人类的科技和人类的文化在星际空间中传播，首先传播到邻近的恒星体系中，最后传播到整个星系中。

本章首先讨论了第一个月球基地以及火星定居点，这将为地外生命在太阳系提供一个稳定的立足点。未来一代的太空人类（真正的斯兰尼特族人和火星人）与极其复杂的机器合作，使用令人惊叹的行星工程技术，将邻近的星球改造成适合人类的居住地。人类太阳系文明日趋成熟，最终会以戴森球的特征出现。在未来，人类的后代决定探险星际太空——首先使用的是无人驾驶探测器，以及一种复杂的机器人，叫作自我复制系统载人宇宙飞船，或者是上述两种科技的一些结合。到第三个千禧年，机器人和人类在太空探索中的合作，会使人们意识到对宇宙的开发将最终决定我们人类的命运。

◎ 月球基地和定居点

多种因素（有些有利，有些不利）和对物理资源的评定很大程度上影响和改变了任何一份于 2007 年之后发表的月球基地发展方案。如果人类太空探索活动包括发展永久性月球基地，那么在 21 世纪将会发生什么事情？人们认识到在现代科技工程中的限制，本节对此做了概括性的回顾。

当人类回到月球时，将不再同美国国家航空航天局的"阿波罗计划"那样仅是一个简短的科学探索时刻，而是成为一个新星球上的永久居民。他们会建造基地，在那儿全面地探索月球表面，建立适应月球环境的特殊性质科学和科技实验室，收集月球上的资源，用以支持人类在外星球的扩张（包括在极地区域可能储存的月球上的冰）。

月球基地是在月球表面上永久居住的建筑群。在第一个长久的月球基地阵营中，一个人数有 10 人甚至可能 100 人的月球工作者队伍会开始对月球进行彻底调查。"永久"的意思是，人类将总是占据这个基地。人类在回到地球之前要完成一段 1~3 年的旅途。有些基地的工作者喜欢待在另一个星球。但与那些整个冬天都在南极考察站的科考队队员所经历的困难一样，有些工作者会出现孤独导致的心理问题。还有一些工作者会在月球基地或基地周围工作时，受伤甚至遭遇不测。

然而，部分的月球基地的开创者会把月球当作一个太空科学平台，为确定和定义月球在太空的发展中所发挥的具体作用，以作为 21 世纪和 21 世纪以后所需的基本工程研究。例如，在月球极地区域的永久冰冻的易挥发物（包括水）会改变月球基地的工作策略，让人加快开发一个可容纳 1 万甚至更多居民的月球居住地。

在火箭推动下，宇宙飞船离开地球 3 天便可抵达月球。月球为人类首次探索火星而演练硬件和其他操作提供了绝佳的场所。这幅图展示了鼓舞人心的火星太空飞行任务，包括一个适应月球环境的、用于火星探测的交通工具，该设备用来检验许多火星探测系统和相关技术。（美国国家航空航天局 / 喷气推进实验室 / 帕特·罗菱斯）

人们提出了很多建设月球的计划，包括：1. 建立月球科学实验室建筑；2. 建立月球工业建筑，以支持以太空为基地的制造；3. 建立用来观测太阳系和监测深空的太空天文台；4. 为往返于地球与月球之间的飞行器建立太空旅行的加油站；5. 为人类首次登陆火星提供训练基地。

社会学家和政治家认为，一个永久的月球基地也会成为一个革新政治、科学和文化的新天地——实质上，作为智能生物的我们，通过对月球的探索，对我们到底是谁的概念有了新的理解。同时，这也大胆地证明了我们用科技为人类做出贡献的能力。另一个关于建设永久月球基地的有趣提议是：月球基地可以用来装备一些导弹防御体系，以保护地球免受小行星或是彗星撞击的威胁。

由于人类在月球活动的逐步扩张，原始的月球基地将会成为一个约有 1 000 名永久居民的早期居住地。然后，随着月球工业进一步发展，月球上的原材料、食物和制造的工具开始支持整个地球与月球间的太空交易。月球上的居民人数会膨胀到约 1 万人，那时候，原始的居住地会繁衍出几个新的居住地——每一个居住地都可以利用某些特殊的位置或者月球表面上的资源储存。

22 世纪，月球上的永久人类定居点将会继续增长，人口将达到约 50 万人，享有丰富的社会经济资源，实现真正的自给自足。月球实现自给自足的时刻也会是人类的一个历史性的时刻。随着自给自足的、自治的月球文明的出现，未来的后代可以选择在哪个星球上生活和繁殖，因为从那时候起，人类会分别存在于两个截然不同的"生态圈"上——或者"地球上"或者"非地球上"（即外星）。

大部分发展月球基地的研究涉及把月球用作一个太空科学研究平台。月球上的科学设施享有独一无二的有利环境，支持天文、太阳和太空科学（等离子区）的观测。月球表面独一无二的环境特征体现在：重力小（为地球的 1/6）、真空度高、地震稳定、气温低（尤其是在永久阴暗的极地地区），还有月球背面的低无线电噪声环境。

月球还为天文学的发展提供了良好的环境——低无线电噪声干扰和低重力环境。长期以来，从地球发射的无线电无法触及月球的背面。由于未来的无线电望远镜设计最终会突破这种限制，人类最终会在这片祥和平静的区域安装通信设备，用来搜寻外星智慧生命。由在月球上的科学家发起的无线电天文学可以被看作"外星人"寻找另外的外星人。

月球也为实施更精密的干涉测量和天体观测提供了一个固体、地震较少、重力小

科学家目前怀疑月球极地的永久没有阳光的区域可能储存有重要的冰状水。如果证实这是真的，那么收集这些珍贵的资源将成为永久占领月球的重要组成部分。这幅图展示了在月球南极地区的一个陨石坑中建立的以太阳能为动力的基地，收集月球上的冰状水，为月球飞船制造机器人提供推动力（氢和氧）。正如图所示，在这幅图中，基地的居民将他们从极地的穹顶收集来的水进行循环，以遮挡太空的辐射。（美国国家航空航天局／喷气推进实验室／帕特·罗菱斯）

以及真空度高的平台。例如，超高清晰度的视觉观测、红外线观测和无线电观测使天文学家可以仔细地研究类似地球的太阳系外行星，它们可能环绕着几百光年外的附近的恒星。

月球科学基地也为生命科学家提供了一个独一无二的机会，去研究在微重力（地球的 1/6）和低磁场中普遍的生态进程。基因工程师可以在舒适，但物理上与地球的生物圈相隔离的地区进行他们的实验。地外生物学家在各种各样的外星球条件下实验新的植物和微生物。在特殊的温室设施中种植的经过基因改良的"月球植物"会成为主要的食物来源，而且还为月球居民补充新鲜的空气。

建设永久月球居住地的真正动力很可能源自人们对经济利益的追逐——自古以来人们的动力都来源于此，它推动了地球上大多数的科技以及社会、经济发展。从月球本土的物质中开发出有用的产品的能力会对月球文明进步的总体速度起到控制作用，一些早期的月球产品可以很容易地认出来。月球上的冰是月球上最重要的资源，尤其是被融化成水或者被分解成重要的化学物质氢气（H_2）和氧气（O_2）时。其他重要的早期月球产品包括：1. 氧从月球土壤中提取出来，作为在月球与地球之间旅行的交通工具的推进剂；2. 未加工的（例如大块的、加工最少的）月球土壤和岩石材料，用以遮挡太空辐射；3. 精炼的陶瓷和金属制品，支持在太空中的大型建筑结构和栖息地。

最初的月球基地是利用月球资源建造的成果，小型飞行器工厂的开设，为人类提供了在地球、月球轨道上使用原材料和成品。尽管实际距离很长，可是经证实从月球表面运送 1 千克的"物品"，比从地球表面上运送同样质量的"物品"所花费的成本要便宜得多。

月球上有大量的硅、铁、铝、钙、镁、钛和氧。月球上的土壤和岩石可以熔化掉，用来制造玻璃产品——纤维、厚片、管状以及杆状。通过烧结（指一种物质通过加热但未熔化，形成一种黏合块的过程）可以制造硅块和陶瓷制品。铁可以用粉末冶金熔化浇铸，或者转化成特殊形状。这些月球产品可以找到现成的市场——作为遮蔽材料，用于居民建筑，发展太空设施，以及用于发电和传输系统。

月球采矿公司和工厂将会增加，以满足整个月球与地球空间对月球产品的不断增长的需求。随着月球农业的出现（伴随着特殊的设施），月球甚至会成为我们的"外星粮仓"——提供由人类的外星居民消耗的大部分食品。

一个有趣的太空交易方案包括一个庞大的月球地表采矿公司。根据数量多少，为一个位于第四或第五拉格朗日点（L4 或者 L5）的巨大太空建筑，提供预先处理过的材料。这些月球材料主要包括氧、硅、铝、铁、镁和铬，它们封存在大量的复杂化学化合物中。

太空预言家通常认为，在 21 世纪末，月球会成为人类建造太空基础设施所需工业材料的主要来源地。

月球"殖民地"提供了不计其数的有形、无形的优势，这种优势作为月球永久居住地的创造和逐渐发展中的一部分，将会不断增加。例如，起源于独一无二的月球实验室的高科技发现会作为"先进的"想法、产品、技术等等，被直接引用到地球上合适的经济和科技方面上。人类永久出现在另一个星球（一个在夜晚的天空中令人惊恐的星球），会不断为仍在地球上生活的人类提供一个公开的星球哲学和一种宇宙命运的意识。决定在月球与地球之间的空间中冒险以及创造永久的月球居住地的人类后代会永远受到钦佩，不仅仅是因为他们的伟大科技和智能成就，还因为他们创新性的文化成就。第一代月球居住者的后代会成为行星间乃至星际间人种的第一代，这样的猜测已不遥远。月球被认为是人类到达宇宙的跳板。

◎关于火星前哨站和表面基地的设想

对于自动化的火星太空任务，宇宙飞船和火星车很小，但设备却齐全。然而，对于人类到火星地表的探险，要满足两个主要的需求：支持生命（住所）以及表面

这幅图展示了一个设想的火星前哨基地的主要结构，它能容纳 7 个探索火星表面的宇航员。这些主要的成分是居住模块、加压的漫游车、装备仓、气密过渡舱和直径为 16 米的可直立的（需充气的）居住点。这幅图中还出现了火星气球、未加压的火星车、储存工作区、地质试验区和当地的天线。在这一情景中，这个火星前哨基地的许多成分来自一个早期的月球试验床设施。（美国国家航空航天局／喷气推进实验室／约翰·富兰澈尼图／马克·多温曼）

这幅图展示了一艘前往木星星系的、由火箭推动的热核载人货运宇宙飞船。宇宙飞船正在火星的卫星火卫一附近的轨道上加油。随着人类把他们的势力范围扩张到了太阳系，火星上的永久居住地和火星两颗卫星上的加油站将在 22 世纪扮演一个主要的"边疆城镇"的角色。（美国国家航空航天局 / 喷气推进实验室 / 帕特·罗菱斯）

运输（流动性）。在需要长久维持人类生存的火星，火星表面基地内部的生活环境、能源供应和支持生命的体系趋向于复杂化，地表流动体系也更加复杂了。因为任何一个早期的对火星地表探索的任务都表明，火星的探索者和居住者从他们的基地飞了上百万千米来到火星，必须首先要利用火星资源来支持基地，这已经得到有力的证明。然后，需很快与发展成最终形态的自我维持的地表基础设施合为一体。

在一个候选方案中，最初的火星居住点类似于标准化的月球基地（或太空站）受压舱，从月球或地球的基地上，由核电推动（NED）的太空货运飞船以预制的状态运送到火星。然后受压舱会按照需要在火星的表面进行配置连接，受压舱由 1 米左右的火星土壤覆盖，以防止持续暴露在行星表面、由太阳光辐射或者宇宙射线所带来的致命影响。与地球的大气不同，火星上稀薄的大气无法很好地遮挡太空中的离子化辐射。

另一个火星基地方案包括详细制定的居住舱、建筑能量舱、中心基地工作设施、温室、发射与登陆建筑，甚至包括机器人火星飞机。火星上的温室为宇航员提供一些多样的急需饮食，随着早期的火星前哨或为一个足够大的永久人类居住地，必须建立温室体系以实现食物上的自给自足。在火星基地种植的食物会及时地支持人类离开火星、前往小行星带以及小行星带以外旅行的太空探索计划。

◎ 行星工程

行星工程，有时也叫作外星环境地球化，是对一个星球的环境做大规模的修改和处理，使之更适合人类居住。在火星的案例中，人类居住者可能会尝试通过增加氧含量，使空气密度更高，适合人类呼吸。早期的"火星人"（生活在火星上的人类）也可能试图改变星球的恶劣温度，使它的温度更加接近地球。金星是对行星工程的一个更加严峻的挑战。它的大气压力必须大幅度降低，烈焰一样的地表温度也必须大大降低，大气中过多的二氧化碳需要减少——也许最艰巨的任务是它的旋转速度必须增加，以缩短日照的时间。

显然，科学家和工程师讨论的行星工程，确实是一个巨大的长期的项目。改造一颗行星的环境，例如，火星和金星，使其地球化要花去几个世纪，甚至几千年。然而，我们可以在月球、火星的局部地区创造出生态环境。这种局部的星球改造计划可能能在几十年内完成。

行星工程的"工具"是什么呢？21世纪末的行星开拓者们如果仅用一些或根本不用维持生命的器械就能把目前不适宜人类生存的星球改变成适合人类居住的新生态圈，那么他们至少需要以下这些：首先，也是最容易被忽略的——人类的聪明才智；第二，对实施外星环境地球化的特殊行星或卫星的物理状况有透彻的了解（尤其是环境压力点的存在和位置，在那里对局部或物质平衡的微小改变会造成全球的环境影响）；第三，操纵大量能量的能力；第四，操纵行星表面或者物质成分的能力；第五，将大量的外星物质移到以太阳为中心的地区内任一地点的能量（比如小行星、彗星或者土星环的冰上货物运输）。

行星工程中经常提到的方法是利用生物技术使外星成为适合人类的生物圈。例如，科学家提议把多余的二氧化碳转化成自由氧和组合碳的特殊生物（如转基因的藻）运送到金星的大气中。这种生物技术不仅提供了更适合呼吸的金星大气，也可以通过减缓温室效应，降低金星目前难以忍受的表面温度。

另一些人提出使用特殊的植物（如转基因的地衣、小植物或者灌木），帮助改变火星的极地区域。这种植物表面呈黑色，因此可以吸收更多的阳光，从而降低这些冰冷区域中的反射率。吸收太阳能量的效率增加，及时地提升了火星全球温度，使长久冰冻物消融，包括冰的融化，这会提升火星表面的大气压力，产生温室效应。随着极帽的融化，大量的液态水可以流到行星的其他区域。也许，在21世纪末，最有趣的火星项目之一将是建造一系列大型的用于灌溉的运河。

当然，也有其他的候选方法来帮助融化火星的极帽。火星居住者会决定在火星的轨道上建造巨大的镜子，它们被用来聚集太阳光以直接照射到极地区域。另一些科学家建议将火星的卫星之一（火卫一或者火卫二）或者一个黑暗的小行星解体，然后用它的灰尘使极地区域变黑。这种行为会再次降低反射率，增加太阳光的吸收。

另一种地球化火星的方法是使用非生物的复制体系——也就是能够执行工作以及有自我复制系统（SRS）的机器人。（自我复制系统在太阳系中以及太阳系外传播生命的角色和功能在本章的后面部分讨论。）这些自我复制的机器可能比转基因生物更能适应恶劣的环境。

为了检查这种行星工程的范围及其重要性，我们首先假设火星地壳主要是二氧

这幅图展示了一个类似于行星工程的半球形居住地——这是太空时代早期关于如何使月球和火星部分表面成为"阿波罗计划"后几十年适合人类探索的大规模定居点的幻想。（美国国家航空航天局）

化硅（SiO_2），然后假设 100 吨的总体目标，拥有自我复制系统的"播种机"仅在 1 年内就在火星上制造出自己的复制品。这种自我复制系统单元使用火星本土的原材料，首先制造出同它本身一样的其他单元。行星工程项目的下一个阶段，这些 SRS 单元会被用来减少二氧化硅，使之成为氧，然后将氧释放到火星的大气中。在"播种机"到达的 36 年后，减少二氧化硅的能力将达到每秒钟释放 22 万吨的纯氧到火星的稀薄大气中。在约 60 年的操作中，自我复制系统单元的列阵会产生并释放 8.8×10^{17} 千克的氧融入火星环境中。假设通过火星的外大气层有一些微小的泄漏，这些"自由氧"也足够在整个行星上产生 0.1 毫帕压强的可呼吸空气，这压强大概相当于在陆地 3 000 米海拔的大气环境。

小行星在行星工程方案中也扮演着一个有趣的角色。有人已经提出，把 1~2 个"小"行星撞到火星的凹陷区域，并马上加深、扩大这个凹陷，形成一个或多个（相连的）深 10 千米、宽 10 千米的凹陷。人类创造出的撞击坑，深到可以捕捉更密集的大气——允许一个小的生态飞地或生态位的发展。在这些生态位中的环境条件从典型的极地条件变化到温暖、惬意的条件。

另一些将成为行星工程师的人提出，用小行星撞击金星以帮助增加金星的旋转速度。如果小行星以合适的角度和速度撞击金星表面，就可能会加快金星的旋转速度——这对任何一个行星工程项目都有帮助。不幸的是，如果小行星太小或者撞击速度太慢，那么效果会很小甚至没有效果；如果小行星太大或者撞击速度太快，则可能撞碎金星。

也有人提议将大量的核装置在分裂之前送入绕金星轨道运行的小行星上，并在这些小行星上进行核裂变。这些小行星会环绕着金星运转，产生巨大的灰尘和残云，减少金星摄入阳光的总量。反过来，这也会降低小行星表面的温度，小行星上的岩石自己冷却下来，并开始从金星密集的大气中吸收二氧化碳。

最后，另一些支持大规模行星工程的人提出开采土星环，以获取冷冻易挥发物质，尤其是冰状水，然后把这些大块的冰运送回太阳系的内部，以供火星、月球或者金星使用。

◎庞大的太空定居地——太阳系文明的特色

开拓太空通常被认为是重大的科学幻想中最重要的一环，包括人造的微型星球，其目的是在整个太阳系内传播生命和文明。早在太空时期开始以前，英国物理学家和作家约翰·德斯蒙德·贝纳尔（John Desmond Bernal，1910—1971）就在他1929年的一部幻想未来的作品《世界、人类和魔鬼》（*The World, The Flesh and The Devil*）中，推测了太空的殖民化和建造非常大的球形定居点（现在称为贝纳尔球体）。虽然贝纳尔使用的术语"太空殖民"已经被更为让人接受的表达"太空居住地"所取代，但他关于在太空中建立一个大的自给自足的人类居住地这一基本的想法激励了很多太空时期的研究。随后的研究引起了其他有趣的"殖民地"方案——一些是对贝纳尔的基本概念的工程推定，另一些则在形式和目的上都截然不同。

在太空中建造微型星球，这一长远计划的理念，就是创造性地从太空中攫取资源。总体说来，当人们想到外太空时，映入脑海的总是空荡荡的一片，没有任何有用的东西。然而，太空的确是一个富有资源的新领域，包括提供无限的能量（如太阳能）、大量的原材料和特殊的环境，这个环境既是特殊的（例如高真空，从陆地生物圈进入持续微动力、物理隔离的轨道入口），也是合理的，虽然太阳光代表着无法预测的威胁。

自从太空时代开始，有关陨石、月球、火星以及一些小行星和彗星资料，都显示外星蕴藏着丰富的矿物。这些着实吸引着人们的眼球。美国国家航空航天局的"阿波罗计划"对月球表面的考察证实，月球的土壤中含有90%以上建造复杂的太空工业设施所需的材料。月球高地的土壤富含钙长石，适合开采铝、硅和氧的矿物。在其他的土壤中也发现含有铁的大块颗粒，如铁、镍、钛和铬。分散于其中的铁颗粒精炼出来以前，可以从月球的土壤中（称为土被）收集。

20世纪90年代，美国国防部的"克莱门汀号"宇宙飞船和美国国家航空航天局的"月球勘探者号"宇宙飞船都获得了月球表面的传感数据。根据这些信息一些科学家指出，有大量的冰隐藏在月球永久阴暗的极地区域。如果这个推测经证实，那么月球上的"冰状矿产"可提供氧和氢——对永久的月球居住地和太空工业设施至关重要的资源。月球既能够为推进系统出产化学推进剂，也可以为建造在月球与地球之间的空间中的大型人类定居点的生命维持体系制造（再提供）材料。

巨大的矿产资源潜能、冰冻的易挥发物质储藏和策略性的位置都将使火星成为人类的新基地。依靠火星，人类可以向储藏丰富矿产的小行星带、巨大的外太空行星和它们的卫星扩张，聪明的机器人探索者会帮助火星上的第一批人类定居，这些火星

这幅图展示了一个位于月球和地球之间的大型太空定居点，该定居点约可容纳 10 000 人。在许多由美国国家航空航天局于 20 世纪 70 年代开发的研究中，这种太空居住点的居民会从月球，也可能从靠近地球的小行星中获取资源，建造大型卫星能量系统，然后为地球提供能量。（美国国家航空航天局／埃姆斯氏实验研究中心）

开拓者能快速而有效地评定新星球上全部的资源潜能。随着早期的火星基地成长为一个大型的永久居住地，可以生产推进剂、维持生命体系的消费品、食物、原材料和成品，以支持人类在太阳系以外地区的再次扩张。而不久，那些地方也会成为自给自足的"新殖民地"。货物飞船会定期在月球与地球之间的空间和火星之间旅行，运送两个外星"殖民地"市场急需的特殊产品。

小行星，尤其是靠近地球的小行星，代表了另一种重要的太空资源。目前，小行星的集合任务和陨石分析（科学家认为许多小行星源自大爆炸）表明 C 型小行星（C-type）可能包含 10% 的水、6% 的碳、大量的硫和一定数量的氮；S 型小行星（S-type）在主小行星带里侧靠近地球的小行星中很常见，可能包含 30% 的金属（铁、镍和钴的合金的高集中的自由的稀有金属）；E 型小星可能富含钛、镁、锰和其他金属；最后，在绕地球的球粒状小行星中，含有可使用数量的镍，可能比在地球上发现的最丰富的矿藏还要集中。

21 世纪末，太空居住者会利用大量的外星物质，并需要将外星物资移到太阳系所需要的任何一处。许多太空资源会用来支持行星交通运输或其他行星的基地建设，而这些太空交通补给站和星球基地将成为星际间的商业和贸易中心。例如，大气层的（航空器）采矿站会在木星和土星周围建立起来，开采类似氢和氦这样的材料——尤其是氦-3，这是一种在核聚变研究和应用中有巨大潜在价值的同位素。同样，也会在金星的大气中开采二氧化碳，在木卫二中开采水，在土卫六中开采碳氢化合物。大量的机器人宇宙飞船舰队会从土星环中采集大量的冰，而另外的无人驾驶宇宙飞船舰队则主要从小行星带开采金属。拦截选中的彗星的核子，开采冰冻的易挥发物质，包括冰状水。最后，在海王星的轨道外——即太阳系最外层的第八颗主要行星之外——柯伊伯带，其中有成百上千的冰态星子，尺寸从直径为米到直径为几千米不等。

◎遍及四方的人类太空城

"太空城"是美籍德裔机器人科学家克拉夫特·A. 艾瑞克（Krafft A. Ehricke，1917—1984）于 20 世纪 70 年代引入的一个概念。据艾瑞克所说，太空城是一个大的人造新星球——一个独立的、自给自足的人类生物圈，坐落在任何一个自然存在的天体上。在他策略性的想象中，这样的人造迷你星球（或者是小行星）利用质量比太阳系中自然星球有效得多。这些星球于约 46 亿年以前形成于原始的太阳星云物质。自然形成的陆地行星（地球、火星、水星和金星）以及在整个太阳系中发现的众多的卫星实质上是质量很大的"固体"球状物体。每个固体星球表面的重力源自大量物质的自我吸力。然而，每个自然星球的内部实质上对人类居住的前景是无用的。

太空城用旋转（离心惯性）代替大量的物质，来提供不同层次的人工重力。自然天体无法使用的固体内部（通过人类的聪明才智和工程）被有用的气密的可居住的圆柱体所取代。概念上，在太空城上的居民能够在一个多种重力层的迷你星球上享受真正多变的生活形式。在太空城的最外边有最高的重力层次，而在靠近核心的内部圆柱层的重力接近于零。

在艾瑞克所有的幻想概念中包含了一个尤为重要的想法。太空城不会与地球、月球体系联系起来，而是通过它巨大的太空工厂、农场和商业宇宙飞船队建立以太阳为中心的整个地区的贸易网。

这些巨大的太空定居点，包含约 1 万 ~10 万，甚至更多的人口，是古希腊时期的城市在太空时代的具体体现。多种层次的重力生活方式也吸引其他自然星球的移民——可能是改造过的火星、环境诱人的金星，甚至可能是巨大的外太空行星的大卫星。实质上，"太空城"的名字也暗示了人类细胞分裂的技术。当太空城的大部分居民群居在太阳系中的持续宜居带时，由核能控制的自治外星城市会允许他们的居民在整个外太阳系中追求身体上和文化上多样化的生活方式。

当然，人类已经有了最初的、自然的太空城——称为"宇宙飞船聚集地"。人类居民会使用他们的技巧和智慧，在太阳系中创造一系列这样的太空城或者其他适合居住的太空星球船队。由于人造的太空居住地数量的增加，大量人类居住者最后会环绕着太阳居住，吸收并使用太阳能。到那时候，人类的太阳系文明会创造出一个戴森球，宇宙文明进一步发展——迁移到恒星，这在技术、经济和社会上都是可行的。

◎戴森球

戴森球是巨大的人造生物圈，由智能生物在恒星周围创造，是智能物种在太阳系外恒星系内科技的增长和扩张。这一巨大的结构可能由一些人造的居住地和能有效阻拦来自母恒星所有辐射能量的微型星球组成。所捕获的辐射能量可以通过许多技术来转化，例如植物、热能直接转化电能的设备、光电电池以及其他异域的（尚未发现的）能量转换技术。

热力学第二定理规定，剩余的热能和无法使用的辐射可能会从戴森球的"阴面"散到外太空。根据现代工程热传递的知识，戴森球的表面温度低至 -73℃，高至 27℃。从星际的远处来看，上百万的人造结构有一个清晰的热红外线特征。如果一个直径为 1~2 个天文单位的天体，存在于先前所述的温度范围内，那就可能是一个外星文明的戴森球。

这一假设的天体工程项目的想法出自一位英国-美国的理论物理学家弗里曼·约翰·戴森。实质上，戴森所提出的理论基于马尔萨斯主义者的强制说法，认为先进的外星社会将扩张到我们居住的太阳系，最终控制全部能量和物质资源。那么这种扩张的范围可以有多大呢？

为进一步探索这个有趣的概念，科学家通常引用折中原则（即整个宇宙中的状况都是相似的）。用太阳系举例。太阳——G2V 级恒星——的能量输出大约是 4×10^{26} 焦耳/秒。为了达到期望效果，科学家和工程师把太阳作为温度约 5 800 K 的黑体辐射者。大部分的太阳能以电磁辐射输出，主要发生在 0.3~0.7 微米的波长范围，即与可见光的波长相对应。作为上限，大规模的天体工程建筑项目在太阳系中可用的质量可以以木星的质量为标准，约为 2×10^{27} 千克。现代人类在地球上的能源消耗约为 10 太瓦。接下来一步是假设陆地上的能源消耗每年增长 1%，以这种增长速度，仅在 3 000 年之内，人类的能源消耗就将达到太阳的能量输出。如今，几十亿的人类生活在一个生物圈地球上——总质量约为 5×10^{24} 千克。从现在起的几千年之内，太阳会被一群居住地所包围，约有几兆的人类。

戴森球可以看作太阳系内物理增长的上限。从能量和物质的观点来看，这是人类在星系的特定角落中能做的最好的事情。大部分假设的人造居住点最可能诞生在生态圈中，或者在恒星周围的持续宜居带——也就是距母恒星约1个天体单位。然而，这并不排除其他由核聚变能量所控制的居住点也会被发现分散在某一被拆散的恒星系中这一可能性。这些由核聚变控制的居住点可能也是第一批星际太空诺亚方舟的技术前身——庞大的星际宇宙飞船载着无数人类去探索其他星系，并在那里定居。

拿人类的太阳系和行星文明为参考，一些地外生物学家猜想在太空工业开始后的几千年内，一种智能物种会从行星文明（卡尔达舍夫Ⅰ型文明）中出现，最终占领一系列完全围绕着母恒星的人造居住地，创造完全成熟的卡尔达舍夫Ⅱ型文明。当然，完成了它们星系的戴森球，这些智能生物也会选择追求星际旅行和星系迁徙。这种决定代表了卡尔达舍夫Ⅲ型文明的开始（详见第八章对外星文明的讨论）。

戴森进一步假设，这些先进的外星文明的存在，可能会通过直径约为1~2个天文单位的三维太空中的物体上出现的热红外线特征被发现。迄今为止，复杂的太空红外望远镜，如美国国家航天航空局的射频太空望远镜也没有发现如此异常的物体。

戴森球当然是一个庞大的、难以实现的计划。每位读者也应正确地认识到，目前国际空间站（ISS）正在地球轨道组装，它将被视为人类最终建造的人造结构群上的第一个居住点，它也是太阳系文明中的一部分。

◎恒星飞船

也许在科幻小说中，在星系中运送和散播智能生命最常使用的方法就是恒星飞船——一种能够在合理的时间内，在恒星系中穿行很长距离的太空交通工具。建造这样的交通工具是一项巨大的工程挑战，因为在银河系中，即使最近的恒星，它们之间也相距几光年。在本书中，恒星飞船是用来描述能够载着智能物种到其他星系的星际宇宙飞船，而单纯的无人驾驶太空交通工具叫作星际探测器。

一架恒星飞船的性能需求是什么呢？首先一点，也是最重要的一点，恒星飞船以光速（c）飞行，要承受剧烈的摩擦。光速的10%（0.1 c）通常是恒星飞船可以接受的最低速度，而0.9 c的航行速度甚至更快的速度也是理想的。为了保持星际航行的时间合理，光速的航行能力是必须的，这既是为了文明，也是为了航行船员的安全。

让我们设想一下去往最近星系的旅行吧,例如阿尔法人马座(Alpha Centauri)——4.23 光年以外的第三星系。航行速度为 0.1 c,要花 43 年的时间到达那儿,然后再花 43 年的时间返回地球。这种以"相对低"的相对速度航行的方法也帮不上忙,因为相对于陆地上流逝的 43 年时间,飞船的时钟会记录 42.8 年的行程,换言之,去一次阿尔法人马座,船员的年龄约增长 43 岁。如果船员在 20 岁开始旅行,他们在 2100 年离开星系的外层区域,以 0.1 c 的相对速度航行,那么当他们到达阿尔法人马座星系时,他们约 63 岁,这是 43 年以后,也就是 2143 年后。返航时船员的情况也不乐观。当飞船在 2186 年返回星系的外缘时,幸存下来的船员已经 106 岁了。即使不是所有的,大部分的船员也可能已经因岁月流逝或因无聊而死了。

恒星飞船也应该为船员和乘客提供舒适的生存环境(假如是星际的诺亚方舟)。在一个相对狭小的隔离密闭的居住点生活几十年或者几百年,即使最能适应的人在心理上也会崩溃,他们的子孙也无法承受。为避免船员的这种压力问题,在科幻小说中最常使用的一种方法是让所有或者大部分船员都处在"蛰伏状态"——当交通工具在星际空间中飞行时,由恒星飞船的智能机器人控制飞船。

任何设计合理的恒星飞船也必须为船员、乘客、生物材料和敏感的电子器材提供足够的辐射保护。星际太空中弥漫着星系的宇宙射线。从先进的热核聚变引擎或者物质 / 反物质引擎(光子机器人)泄漏的核辐射也必须控制,以防进入居住舱。另外,当恒星飞船以接近光的速度飞行时,恒星飞船的外壳会被星际分子、灰尘或者气体撞到,这时将产生核辐射,也会给船员带来危害。例如,单个光子(为方便数学计算,假设这个例子中的光子是"不变的")遇上以光速的 90%(0.9 c)为速度的恒星飞船,在恒星飞船上的人看来,光子就像是加速的 10 亿电子伏的光子。想象一下,在高能粒子加速器的光束输出中飞行几年。没有正确的转向或者遮蔽,面对如此庞大的核辐射,在船舱中存活是不太可能的。

要真正实现飞船应有的功能,恒星飞船必须能够从它的星系开始随意飞行。恒星飞船必须能够加速到接近光速,然后减速,以探索一个新的星系,或者调查一个在星际空间的深处发现的飘浮着的荒废的外星恒星飞船。

本章没有讨论以接近光的速度在星际太空中航行的巨大困难。这里也要简单地补充说明一下,当飞船以接近光的速度飞行时,船员向前看,东西是蓝向移动的;他们向船尾(后)看时,东西就是红向移动的了。恒星飞船和它的船员必须能够独立

这幅图是一个星际喷气飞行器。这艘富有创意的恒星飞船的特征是用一个巨大的铲子（100平方千米）捕捉星际中的氢，作为维持热核反应的燃料。飞船的速度可达到光速的90％。（美国国家航空航天局／马歇尔太空飞行中心）

地找到在银河系中的这个位置到那个位置的正确路径。

使恒星飞船成为外星文明中可靠的一部分，所需要的最主要的技术是有效的推动系统，星际类群推动技术是在星系中出现掌握宇宙飞船的文明的关键，也是突破它自己星系的限制的关键。尽管发展恒星飞船有着巨大的工程困难，但人们还是提出了很多方案，包括脉冲核裂变引擎（Project Orion Concept）、脉冲核聚变方案（Project Daedalus Study）、星际原子能喷气引擎（Interstellar Nuclear Ramjet）和光子机器人。

不幸的是，根据科学家和工程师目前理解物理的法则和方法，所有已知的可能用来控制恒星飞船的现象和机制，要么是能量不够，要么是整个超出现今工程技术的水平。事实上，恒星飞船推动系统需要的太空科技要在至少几十年，甚至一个世纪或者更多年之后，是目前无法展望的科技水平。也许科学家对如何理解宇宙法则有新的发现，或者也许工程师开发了新方法去控制物质和能量。但是，在这些突破真正发生之前（如果它们真的能发生），人类乘坐恒星飞船去另一个星系的概念仍处在未来之梦和科幻小说中。

◎设计星际探测器

即使证实在未来几个世纪开发载人恒星飞船是不可能的科技，人类在复杂的机器人宇宙飞船的帮助下，仍然可以在其他恒星体系中寻找外星居民，在星系中传播地球上以碳为基础的生命。随着人类决定发射一颗或者更多的星际探测器，这样的工作甚至在21世纪初就开始了，但是收效甚微。尽管如此，在22世纪的某个时刻，最终会随着人类使用机器人宇宙飞船在整个星系中扩张的不断深入，竞争也逐渐激烈，我们的后代也会创造性地使用自我复制系统。

星际探测器是高级自动化的机器人宇宙飞船，它从一个星系发射，去另一个星系探索。很可能这种探测器会利用智能机器系统自动运行几十年或几百年。

机器人探测器一旦在新的星系上登陆，就开启一系列详细的探索程序。扫描目标星系，看是否可能含有植物。如果有所发现，机器人将进行更详细的科学调查。由探测器（也作为宇宙飞船母舰）和微型探测器（为了在新的星系中探索有用的个体而配置）所收集的数据会传回地球。经过几年的飞行，这些信号最终由陆地上的

这幅作品展示了人类首个星际无人驾驶探测器（ca.2075）。这个具有历史意义的飞行器，从太阳系启程踏上了科学探索的征程。（美国国家航空航天局）

科学家接收、分析。这些探测器持续提供一系列有趣而又出乎意料的发现，丰富人类对邻近星系的认识及生命传播形式的认识。

机器人探测器也可以携带经过改造的微生物孢子和细菌。如果机器人探测器踏上生态适合的行星，但生命尚未在那里进化，那么它可以决定在这片荒凉但又有开发可能的星球上，播种原始的生命形式。那样的话，人类（与机器人探测器合作）不仅可以探索邻近的星系，还能在银河系的某角落传播生命。

航空航天技术领域中的长远策略规划者，考察了第一个星际探测器在工程和操作方面的需求。这个探测器将于21世纪末发射到邻近的恒星上——可能距离在10光年之内甚至更近。这些具有挑战性的需求（所有都超出了现代科技水平1~2个等级）仅是简单提及。星际探测器也必须能够维持一百多年的自动操作。无人驾驶宇宙飞船必须能够管理自己的健康状况——也就是能够预测潜在的问题，检测不正常的状况，然后防止或者纠正这些状况。例如，如果副系统温度过高（但尚未超出热设计的限制），那么智能的机器人探测器会重新调配操作，调整热控制系统，以避免这种危险状况。

第一个星际机器人探测器必须具有高等的机器智能，能够执行人类设计的程序，在人类的指挥和帮助下修理、裁剪并进行硬件问题处理以及故障排除。智能机器人必须能仔细管理探测器上的资源，监督电能的生产和分配，分配消耗品的使用，决定在何时何地使用紧急储备量和少量供应的备用零部件。探测器上主要的电脑（即机器脑）必须使用数据管理技巧，能够对未知的或无法预期的环境变化做出回应。当遇到未知的困难或者机会时，机器人探测器必须能够修正任务计划，制定新的任务。

让我们模拟一次飞行任务。探测器的远距离感应器会发现在目标星系中，类似木星的超大行星周围，有很多存在大气和海洋的卫星（尚未发现）。人类没有发送微型探测器去调查超大行星，而是让智能机器人太空主飞船决定释放微型探测器去执行对这颗有趣卫星的近距离测量。由于（假设）发现卫星时，太空主飞船已经距离地球8光年了，而此时距离它所遇见的行星不过几光年，改变飞行任务的决定必须由无人驾驶的宇宙飞船做出。发送信息给地球、询问指令要花上16年多（往返来回交流），到那时，星际探测器已经经过目标星系，完全消失在星际空间中了。

同样，星际探测器（这里是指太空主飞船）上的器械和微型探测器必须能够学会演绎和归纳，反馈和测量无法预测的价值（高或低）的方法，以调整再回应的机会。

一些地球上的最伟大的科学发现就是因为偶然的测量或者无法预期的阅读而取得的。

因此，机器人探测器上的器械必须能够具有"人造思想"的好奇心，然后能够对无法预测但是很重要的新发现做出回应。机器人探测器必须具有机器智能。当新调查的数据很重要时，能够知道并进行判断。这对人类科学家来说是一项艰巨的任务，他们经常在实验或观察中漏掉最重要的部分。为了让机器人的机械脑在有重大发现时回应"eureka"（我找到了），这需要几十年的科技水平的发展才能达到。然而，如果人类使用机器人星际探测器，那么在有重大发现时，这些先进的机器也很管用。

单纯地从工程前景来看，星际机器人探测器必须由低密度、高强度的物质构成，以实现推动力最小化。记住，为了把去邻近恒星的飞行任务保持在 100 年左右，无人驾驶宇宙飞船应该至少能够以光速的 1/10（或者更快）的速度航行。如果速度比这慢，那么即使去最近的恒星的探测飞行任务都要耗时几个世纪。探测器工程师的后代必须有兴趣接受来自探测器（也许早被遗忘）的信号。

因此，这些早期的星际探测器飞行任务（使用先进的技术，但不使用复制技术）可能要耗时 100 年左右。

在机器人探测器的外部使用的材料必须在一个多世纪内保持完整，即使遇上恶劣的太空环境——例如离子辐射、低温、真空以及星际灰尘。无人驾驶宇宙飞船的结构也要能够自动重新布局。动力系统必须提供可靠的动力（典型的是 100 千瓦到 1 兆瓦的电力），在自动和自我维持的基础上，维持一百多年。最后，恒星探测器必须要自动从多种科学器械和恒星飞船健康状况感应器中进行应急数据采集、评估、储存和交流（返回地球）。

信息技术上的难度在于正确的器械标准和在传感器暂停运行几十年后的时期内采集数据。机器人探测器必须在 4.5~10.0 光年甚至更远的距离外把数据传回地球，并在几十年内正确处理数据。恒星飞船的信息系统在机器人探测器和它的微型探测器遇到的目标星系时，必须能够处理庞大的数据量。

尽管本节和本章剩下的部分讨论了由人类发射的无人驾驶宇宙探测器对邻近的星球进行探测活动，但读者不难发现相反的状况也有可能发生。外星文明可能距离地球 10~15 光年，科技方面比人类先进一个世纪，也许它们现在也在发射它们的机器人探测器调查人类的太阳系及行星。

◎ 自我复制系统的理论及运行

伟大的美籍匈牙利数学家约翰·冯·诺伊曼（John von Neumann，1903—1957）是首位深入思考自我复制系统的人，他的一部名为《自复制自动机理论》（*Theory of Self-reproducing Automata*）的书，由他的同事亚瑟·W. 伯克斯（Arthur W. Burks 1915—2008）编辑，于 1966 年出版——也就是冯·诺伊曼患癌症逝世 10 年后。

冯·诺伊曼对复杂机械有着广泛的兴趣，自动复制研究是其中之一。第二次世界大战期间的曼哈顿计划（高度机密的美国原子弹计划）中的工作把他引向了自动信息处理技术领域。通过这次经历，他对巨大、复杂的计算机思想产生兴趣。事实上，他发明了当今广泛应用的通用数字计算机的系统配置——冯·诺伊曼概念式连续存储程序，也被叫作冯·诺伊曼机器。

1945 年，冯·诺伊曼起草了一份报告，其中介绍了存储程序式计算机这一概念。他也认识到二进制在计算机设计简单性方面超过了十进制的方法。二进制被用于世界上首台电子计算器和数字计算机，即电子数字积分计算机（ENIAC）。它于 1946 年完成，包含了 1.8 万个真空管。它向"思考式机器"的进化跨出了重要一步。虽然 ENIAC 储存并操控十进制中的数字，但冯·诺伊曼使用二进制使数字计算机中的电路呈现只有两种状态：开或关、0 或 1（二进制符号）。

由于他的开拓性工作，冯·诺伊曼成为计算机科学的奠基人之一。他决定着手研究自我复制机器这个更大的课题。自动控制理论将他早期的逻辑证明理论和后来对规模巨大的电子计算机的成就（第二次世界大战期间和之后）很好地综合起来。冯·诺伊曼继续致力于错综复杂的自我复制机器工作，直到 1957 年去世。

冯·诺伊曼构想了几种自我复制系统，他把它们叫作运动式机器、细胞式机器、神经元式机器、连续式机器和或然式机器。不幸的是，在 1957 年去世前，他仅对运动式机器做了粗略的描述。

运动式机器就是最常提及的冯·诺伊曼式自我复制系统。对于这种自我复制系统，冯·诺伊曼预想一种用作"零件仓"的机器。运动式机器有一种记忆磁带，引导装置完成相应的机械程序。利用操作臂和四处移动的能力，这种自我复制系统能收集和组装零件。存储的计算机程序会指导机器选择某一零件，然后经过鉴别和评估，判定所选择的零件是否需要（注：在冯·诺伊曼所处的时期，微型处理器、微型计算机、软盘、只读光盘存储器和多亿字节容量笔记本计算机并不存在）。如果由操作臂所选择的零件不符合标准，它就会被扔回零件仓（也就是"返回零件仓"）。这个过程会一直持续，直到找到所需要的零件为止，然后执行组装操作。用这种方法，冯·诺伊曼的运动式自我复制系统最终会完成它本身的复制品——然而，它并不知道自己在做什么。当复制完成时，主机会在（开始的）空白磁带上复制一份自己的记忆磁带。主机磁带的最后一个指令激活机器后代的磁带。然后运动学自我复制系统的后代回到零件仓中搜寻零件，以组建另一自我复制系统单元的后代。

在处理自我复制系统这一概念时，冯·诺伊曼总结出这些机器应该包括以下特征和能力：（1）逻辑上的普遍性；（2）组建能力；（3）组建的普遍性；（4）自我复制。逻辑上的普遍性简单来说是作为通用计算机，其能力起到装置本身的作用。为了能够复制自己，机器必须能够操控信息能量和材料，这就是组建能力的意思。与之密切相关的术语"组建的普遍性"显示了在提供大量零件情况下，机器制造任何由一定数量的不同零件构成一定大小的机器的能力。自我复制的特征意味着原始机器只要有足够数量的组成机器的零件和充分的指令，就能够额外制造复制品。

冯·诺伊曼没有提出，但后来的调查者提出 SRS 装置的特征是进化。在一系列机器复制后，机器人后代能使它们自己成为更好的机器吗？机器人工程师和人造智能专家在开发这个思考式机器的部分能力——自我意识。

机器人能被造得足够聪明和警觉，从日常操作中遇到的经验中学习，从而提高它们的操作能力吗？如果可以，那么这样的提高能反映最初机器学习的水平吗？或者智能机器会产生意识并且意识到自己获取知识的能力吗？如果这种事情发生了，那么智能机器人会开始模仿它们的创造者——人类的意识吗？一些人工智能研究人员喜欢大胆地设想在遥远未来，一种先进的"思考式"机器人能够构想出勒内·笛卡尔（Rene Descartes，1596—1650）的哲学推测"我思，故我在"。自我复制系统单元展示了进化行为，它一定能够使机器达到某些形式的自我意识。

冯·诺伊曼的工作和其他调查者目前的工作中共提出了 5 种自我复制系统行为的种类：

1. 生产。从有效的输入中生产有效的输出。在生产过程中，单位机器保持不变。生产是由所有运行的机器完成的简单行为，包括 SRS 装置在内。

2. 复制。原始机器单元由其本身完成物理复制。

3. 增长。由原始机器的动作引起的数量增加，但仍保持原始设计的完整性。例如，

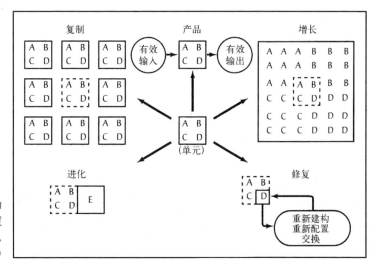

5 种自我复制系统行为的通用种类：生产、复制、增长、进化和修复。（美国国家航空航天局）

机器增加了额外的储存隔间，来保持零件或使材料供应更持久。

4. 进化。单位机器功能和结构的复杂性增加。这由增加或减少存在的子系统或由改变子系统的性能来完成。

5. 修复。由单位机器本身执行操作，从而帮助重组、重构或者替换存在的子系统，但不会改变 SRS 单元的数量、原始单元的质量或者功能的复杂性。

理论上，复制系统可以设计展示任何或者所有的机器行为。然而，当这种机器建成后，特殊的自我复制系统单元即使能够展示所有机器行为，也可能仅强调其中一种或几种。例如，由马歇尔太空飞行中心的乔格·冯·蒂森豪森（Georg von Tiesenhausen，1914—2018）和韦斯利·A. 达尔博（Wesley A. Darbo）于 1980 年提出的完全自动的通用自我复制月球工厂就是一种目的为单元复制、自我复制系统的设计理念。这种自我复制系统单元由 4 种主要的子系统组成。首先，材料处理子系统从外界环境中（月球表面）收集几种原材料，开始准备工业给料装置。然后，零件生产子系统用这种给料装置制造其他零件或者整个机器。

在这点上，概念式的 SRS 单元有两个基本的输出。零件将流向通用构造器子系统，在这里它们被用来制造新的 SRS 单元（这就是复制），或者会流向生产设施子系统，在这里它们制造商业实用产品。这种自我复制的月球工厂有其他附属的子系统，例如材料储存库、零件储存库、能量供应中心和命令与控制中心。

通用构造器制造完善的自我复制系统单元，也就是原始自我复制系统单元的精确的复制品。完成预先选择的自我复制系统单元数量后，每个复制品能够制造本身以外的复制品。通用构造器会维持它本身的自我复制系统单元和使其机器后代保持总体的命令和控制职责（C&C）——直到命令和控制功能被复制转移到新的单元中。为了避免在某些行星资源环境中，自我复制系统单元不受控制，以指数增长，掌控这些器械的人类为自己保留了最后一项命令和控制转移功能，或者设计的 SRS 单元的最终机器到机器的命令和控制转移功能能够由其他人的指令所驾驭。

SELF-REPLICATING LUNAR FACTORY

这幅图画描述了一个概念式的自我复制月球工厂的总体结构和基本组成部分。（美国国家航空航天局）

◎ 自我复制系统的地外影响

封闭（完全的自给自足）问题是设计自我复制系统的最基本的问题之一。在任意一个自我复制系统单元中，实现封闭有 3 个必需的基本需求：1. 物质封闭；2. 能量封闭；3. 信息封闭。有关物质封闭，工程师问：所有的完全式自我建造所需的方法中，自我复制系统单元都能操控物质吗？如果不能，那么自我复制系统单元就不能实现物质或材料封闭。同样，工程师问：自我复制系统单元是否能够产生足够能量、以适当形式为自我建造过程提供能量？如果答案是否定的，那么自我复制系统单元就没有完成能量封闭。最后，工程师一定会问：自我复制系统单元能成功地命令和控制完全式自我建造所需的所有过程吗？如果不能，那么信息封闭就没有完成。

如果机器装置只能部分自我复制，那么工程师说系统仅实现了部分封闭。在这种情况下，一些主要能源或信息需由外部资源提供，否则机器系统不能复制自己。

自我复制系统的功用是什么呢？自我复制系统技术用于地球和太空中的早期发展会开启超自动化时期，它将改变大部分的地球工业，为以太空为根本的有效的工业奠定基础。一个叫作圣诞老人的有趣机器，最初由美国物理学家西奥多·泰勒（Theodore Taylor，1925—2004）提出并命名。在这个 SRS 单元的独特场景中，完全自动化采矿、精炼和生产一体的装置，盛满大量的地球或地外材料。然后通过有超导磁性的巨大光谱摄制仪处理这些原材料。这种材料被转化成离子化的原子光束，按照基本元素的原子之间的顺序，进行分类库存。为了生产任何一个产品，圣诞老人机器要从库存中选出需要的材料，把它们汽化，然后注入一个模具中，把材料变成想要的形状。生产指令，包括适应新程序和复制的指示，储存在圣诞老人机器的一个巨大计算机中。如果产品需求增加，那么圣诞老人机器会自己开始生产。

自我复制系统单元可能用在大规模的太空建筑设计中（如月球采矿工厂），来简化并加速外星资源的探索，使行星工程技术成为可能。例如，太空飞行任务的计划者会在火星上配置自我复制系统单元，作为人类长久居住环境的开端。机器会使用局部的火星资源来自动制造大量的机器人探索工具，这些工具会被分散在火星的表面，寻找建立火星文明所需的矿物和冰冻的易挥发物质。仅在几年之内，约 1 000~10 000 个智能机器会在行星上疾驰，探索整个星球表面，为人类长久定居做准备。

复制系统也使大规模的行星采矿操作成为可能。使用自我复制系统工厂生产的表面和地表下的机器人勘探队，对地外物质进行勘测、绘制地图和开采。原材料可由成百上千的机器开采，然后运送到太空中需要的地方。一些原材料在运输过程中被提炼，剩余的残渣用在先进的推进系统的反应堆中。

大气采矿站可以建立在整个太阳系中许多有趣且能有所收获的地点。例如，土星和木星的大气中可以使用航空器开采出氢、氦（包括非常有价值的同位素氦-3）和碳氢化合物；云朵掩盖的金星可以开采出二氧化碳；木卫二可以开采出水；土卫六可以开采出碳氢化合物。用机器人飞船舰队阻截、开采彗星也可以产出大量有用的易挥发物质。同样机械化的太空舰队能够在土星环系中开采出刨冰。通过 SRS 单元能够制造大量的智能太空机器人装置。在主小行星带中大范围的开采工作能生产出大量的重金属。通过使用这些地外物质，这些复制机器原则上能够生产大量的采矿或者处理设备，甚至是接近行星轨道或者行星间的交通工具。这种大规模的操控太阳系的物质资源会发生在很短的时间之内，可能是最初引进复制机器技术的 10 年或 20 年之内。

从太阳系文明的角度来看，可能自我复制系统最让人激动的结果是它将为组织无限多可能的物质提供一条科技之路。大量地外储存的物质被开采、组织，来创造太空中更广泛的人类生存空间。在太阳系的某个外星球上的自我复制太空站、太空居住点和半球形城市提供了人类历史上从未体验过的多样性的生态环境。

自我复制系统提供了如此强大的物质操控能力，使人类开始考虑月球、火星、金星和其他外星球上更重要的行星工程（或者外星环境地球化）策略。在 22 世纪，先进的自我复制系统作为人类太阳系文明的一部分，会用来实施不可思议的天体工程技术。利用太阳总体的辐射输出的能量，由机器人协助建造的戴森球，是可能发生的大规模天体计划中一个激动人心的例子。

先进的自我复制系统技术也是人类探索和扩张太阳系以外区域的关键。这种应用证明了自我复制系统的神奇功能和无限潜力。

人类在星际空间旅行之前，会将智能机器人探测器作为侦察员发送到太空中，这似乎很符合逻辑。星际间距离如此遥远，研究量如此之大，使自我复制探测器（有时也称为冯·诺依曼探测器）再次成为执行类似搜寻外星智慧生命的大量其他星系详细研究的值得高度期待（不是必须）的方法。

一项关于星系探索的推测研究表明，对最近的 100 颗恒星的研究方式可能会因自我复制系统探测器的应用而变得乐观起来。事实上，自我复制系统探测器会使最近的 100 颗恒星在约 1 万年内、整个银河系在不到 100 万年内被直接勘测——人类会用一个自我复制星际宇宙探测器对其进行全面的开发。

当然，追踪、控制并接收由机器人探测器发送回恒星系统的、数量以指数级增长的数据并不容易。仅通过发送能够大量提炼收集的信息且把最重要的数据进行转换的智能机器，经其适度提取，将信息传送回地球，人类会避免一部分这样的问题。机器人工程师也会设计出一些这样的命令和控制层次系统，在此系统中，每个机器人探测器只与它的母机进行交流，因此随着探测器被发射入星系中，一系列原始转发站可以用来在星际太空中控制信息流和探索报告。

想象一下，当一两个引导探测器遇上智能外星人时会发生一连串什么样的反应。如果外星人态度敌对，那么星际中的警报会被拉响，花几年的时间以光速在太空中散播，经过一站又一站的转发站，直到地球收到通知为止。未来地球上的居民会发送更复杂的、或许是掠夺式的机器人探测器到那个星系中，从而做出回应吗？可能相反，我们的后代会通过在那个区域中放置警告性的立标来隔离这些好战的物种。这些警告性的立标会给任何接近此区域的自我复制机器人探测器的发出信号，把这个敌对的外星区域标记清楚。探测器防御系统也会发送讯号来加强星系隔离，把敌对的物种限制在星系的一个小范围内。

巨大的太空诺亚方舟早在 20 世纪由美国火箭专家罗伯特·哈金斯·戈达德（Robert Hutchings Goddard，1882—1945）首次提出。它是一种人类船员和机器人船员之间高层次的整合，它能从太阳系中起程，在星际空间中飞行。为了寻找含有合适的物质资源的外星系，太空诺亚方舟会经历自我复制。人类乘客（可能是离开太阳系的首批船员的几代后人）那时会重新把他们自己分配在主太空诺亚方舟和任何环绕特殊恒星的合适的太阳系外行星上。在某种意义上，原始的太空诺亚方舟是人类的自我复制"诺亚方舟"，任何地球生命形式都可能被带到这个巨大的、可移动的栖息地中。有意识的智能（即人类智能生命）分散在其他恒星系中的许多生态环境中，能避免宇宙大规模的灾难，如太阳的死亡这些能够使所有人类和类人类完全毁灭的灾难。天文学预计太阳的毁灭会发生在 50 亿年内——当我们的母恒星的核心中没有氢用来聚变，此结果就会发生。太阳会膨胀成红巨星，最终爆炸成白矮星。

自我复制的太空诺亚方舟使人类能够把意识波和以碳为基础的生命波（正如我们所了解的）发送到星系中。人类智能波的繁殖热潮有时也称为星系绿化，用先进的机器智能来推动星际发展的黄金时段——至少在银河系的一部分中。这种智能波能在星系中繁殖多远，是人类值得期待的。

◎ 自我复制系统的控制

当工程师讨论自我复制系统的科技和角色时，他们的话题总是不可避免地转到这个有趣的问题上来：如果自我复制系统失去控制，那么会发生什么呢？人为将单一的自我复制系统单元设置在太阳系和星际太空中之前，工程师和太空任务规划者就应知道如果事情失控，该如何拉开自我复制系统的木塞。一些工程师和科学家已经提出了一些合理的有关自我复制系统的技术。机器人工程师经常遇到的另一个有关自我复制系统技术的问题是,智能机器对人类生命是否是一个长期的威胁。特别是,机器是否会以先进的人造智能来发展进化,成为人类主要的资源竞争者和对手——超智能的机器是否能复制?即使缺少模仿人类智能的先进水平的机器智能,自我复制系统难以控制的以指数级的速度增长的潜力,也会对人类构成威胁。

这些问题不再完全存在于科幻小说中。科学家和工程师必须在这样的系统出现之前,开始研究先进机器智能和自我复制系统的科技,并且考察发展这种先进系统对社会的潜在影响。如果没有进行谨慎、合理的预见,那么在未来情况中,人类会发现他们自己正在与他们创造的智能生物争夺行星(或者太阳系)的资源。

当然,人类肯定需要智能机器来改善地球上的生活、探索太阳系、创造太阳系文明以及探索邻近的恒星。因此,工程师和科学家应该发展智能机器,但是他们也应该做好防护措施,避免在最终的未来情况中,机器与人类对抗,最后使人类成为奴隶或被灭绝。1942年,科幻小说家艾萨克·阿西莫夫在发表于杂志《惊》的科幻故事《借口》(*Runaround*)中为机器人行为提出了一系列法则。

近年来,这些法则已经成为现代机器人技术的热潮和文化中的一部分。它们是"阿西莫夫的机器人技术第一法则":"机器人不许伤害人类,或者通过采取措施让人类受伤";"阿西莫夫的机器人技术第二法则":"机器人必须遵守由人类发出的命令,除非这些命令与第一法则冲突";"阿西莫夫的机器人技术第三法则":机器人必须保护自己的存在,只要这样的保护不与第一和第二法则冲突"。这些所谓的法则中的信息代表了发展善意的对人类无害的智能机器人中的首要前提。

然而,任何复杂的、能够在结构混乱的环境中生存并复制的机器可能也能够在一定程度上执行自我编程或者自动发展(即机器的进化行为)。智能SRS单元最终能够按照人类储存在它们的记忆中的行为法则进行编程。随着智能机器人对环境了解的深入,它会修正它的行为方式,以便更好地适应需求。如果智能机器人自我复制系统单元真的"喜欢"当机器并制造(或发展)其他机器,那么当智能机器遇到必须以牺牲自己为代价来拯救人类生命的状况时,它会决定停止运行,而不是像重新编程要求的那样,执行拯救生命的任务。因此,它不会伤害处在危险中的人类,也不会帮助人类摆脱危险。从更长远角度来看,全部数量的"对人类无害的"机器人可能一样会让人类灭绝,然后占满这个星际角落的智能空间。

科幻小说包括许多有趣的关于机器人的，甚至关于机器人背叛创造它们的人类的故事。在亚瑟·C. 克拉克和斯坦利·库布里克（Stanley Kubrick，1928—1999）的电影大作《2001 太空漫游》（*2001: A Space Odyssey*）（1968）中，人类宇航员和星际飞船的智能计算机间的冲突就是很好的例子。这里简短的讨论的目的并不是挑起勒德式的回应，反对智能机器人的发展，而仅是提出一些有趣的研究和工程活动，由此对发展地球和整个星系的技术和社会影响进行思考。

以下的一个或者所有的技术都可以控制自我复制系统在太空中的数量。首先，人类建造者可以把含隐匿或秘密的限额命令的机器基因指令（嵌入式计算机代码）植入机器中。这种限额命令可以在自我复制系统单元出现限定复制数量后自动激活。例如，每个机器复制品完成以后，一个再生命令就会被删除——直到最后一个复制品完成后，整个复制进程就会终止。

第二，来自地球的以某一预定的紧急频率发送的特殊信号可以在任何时间关闭单个的、成组的或所有的自我复制系统。这种方法就像有一个紧急停止按钮，当人类按这个按钮时，会使受影响的自我复制系统单元停止所有的活动，马上进入一个安全的蛰伏状态。许多现代机器或者有紧急停止按钮、流量限额阀、热量限制开关，或者有控制电路断路器。自我复制系统单元上由信号激活的"全部停止"按钮只是这个安全工程装置的更复杂的版本。

对于低质量的可能在 100~4 500 千克级别的自我复制系统单元之间，数量控制会更困难，因为与质量更大的自我复制系统单元相比，它复制所需的时间更短。为了保持这些机器人遵守秩序，人类会使用掠夺式机器人。掠夺式机器人会编程、攻击并毁灭这些由于故障或其他原因引起数量超出控制的自我复制系统单元。机器人工程师也考虑使用通用破坏装置控制自我复制系统单元的数量，这种机器能够拆毁任何它遇到的其他机器。通用破坏装置能够在循环利用被掠夺机器人拆散的零件之前发现其记忆中的信息。目前地球上的野生生物管理员使用（生物的）捕食性物种来保持动物数量的平衡，同样，未来太空机器人的管理者会以线性供应方式使用无法复制的机器捕食者来控制行为不当的 SRS 单元的数量以指数级增长的趋势。

工程师最初也可以设计对机器数量和密度敏感的自我复制系统单元。只要机器感应到过于拥挤或者数量过多，就会失去复制的能力（即成为机器上的不育），停止操作，进入蛰伏状态——或者可能（像地球上的旅鼠一样）只要分散就要报告给中央机构。不幸的是，自我复制系统单元模仿人类的行为方式与人类太相近了，所以没有再编程的行为防护，过于拥挤会迫使这些智能机器之间为逐渐减少的资源供应（地球或地外的）而竞争、决斗，机器拆用，甚至一些高度组织化的机器人间的冲突将会发生。

希望未来人类工程师和科学家创造的智能机器，只模仿人类物种最好的特性。只有与智能的和行为良好的自我复制系统合作，人类才能有希望在某天将生命、意识和组织波发送到整个银河系中。

在很长一段时期之内，人类物种似乎有两条路：一是处于宇宙中物质和能量的总体进化计划中一个重要的生物阶段，二是进化到死亡的结局。如果人类决定把他们自己限制在一颗行星（地球）上，那么自然灾害或者蛮勇肯定会结束这个物种——也许仅在现在起的几个世纪或者几千年内。排除这些不容乐观的自然或人类引起的灾难，没有地外的新世界，地球社会也一定会因为它的封闭而停滞不前，而其他的智能外星文明（可能存在）则在星系中繁荣。

自我复制系统的科技为人类在地球以外的地方播撒生命提供了有趣的选择。人类的未来时代可能会创造自动的自我复制机器人探测器（冯·诺依曼探测器），并把这些系统通过探测飞行计划发送到星际空间中。人类的未来时代也可能选择开发紧密相连的（共生的）人机系统——一个高度自动化的星际方舟——它能够穿越星际区域，然后当它遇上有合适的行星和资源的星系时，能够复制自己。

按照一些科学家的观点，任何渴望探索距离它们的母恒星超过 100 光年的星系的智能文明，都会发现使用自我复制的机器人探测器更为有效。这种星系探索策略在一段时期后会产生大量关于其他星系的直接取样的数据。一项预测表明，假设复制的星际探测器能实现的速度是光速的 1/10，那么探索整个星系约花费 100 万年。如果其他外星文明（应该有这样的存在）也使用这种方法，那么外星文明之间的首次联系可能会是来自一个文明的自我复制的机器人探测器遇上来自另一个文明的自我复制的机器人探测器。

如果这种相遇是友好的，那么探测器能够交换关于它们各自母星球的信息和它们先前在星系飞行中遇到的任何其他文明的信息。最通俗的比喻是一个放置在智能瓶子中的信息，这个瓶子被扔进了海洋中。有一天，一位海滩拾荒者发现了这个智能瓶子，看到瓶子中收集到的星球海洋的信息。

如果星际探测器遇到了敌对的、好战的探测器，那么它们很可能猛烈地破坏彼此。这样的话，它们在星际中的旅行就结束了，因为两个探测器和有关外星文明存在的、不存在的信息财富都消失了。回到那个地球上简单的储存信息的智能瓶的比喻，不友好的相遇就是破坏了两个瓶子，它们沉入了海底，各自的信息内容也永远消失了。没有海滩拾荒者会发现瓶子，也没有人有机会看到瓶子中包含的有趣的信息。

在寻找其他智能文明中使用星际机器人探测器有一个明显的优势，就是这些探测器作为一个宇宙安全储存箱，即使在母文明消失很久以后，还会携带着星系中的文明的科技、社会和文化。美国国家航空航天局放在"旅行者1号"和"旅行者2号"飞船上的阳极镀金记录和他们放在"先驱者10号"和"先驱者11号"飞船上的特殊薄板，是人类第一次尝试在宇宙中完成小范围的文化传播的不朽之作（第九章讨论了这些飞船和它们所携带的特殊信息）。

星球进步和自我复制系统应该能够使它们自己运行更长的时间。一项由地外生物学家提出的推测表明，目前银河系中存在的外星文明只占全部的10%，另外的90%已经灭亡。如果这项假设是正确的，那么——在统计基础上——银河系中90%的机器人恒星探测器是灭亡很久的文明中仅存的人工制品。这些自我复制的恒星探测器也可作为数以亿万年后的星际太空的特使，在地球上以及在其他考古遗址发现并挖掘远古坟墓，穿越时间与早已消失的人类进行联系。

可能在21世纪末，人类太空探索者或者他们的机器替代者会发现废弃的外星机器人探测器，或者会发现一个手工制品。显然，这个手工制品并非来自地球。如果陆地科学家和密码研究学家们能够破译包含在废弃的探测器（或发现的手工制品）中的语言或信息，那么人类最终会知道至少一个其他的远古外星社会。发现一个来自已灭绝的外星社会上的运转的或已废弃的机器探测器也可能会引导人类调查者发现更多其他的外星社会。在某种意义上，通过发现并成功探寻外星机器人恒星探测器，人类的调查队伍或许也能被当作众所周知的《银河百科全书》（*Encyclopedia Galactica*）的一个有趣的版本——这是星系中成千上万的外星文明（大部分可能已经灭绝）的科技、文化和社会遗产的概要（第十一章也讨论了与外星接触的话题）。

有许多与星际自我复制探测器的应用相关的有趣的伦理问题。自我复制系统进入一个外星系，收获一部分那个星系的物质和能量，以满足它们自己的飞行任务的目标，这合乎道德吗？或者说，这公平吗？智能生物"拥有"母恒星、母行星以及存在星系上的来自其他天体的物质和能量吗？或者说，这些地方是否已被智能生物所居住？或者说，星系智慧生命有一个更低的门槛吗？在这个门槛标准以下，星球进步种族为了继续它们在星系中的飞行任务而盗用所需要的资源，会侵犯其他的恒星系吗？如果外星机器人探测器进入一个星系，索取资源，那么它该用什么标准判断当地生命形式的智能水平呢？这种智能机器人会不会扰乱或污染存在的有生命的生物圈呢？

对这种错综复杂的自我复制系统相关问题的更深层讨论和推断性的回应远远超出了本章的范围。然而，在没有提到宇宙道德中最重要的问题之前，这里引入的简短调查线索就没有结束。这个问题就是：既然人类已经开发了太空技术，那么人类以及他们的太阳系会高于（或低于）任何星系的文明吗？

11
人类与外星生命相遇：接触的结果

作家和影视工作者已将人类与外星人的接触发挥得淋漓尽致。19世纪末，由H. G. 威尔斯所写的《星球大战》，开创了描写外星人侵略地球这一题材的新类型科幻小说。

本章分两部分探讨外星人与地球人接触这一假想。第一部分包含对不明飞行物的猜测——一个老生常谈的话题，即外星人驾驶着不明飞行物观察访问地球。第二部分讲的是人类与外星生命——特别是当外星人的智商和科技也比人类发达时，接触的后果（通常是很糟的）。除此之外，本章还节选了一些科幻作品和图片来阐释这一假想。

1951 年，《地球停转之日》（*The Day the Earth Stood Still*）这一经典的科幻电影上映了，它改编自哈里·贝茨（Harry Bates, 1900—1981）所著的短篇小说《告别神主》（*Farewell to the Master*）（1940）。导演罗伯特·怀斯（Robert Wise, 1914—2005）开创了描述外星人与地球人接触这类题材的电影的先河。影片开始讲的是一艘飞碟降落在华盛顿特区，一个叫克拉图的人形生物和它的伙伴———一个叫高特的威力强大的机器人从飞碟里走了出来。它们都来自高度发达的星球。这是世界上第一部科幻影片，主要讲述强大的外星人心存善念来到地球，规劝人类放下手中武器，加入爱好和平的外星社会。克拉图带给人类的信息，简而言之，要么放弃毫无意义的核武器，要么就会像机器人高特所在的星球那样，在战争的摧残下毁灭。克拉图强调：在文明的星际中绝不会容忍侵略成性的地球人存在。而由于人类发展火箭和核武器，地球已经对星际和平构成了威胁。故事中的克拉图在执行和平使命时遇害了，机器人高特后来又将其救活。片中对这段情节的处理又蕴含着宗教思想。贝茨的小说中提出了一个有趣问题，但电影中却表现得很模糊：克拉图和高特，哪个才是主人？

1953 年，亚瑟·C. 克拉克爵士出版了他的传世之作《童年末日》（*Childhood's End*）。小说开始讲的是一群叫作"王虫"的外星生物乘着巨型宇宙飞船来到地球，它们并没有敌意，驾驶着宇宙飞船绕地球飞行，并且帮助地球人步入"黄金时代"，而人类为这个乌托邦世界所付出的代价则是逐渐失去创造力和自由。小说的结尾留出悬念，人类与"王虫"（最终被描绘为长有角和尾巴，如魔鬼一般的生物）交往的后果是，人类失去了童年，过着另一种安逸的生活。

随后，大导演斯皮尔伯格又制作了两部具有传奇色彩的电影。这两部片子告诉人们：怀着友善目的的外星人同普通人接触的概率到底有多大。在拍摄于 1977 年的科幻大片《第三类接触》中，斯皮尔伯格把不明飞行物引入了人们的视线。科技发达且心地善良的外星人来到地球，它们在世界各地挑选人类，然后把他们聚在一起，这个聚集点就在怀俄明州的魔鬼塔。影片还包含一些紧张刺激的元素，美国军方封锁了该地区，并且不允许受到外星人邀请的人进入。影片结尾可谓场面宏大，一艘外星母船从天而降，人类与外星人（斯皮尔伯格将它们描述为大脑袋、光头、灰色皮肤的瘦小生物）用乐器进行了"第一类接触"（影评家们声称，斯皮尔伯格为的是这部电影能与流行于 20 世纪 50 — 60 年代之间的外星人诱拐传说相呼应）。影片结尾，被选中的人类成功登上魔鬼塔，外星人邀请他们进入宇宙飞船，随后一起访问其他的行星。在有关不明飞行物的术语中，这种友善的接触被归为"第三类接触"。

斯皮尔伯格的第二部作品《E.T.：外星人》，E.T. 即 "Extra-Terrestrial"（外星）的缩写，最初是在 1982 年上映的，随后又在 1985 年和 2002 年重映。这是一部制作精良的电影，讲述的是小男孩（艾里奥特）同他的外星伙伴（绰号"E.T."）交往的故事。故事的开始，善良的小外星人同它的伙伴们来到地球，作为外星生物学家，它们一同探索加州的一片森林，并在那里采集标本。但是，面对人类政府突如其来的追捕，它们进退两难，惊慌失措。在余下的部分里，这部奥斯卡获奖影片将小男孩与"E.T."躲避追捕的过程表现得妙趣横生。这部电影讲述人类在同外星人接触时也包括了一些谎言。人类野蛮地抓捕外星人，表面上打着科学的旗号，实际上政府却想抓住外星人进行解剖研究，而这些来自外星的生物，它们对人类无害，只是因事故在地球迷失了方向。而外星人 E.T. 试图架设天线与宇宙飞船上的伙伴取得联系，这一片段也成了影片中精彩的片段。最后，斯皮尔伯格运用了好莱坞的特效，给这部"第三类接触"题材的电影画上了完美的句号。

这部电影提出了一个非常有趣的星际道德问题。一种智慧生物是否有权捕捉另一种智慧生物，即使目的是科学研究。换句话说，一种高级的智慧生物可不可以把其他来自太阳系某个星球或是其他恒星系上的低智慧生物放进动物园、实验室，或是一些研究机构？

◎不明飞行物（UFO）

不明飞行物指人们在空中看到的、不能确定其属性的飞行物体。实际上，人们观测到的大部分不明飞行物事件都可归为自然现象，只是这些自然现象可能超出了观察者的经验及知识范围。这种情况的不明飞行物报道包括：人造地球卫星、飞机、高空气象气球、特殊形状的云彩，甚至还有可能是金星。

然而，人们不能根据现存的资料及一些自然现象对另一类目击事件进行合理的解释。第二次世界大战后，对此类事件的调查激起了人们对不明飞行物的猜测，一种流行（尽管在技术层面很难解释）的假设是外星人靠驾驶着这些不明飞行物监视、探访地球。

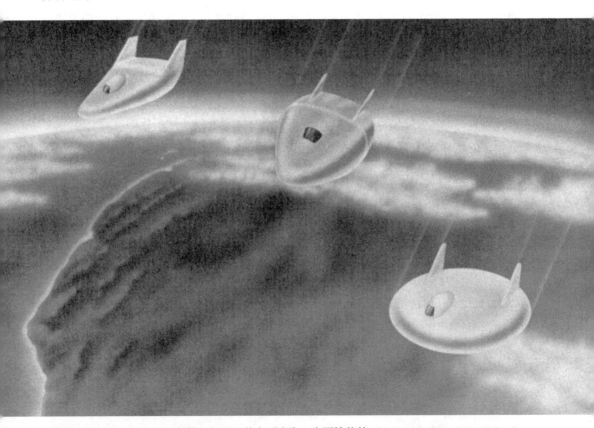

在这幅图片里，3 个小扁豆般的飞行器（从左到右为：半圆锥状的 Ames M2-F1、Ames M1-L 和扁豆状的兰氏飞行器）是由美国国家航空航天局于 20 世纪 60 年代研发的，用于连接返回地球大气层的宇宙飞船。这些无翼且能够垂直起飞的飞行器很容易让人联想到飞碟。（美国国家航空航天局 / 德莱顿飞行研究中心）

现代人对于不明飞行物的兴趣始于 1947 年的一次目击事件,这次目击事件的主角是一位名叫肯尼思·阿诺德(Kenneth Arnold,1915—1984)的民航机飞行员。他声称在位于华盛顿的雷尼尔山谷上空发现了一个神秘的发光圆盘。报纸随后引用了他的"发光的盘子"这一词,流行术语"飞碟"就随之诞生了。

1948 年,美国空军开始调查 UFO 事件。最开始,美国空军将调查取名为"信号计划"。到了 20 世纪 40 年代晚期,"信号计划"又被"怨恨计划"取代,而后者则成为"蓝皮书计划"的雏形。在"蓝皮书计划"中,美国空军调查了 1952—1969 年所有关于 UFO 的报道。1969 年 12 月 17 日,美国空军秘书最终宣布正式终止"蓝皮书计划"。

美国空军决定终止"蓝皮书计划"根据是:① 一篇报告的评论,这篇报告名为《对不明飞行物的科学研究》,由科罗拉多大学撰写[该报告还以它的作者爱德华·乌勒·康登(Edward Uhler Condon)命名,称为"康登报告"];② 美国国家科学院对该报告的审查;③ 先前的 UFO 研究;④ 美国空军近 20 年来研究 UFO 报告的经验。

美国空军根据所有相关调查研究和自 1948 年参与 UFO 报告调查所取得的经验得出以下结论:① 经美国空军评估,所有 UFO 事件皆未对国家安全造成威胁;② 美国空军没有发现任何证据表明这些目击事件超出了人类科学所能解释的范围;③ 没有任何证据表明目击事件中涉及外星飞行器。

随着"蓝皮书计划"的终止,由美国空军创立并实施的 UFO 调查研究计划也告一段落。"蓝皮书计划"中所有的调查研究都转移到了位于华盛顿特区宾夕法尼亚大街第 8 号街区的国家档案馆现代军事部,人们可以随时观看查阅。如果有人想浏览这些材料,只需要简单地通过国家档案馆获得研究者的许可即可。"蓝皮书计划"中共 12 618 个目击事件,其中 701 个仍被归类为原因不名。自从"蓝皮书计划"终止以来,也没有任何目击事件"翻案"。近来一些报道称不明飞行物侵入美国北部领空,这曾引起了美国空军的兴趣,不过主要原因是美国出于国防的考虑,除此之外,美国空军不再调查任何 UFO 事件。

在过去的 50 年里,关于 UFO 的话题激起了人们许多议论。一些人对 UFO 的狂热体现出了一种类似于宗教的崇拜。而不管这些目击事件是真是假,没有一件能比1947 年夏天发生在新墨西哥州罗斯威尔镇的 UFO 事件更引起人们的热情。这起事件被称为罗斯威尔事件,人们普遍认为这是一起典型的 UFO 事件。大量的目击证人,

这张不同寻常的邮票是由格林纳达于 1978 年发行的，为纪念对不明飞行物的研究，邮票左侧是图画是人们想象中的 UFO 的样子，右侧是一张拍摄于 1965 年的还未证实的 UFO 照片。（作者）

其中包括军方人员及当地名流，都称见到了人形生物和外星的高科技装置，而政府对这件事的遮掩让就连最不相信有外星人存在的人也不得不犹豫了。不计其数的文章、书籍和图画也在那几年不可避免地争相刊登了该事件——一艘外星飞行物坠毁在新墨西哥州的沙漠上。

迫于大众对罗斯威尔事件的关注以及政治的压力，1994 年 2 月，美国空军得到通知，国会下属的研究机构美国总审计局将就 1947 年的罗斯威尔坠机事件召开听证会。美国总审计局的调查工作实际上牵涉了许多机构，但重点还是锁定在了美国空军上。美国总审计局称美国空军隐瞒了大量关于罗斯威尔事件的事实。总审计局研究小组对美国空军档案馆及科研设施进行了检查。为了找到这次奇特坠机事件的信息及外星人的尸体，调查人员查阅了大量的文件，其中包括各种飞机坠毁失踪事件的资料，有关导弹的常规实验（新墨西哥白沙）甚至核事故的信息。

1978—1980 年间，围绕罗斯威尔事件的研究重新兴起。在此之前，此事一直被搁置一边，主要因为美国空军的官员发现了那时遗落在罗斯威尔的飞行器残骸竟然是气象气球上的。并且，美国总审计局的调查也说明美国空军并没有隐藏什么外星飞行器和外星人。然而，当时的记录却揭露了另一个秘密——"孟古尔计划"，该计划的主要内容是：在冷战时期，美军试图用热气球侦查苏联人的核试验。对比了大量资料后得出的结论，罗斯威尔当地的散落物极有可能来自"孟古尔计划"中的一个气象气球，而这个气象气球在那时并没有被回收。美国空军总部还在1995年发布了一篇名为《罗斯威尔报告：新墨西哥沙漠上的真相与猜测》的报告，该报告是政府对大众关于罗斯威尔事件的回答。同时，美国国家航空航天局也代表白宫对大众做出了回应，民间的太空机构并没有从事飞碟的研究，政府机构也一样没有。

"蓝皮书计划"中另一个成果是：J.艾伦·海尼克博士（Dr. J. Allen Hynek，1910—1986）对UFO目击事件的分类，他将UFO的目击事件的报告分为6类。A类报告为目击者在夜晚看到空中有发光体，对这类事件的解释一般是目击者看到了行星（一般为金星）、卫星、飞机或流星。B类报告为目击者在白天看到了发光的圆盘或是如雪茄一般的金属飞行物，对这类事件的解释通常是目击者看到了气象气球、小型充气艇或是飞机，也有可能是别有用心人的恶作剧。C类报告为在雷达上出现未知的影像，或者影像突然出现随后很快消失，对这种事件的解释是昆虫群、鸟群、飞机，还有可能是一种被雷达观察员称为"天使"的不寻常的自然现象，即一种能随雷达波产生传导的现象。D类报告为目击者近距离与不明飞行物相遇（在适宜的范围内，较清楚地看到UFO），具体来说，目击者通常在报告中提到"不明物体看起来是外星宇宙飞船"。E类报告为目击者声称不仅看到了UFO，还发现外星宇宙飞船留下的物理性证据（如烧焦的地面、受到辐射的动物等），这种类型的目击事件为"第二类接触"。最后，F类报告为当事人称看到、接触到外星生物。该类报告称为"第三类接触"。有关外星人的传闻可谓包罗万象，从目击，到与外星人联系（通常是电报），再到目击者被外星人绑架，随后放回地球。还有甚者，外星人将地球人绑架加以引诱，不过，这对于一个同地球人相差甚远的物种可真是个挑战！

尽管有关UFO的事件不计其数，但如果要求科学家们对这些报道进行评价，那么科学家们就不得不参考一些主观的分类标准，只有这么做，他们才能确认哪些事件中含有令人信服的证据，证明外星小绿人的确乘着UFO来到过地球。

知识窗

UFO 报告分类标准

以下的分类标准参考 J．艾伦·海尼克博士的分类和美国空军"蓝皮书计划"。

A 夜晚的光

B 白昼的光（白天可见的光盘状物）

C 雷达探测（在雷达上显示出来的）

D 在适中距离可见到的外形飞行物（通常称为"第一类接触"）

E 观察到外星飞行物并且有外星飞行物留下的物理痕迹（通常称为"第二类接触"）

F 看到外星人，包括和外星人的身体接触（通常称为"第三类接触"）

知识窗

UFO 证据分类标准

以下的主观证据的分类标准参考自 J．艾伦·海尼克博士的文章和美国空军"蓝皮书计划"。

价值极高

① 外星人或外星宇宙飞船

② 外星人或外星宇宙飞船留下的

物理证据

③ 真实的外星宇宙飞船或外星人的照片

④ 人类的目击报告

价值最低

不幸的是科学家们还没找到令人信服的资料符合证据分类标准1—3。相反，科学家们找到的证据都符合最没有说服力的第四类。甚至连最可靠的人提供的证词也因时间而有更改，难以自圆其说。人们的证词中也没有什么科学成分支持外星人存在假说。

从哲学的角度上说，UFO 的存在也是不符合逻辑的。就算宇宙中的确存在外星人，目击者的证词也与科学家们对高度发达外星人行为模式的推测不吻合。以人类目前对物理定律的理解来看，即使技术方面可以达到，实际的星际旅行依然面临巨大的挑战。任何一个拥有高科技的外星种族，既然能做到在星际间往返穿梭，那么也一定能制造出技术成熟的远距离遥感装置。有了这种仪器，外星人就可以静静地观测地球，除非它们想暴露自己。如果它们真想与我们接触，那么它们会在地球人集中的地方出现，或是会在地球首脑们集中的地方出现。难道外星人会在偏僻之地出现，露一下面，然后飞天而去？这样想不仅是对外星人智慧的轻视，更是对人类智慧的侮辱。再说，如果外星人真的存在，那它们又为什么不在橄榄球比赛的时候降落在玫瑰碗体育场，或是降落在国际宇航员或天体物理学家开会的地方？又为什么进行这些短暂的访问呢？总之，美国国家航空航天局发射的"维京号"探测器已经在火星上采集资料多年，很难想象外星人也会花费如此大的精力送机器人或是自己亲自来到地球，目的却是只想在地球人面前"炫"一下。如果不是，那么它们这样做难道就不怕引起地球人的注意？既然如此，那为什么又有如此多的目击报告呢？用简单的逻辑想，关于 UFO 的假说，无论是从外星人还是地球人的角度讲，都没有任何意义！

自从 20 世纪 40 年代以来，成百上千的 UFO 目击报告冒了出来。难道外星人对地球就那么感兴趣？难道我们的星球是外星人交通的中转站？莫非相当于太阳系的带外行星，它们在那儿停放宇宙飞船，给宇宙飞船补充燃料（一些人曾经提出过这个假设）？让我们根据宇宙测量法做个简单的星际旅行游戏，来看一看这些报告是否现实。首先，假设银河系有超过 1 000 亿颗星球，有 10 万个不同的星球会产生文明，它们或多或少地散布在这 1 000 亿颗星球间（这是根据科学家们用德雷克方程的推算及卡尔达舍夫 II 型文明的推测得出的一个乐观的结果），而原则上来说，每一个地外的文明都有一片属于自己的 100 万个星球的星际系统，这些文明之间可以互不干扰地去探索属于自己的一片区域（当然，银河系也是很广阔的）。那么，任意两种外星人同时光临人类居住的太阳系的概率有多大？而一种外星人在这 50 年间随机拜访地球的概率又是多少？所以唯一合理的结论是：那些有关 UFO 的报告并不可靠。但就算缺乏科学依据，UFO 类的网站还是时常有人光顾。

◎星际间接触的结果

20 世纪 90 年代中期，人们发现了星系围绕另一星系转动这一现象。人们对于银河系是否存在生命又有了新的认识。银河系真的存在着智慧生物吗？它们是否也在充满兴趣地寻找像我们这样的智慧生命体呢？如果人类与它们接触又会发生什么呢？这没有人能说得清，但是这种接触将会意义非凡。

这种假想中的接触可能是直接的也可能是间接的。直接接触包括外星宇宙飞船造访地球。

我们也有可能在太阳系以外的地方发现外星探测器、其他外星物品或是弃置的宇宙飞船。一些太空旅行专家称，一部分富含氢和氦的庞大星球可能是为外星人提供燃料的"加油站"。除此之外，无线电通信也是非直接接触的主要手段（至少从目前的观点来看）。寻找外星高智慧生物的手段可能并不复杂。如果科学家们能够定位并且识别不止一个来自外星的信号的话，人类就会立即知道"我们并不孤独，实际上宇宙生机勃勃"。对于与外星人的接触能造成多大的影响，这也要依情况而定。如果

这幅有趣的图名为《关键》，是帕特·罗菱斯 1992 年的作品。它描述了一个发生在未来的激动人心的时刻。一名宇航员在火星（或者有可能在太阳系其他什么地方）意外地发现了一艘来自外星的宇宙飞船。正如许多热衷于地外探险的人所言，人类在原始本能的驱动下，总在探索未知的世界，这将激励后代勇于开拓，去探索地球以外的世界。太空技术为社会科学的进步开创了一个广阔的新领域，这片领域遍及整个太阳系，最终会辐射到太阳系以外的星球。（帕特·罗菱斯）

仅是偶然发现，或是没过几年就与外星人取得了联系，那么一旦得到证实，自然会震惊全世界。如果是花费了很长时间，经历了几代人苦苦追寻才与外星人取得联系，那么就惊诧程度而言自然也就要小些。

人类通过对地外文明的无线电信号、光学信号的接收和破译，会从中得到许多实践方面和哲学方面的益处，而对信号的回应则包括了许多潜在的危险。科学家在拦截并识别外星信号后，人们有权决定是否做出回应。如果我们对外星人传送信号的动机充满怀疑，那么可以不予回答；而外星人也不会知道它们的信号已被一种智慧生物拦截并破译，这种智慧的生物所居住的地方叫作"地球"。

乐观主义者们认为外星人与地球人的接触是温和友善的，并且他们期待人类能从中获得大量的技术。他们设想人们会从这种接触中获得大量的科技知识，其中包括在人类接收到的信息中蕴藏的价值极高的知识。然而，由于这种长途往返星际旅行要由飞行速度低于光速的宇宙飞船来实现（或许一趟要花费几十年甚至几个世纪），因此，任何一次信息的交换就好比是半程的传送系统，每一次的传送都要带上有关那个时间段中社会的全部信息——如星球的资料：星球的生命形式、年龄、历史、哲学、信仰以及是否同其他星球的文明取得了联系的信息。星际间的问答要花费很长的时间。不过这样也有好处，地球人可以逐渐去了解外星的文明，不至于受到强烈的外星文化冲击。

一些科学家认为，如果我们与外星人成功地取得了联系，那么我们也有可能不是第一个，因为早在4 000亿~5 000亿年前银河系就已经有文明出现了，所以星际间的联系也早就存在。自从有了星际交流，大量的知识和信息代代相传，星际间的对话由此成为最有价值的成果。这种庞大的知识体系由各星球、各种文明的自然、历史知识组成，我们通常称之为"星际遗产"，其中有数千年以来，有关宇宙物理知识的总结。有了这些知识，地球上的科学精英们会对宇宙的起源以及进化有更准确的认识。

宇 宙 宗 教

随着人类对宇宙探索的不断深入，加上人们对外星人的存在一直抱有希望，在这二者的影响下产生的信仰叫宇宙宗教。在地球上，宗教包含了人们对神的属性，以及人与神之间关系的思考。

在漫漫的历史长河中，人类凝望着灿烂的夜空，思考着神的特性。

他们寻求着那些基本的宗教真理和道德信条，以同他们的造物主产生感应，这也构成了他们相互沟通的手段。在特定的社会里（特别是古代）我们都可以发现宗教的影子，有的时候，你会发现有的宗教中包含多个神。在这样的社会里，人们用各种各样的神来解释不同的自然现象，规范人们的行为。例如，在拥有众多神灵的古希腊神话中，位于众神之首的宙斯住在奥林匹斯山上，若有人触犯了他，他就会向犯罪的人发出一道威力巨大的闪电。所以，惧怕宙斯的古希腊人都严格遵守着道德标准。另一些宗教里，人们只信仰一个神，如犹太教、基督教和伊斯兰教，它们构成了当今世界上主要的宗教体系。每一个宗教都有独特的信条来约束人的行为，对忠诚的信徒给予奖励（例如自我救赎），对违背神谕的人给予惩罚（如永生的诅咒）。

步入 21 世纪，由于宇宙探索的不断进步，人们可以在太阳系的范围内搜寻外星生命。这项伟大的科学成就，毫无疑问地为解答历史上遗留下来的哲学问题提供了良好的机会。在浩瀚的宇宙中，人类是唯一的智慧生命吗？如果不是，那么我们同外星人接触后会发生什么呢？从哲学或是宗教上说，我们同外星人又是什么关系呢？

一些宇宙神学家正冥思苦想着这些既具有诱惑力又看起来相似的问题。例如，有一种外星文明要比我们的文明久远得多，对宇宙的理解也比我们还要深刻，相应地，对神的理解也更透彻，这样的文明存在吗？地球上许多杰出的科学家，如牛顿和爱因斯坦，他们把自己对宇宙的理解当作造物主赐给他们的额外的启示。高级的外星人会和我们分享神的理念吗？若它们愿意，它们对这种神圣的自然力量的理解又是怎样的呢？对我们的宗教又会有怎样的影响呢？

宇宙宗教就包含了这样有趣的推

论，还包括不断改进其他宗教，以适应人们对宇宙理解的不断加深。但是，人们对宇宙理解的不断增加还要倚赖科学家们对宇宙的不断探索和现代天文学的发展。

然而，星际间的接触带来的不仅仅是科学知识，人类还会发现其他科学形式、社会结构，还有更好的自我保护机制和基因进化系统。我们还会发觉美的新含义，以及使生命更加富足、有意义的方式。这种接触还能使科学艺术得到发展，而科学艺术的进步靠一种文明往往是不够的。星际间的接触不仅是多元文化的互动，更重要的是证明了人类文明不再是孤立的存在。乐观主义者们还进一步推测人类将被邀请成为"宇宙社区"的新成员。作为一个发展成熟的新会员，人类将以自己的文明为荣，不再孤独地活着，幼稚地自相残杀。人类最终能够幸存下来，这要看我们在宇宙中将扮演一个什么样的角色，这个角色的意义比我们现在所想的更加伟大。

我们也要想到，科技上大大超出我们的外星人一旦知道我们的存在，可能会给人类带来危险。悲观主义者们认为人类可能会灭亡，也可能会受到侮辱。假设的这种风险有4种类型：侵略、剥削、颠覆、文化冲击。

如前所述，第一种危险是外星人入侵地球，这一话题在科幻小说中已是老生常谈了。通过向宇宙传播信号，接受外星人信号并破译，最后回复信号，我们无意间泄露了地球是一个适宜居住的地方。在这种情况下，地球很可能被那些妄图称霸宇宙的外星人所侵略。

第二种危险是破坏。在外星人眼中，人类可能是一种原始的生命，我们只是外星人的实验品或宠物。

第三种危险是颠覆。这种危险看起来具有较强的隐蔽性，外星人通过信号的交流就可以做到。表面上它们传授人类知识，帮助人类融入"宇宙社区"，实际上，人类在外星人传授下制造的设备是为了外星人更好地控制我们。通过无线电这个极好的"特洛伊木马"，外星人可以避免与人类进行直接接触。地球上遍及互联网的"蠕虫""木马"等病毒已经令人类头疼不已，对于来自外星的更为先进的病毒我们又该如何抵御呢？

最后一种危险则是猛烈的文化冲击。一些人担忧，尽管外星人心存善念，但就人类个体而言，在与外星文明接触时会造成心理上的损伤。人们已经适应了地球的宗教、哲学和文化，一旦发达的外星人侵入人类的思想，我们可能会受其影响而改变。人类可能会同比我们高级的外星人共享宇宙。但作为地球的主宰，我们必须要认真考虑，大多数人是否能够接受这一新角色。

宇宙科技的进步促使很多人思考外星人是否存在这个问题。如果外星人的确存在，那么我们必须要问自己两个基本的问题：人类是否准备积极地接受这一事实？与外星人的接触会给人类带来富足的生活还是文明的倒退？

但选择权似乎已经不在我们这边了。除了我们每天的无线电和电视广播信号以光速传播到宇宙之中，1974 年 11 月 16 日，位于阿雷西博天文台的射电望远镜也将我们友好的信息传播到了银河系的边缘。我们已经宣称了人类在宇宙中的存在。有一天我们若得到了回应，也大可不必惊讶。

12

结 语

太空探索——

插图本宇宙生命简史

本书提出了太空时代探测的基本问题：是否生命，特别是智慧生命，只存在于地球上？人类对生命起源的兴趣和其他星球上是否存在生命的兴趣可追溯到远古时代。如今，太空科技的使用使得早期的理解范畴拓展到太阳系之外，到达了银河系的其他星球上；到达了恒星的托儿所——辽阔的星际；也到达了许多其他的星系，扩展到了看起来无限的太空区域。

最近的宇宙迹象表明行星的形成是恒星进化的一个自然部分。如果生命起源在"合适的"星球上（如地外生物学家最近提出的），那么充分了解银河系中这类"合适的"星球会使科学家们产生更可靠的猜想：去哪儿寻找外星智慧生命？在人类生活的太阳系外寻找智慧生命的基本可能性如何？

人类的一个自然基本特征就是我们对交流的渴望。最近几年来，我们开始实现一个到达太阳系以外其他恒星系的渴望——期望在那儿不止存在某人或某物，也期待"他们"能最终"听到我们"并可能给我们回复信息。

因为即使两颗离得最近的恒星之间距离也很大，所以当科学家们说"星际通信"时，他们不是在讨论"实时"的通信。在地球上，无线电波通信不会有能感受到的时滞——也就是说，信息和回应通常在发出之后就立刻接收到。相反地，电磁波要花费许多年的时间从一个星系穿过星际空间到达另一个星系。因此，我们最初在星际通信方面的努力实际上更像把信息放进一个瓶子里，然后把它扔进"宇宙的海洋"中去；或者像把信息放在一种星际时代文物秘藏器中，以待今后某代人或外星人去发现。

与外星文明的肯定的、积极的联络可能存在于星球之间，通常被叫作CETI（"与外星智慧生命进行交流"的首字母缩写）。另一方面，如果人类只是被动地扫描天空寻找高级地外文明的迹象，或者耐心地听着无线电波信息，这个过程常常被叫作SETI——意为"搜寻外星智慧生命"。虽然这两个缩写词看起来很相似，但是它们的社会含义却大不相同。

1960 年开始，人们已经在"搜寻外星智慧生命"方面付出了许多努力，大部分是听微波光谱的特定部分，以期发现那些预示着在一些星球上存在某些地外智力文明的结构电磁信号。迄今为止，这些尝试都没能提供任何证据证明这种"智能的"（即与自然出现的对比而言是连贯的、"人造的"）无线电信号的存在。然而，SETI 的研究员们只考查了银河系数千万星球中很少的一部分。而且，他们只大概地听了电磁光谱中相当小的一部分。因此，乐观的调查员强调"缺乏证据不一定是没有迹象"。但是，反对者却认为 SETI 实际是一个没有主题的活动。这类反对者也将 SETI 研究员看成现代的堂吉诃德（他们偏爱宇宙风车）。

但是，银河系是一个巨大的空间。而且只在近几十年，地球上的人们才开始使用收音机、电视机和其他信息科技。这些技术非常精密，能够穿越某些小星际通信技术的极限范围。例如，一个世纪以前，绝不夸张地说，地球可能被许多外星无线电波信号"轰击"过，但是，地球上没有一种技术能够接收或解码这类假设的信号。毕竟，宇宙中大部分庞大的自然信号——大撞击残留的微波——在 20 世纪 60 年代中期才被发现并识别。但是，这个有趣的信号可以（以静态的形式）被任何连接接收天线的普通电视设备所发现。

太空时代早期，一些科学家确实大胆地尝试了与外星文明"跨时空"的积极联络。他们的尝试包括精心地为 4 艘无人驾驶宇宙飞船（"先驱者 10 号""先驱者 11 号"和"旅行者 1 号""旅行者 2 号"）准备信息，这 4 艘宇宙飞船都是计划到太阳系外旅行的；而且"故意地"使用地球上最大的无线电望远镜和阿雷西博天文台向特殊星群发送极强的无线电信息。这些科技事实可能被看作人类在 CETI 方面尝试的开始。

自从 20 世纪中期开始，地球上的人们也曾经"无意地"向银河泄露了射频信号——很多读者一定对此感到非常惊讶。想象我们早期的一些电视节目可能对外星文明产生冲击，这个外星文明可能有能力截取并重构这些电视信号。最早期的电视广播信号进入银河系，目前离我们约有 90 光年了。谁知道当猫王首次在电视上露面时，"什么样的外星社会"可能正检验着"苏利文电视秀节目"。如果这些猜测的情况出现，一群外星科学家、哲学家和宗教领袖可能正在进行热火朝天的辩论，讨论来自地球的特别的信息（"你什么也不是，只是一只猎犬！"）的真正含义。

也许更有趣的是：21 世纪后期，经过 SETI 的科学努力，人类能够接收并解译连贯的、"人造的"信号 。这个（目前来说）假设的事件可能可以给人类提供一个将 SETI 转变为 CETI 的有趣的机会。地球上的人们会回复外星的信息吗？如果会，那么我们会说什么？而且，谁代表地球发言呢？

大事年表

....

约公元前3000—约公元前1000年

在英国南部的索尔兹伯里平原仁立着一个巨石阵（它可能是人们为了预测夏至所使用的古代天文学日历）。

约公元前1300年

埃及天文学家辨别了所有肉眼可观测到的行星（水星、金星、火星、木星和土星），并识别了四十多个恒星组合（即星座）。

约公元前500年

巴比伦人创立了黄道十二宫的概念，此概念后被希腊人引用并加以完善。同时，它还被其他早期人类文明所使用。

约公元前375年

希腊早期数学家、天文学家欧多克斯（Eudoxus）开始根据古希腊神话将星座整理成书。欧多克斯是古希腊克尼多斯学派的代表人物。

约公元前275年

生活在萨摩斯岛的希腊天文学家阿里斯塔恰斯（Aristarchus）提出了太阳系这一天文系统。他提出的学说早于现代天文学家尼古拉斯·哥白尼提出的"日心说"。阿里斯塔恰斯在《论太阳和月亮的体积与距离》（*On the Size and Distance of the Sun and the Moon*）一书中，详细论述了自己的观点。但当时世人支持由克尼多斯学派的代表人物欧多克斯提出的"地心说"，对他的观点根本不予理睬。另外，"地心说"理论在当时还得到了亚里士多德（Aristotle）的认可。

约公元前129年

生活在尼西亚的希腊天文学家希帕恰斯（Hipparchus）完成了对 850 颗恒星的目录编撰。17 世纪以前，这本目录一直在天文学领域拥有重要的地位。

约公元60年

生活在亚历山大的希腊工程师和数学家希罗（Hero）发明了汽转球。这是一个像玩具一样的实验仪器，科学家们利用它可以论证作用力与反作用力原理。这一原理正是所有火箭发动机工作原理的理论基础。

约公元150年

希腊天文学家托勒密完成了著名的《数学汇编》（*Syntaxis*）（这部著作后来被称为《天文学大成》）。这是一本总结古代天文学家掌握的全部天文知识的重要著作。书中提出了主导西方科学界一千五百多年的"地心说"理论模式。

820年

阿拉伯天文学家和数学家们在巴格达建立了一所天文学校，并将托勒密的著作翻译成阿拉伯语。此后，这本书被称为《麦哲斯帖》（意思是"伟大的作品"），中世纪的学者们也称它为《天文学大成》。

850年

中国人开始在节日的烟花中使用火药。其中,有一种烟花的形状看上去很像火箭。

1232年

中国金朝的女真族军队在开封府战役中使用可燃烧的箭头（长长的箭杆上带有火药的火箭雏形）将蒙古族入侵者击退。这是人类发展史上第一次记载在战争中使用火箭。

1280—1290年

阿拉伯历史学家哈桑·拉玛（Hasan al-Rammah）在他的著作《马背交锋和战争

策略》中介绍了火药和火箭的制作方法。

1379年

火箭出现在西欧。在围攻意大利威尼斯附近的基奥贾的战役中，军队使用了火箭。

1420年

意大利军队机械师乔阿内斯·德·丰塔那（Joanes de Fontana）写了《军用机械》（*Book of War Machine*）一书。这是一本理论性很强的书。他在书中提到了军队应该如何应用火药火箭，并具体提到了能够为火箭提供助推力的撞锤和鱼雷。

1429年

在奥尔良保卫战中，法国军队使用火药制火箭。在这期间，欧洲的军工厂也陆续开始进行实验，看看是否可以用各种类型的火药制火箭来代替早期的机关炮。

约1500年

根据人类对火箭进行研究的一些早期成果，一位名叫万户的中国官员试着装配了一个经过改进的靠火箭进行助推的动力装置，并让它带动自己在天空中飞行，这个装置看上去就像风筝一样。当他在驾驶位上坐好时，仆人们点燃了动力装置上的47个火药（黑火药）制火箭。不幸的是，随着一道刺眼的亮光和爆炸声，这位早期的火箭试验者从人世间彻底地消失了。

1543年

波兰教会官员和天文学家尼古拉斯·哥白尼发表了《天体运行论》（*On the Revolutions of the Heavenly Spheres*）一书，从而在科学界引发了一场革命，并最终改变了人类历史的进程。这本重要的书是在哥白尼临终时才发表的。哥白尼在书中提出了太阳中心说（日心说）的宇宙模式，这与长久以来托勒密等众多早期希腊天文学家所倡导的地球中心说（地心说）宇宙模式有巨大的差异。

1608年

荷兰光学家汉斯·利伯希（Hans Lippershey）研制了一个简易的望远镜。

1609年

德国天文学家约翰尼斯·开普勒出版了《新天文学》（*New Astronomy*）一书。他在书中对尼古拉斯·哥白尼提出的宇宙模式进行了修正，他指出：行星的运行轨道为椭圆形，而不是圆形。开普勒的行星运动定律结束了希腊天文学的"地心说"对国际天文学界的主宰。实际上，"地心说"的主导地位已经延续了两千多年。

1610年

1月7日，伽利略通过他的天文望远镜对木星进行了观测，结果发现这颗庞大的行星有4颗卫星（即木卫四、木卫二、木卫一和木卫三）。他将此次观测和其他观测的结果写入了《星际使者》一书。此次有关木星4颗卫星的发现使伽利略敢于大胆地倡导哥白尼的"日心说"理论，从而引发了他与教会之间的直接冲突。

1642年

由于倡导哥白尼的"日心说"理论，伽利略与教会之间发生了直接冲突。结果，伽利略被软禁在位于意大利佛罗伦萨附近的家中。这种生活状态一直持续到伽利略去世。

1647年

波兰裔德国天文学家约翰尼斯·赫维留斯（Johannes Hevelius）出版了名为《月图》（*Selenographia*）的著作。他在书中详细地描述了月球的近地端表面特征。

1680年

俄国沙皇彼得大帝（Peter the Great）在莫斯科建立了一个制造火箭的机构，该机构后来被迁至圣彼得堡。它主要为沙皇军队提供各式火药制火箭，这些火箭可以被用来对指定目标实施轰炸、对信号进行传输及对夜间的战场进行照明。

1687年

在埃德蒙多·哈雷爵士（Sir Edmund Halley）的鼓励和资助下，艾萨克·牛顿爵士出版了他的旷世之作《自然哲学的数学原理》（*The Mathematical Principles of Natural Philosophy*）。此书为人类理解几乎所有宇宙天体的运动奠定了数学基础，还帮助人们理解了与行星的轨道运动和火箭助推航天器的运行轨道有关的知识。

18世纪80年代

生活在迈索尔地区的印度统治者海德·阿里在他的部队中增加了一支火箭兵团。海德的儿子蒂普·苏丹在1782—1799年的一系列对英战役中成功地使用了火箭。

1804年

威廉·康格里夫爵士（Sir William Congreve）发表名为《火箭系统的起源和发展简述》（*A Concise Accourt of the Origin and progress of the Rocket System*）的著作，他在书中记载了英军在印度的作战经历。接下来,他开始研制一系列英军军用（黑火药）火箭。

1807年

在拿破仑战争中，英军使用大约25 000支经过威廉·康格里夫改良的军用（黑火药）火箭轰炸了丹麦首都哥本哈根。

1809年

杰出的德国数学家、天文学家和物理学家卡尔·弗里德里希·高斯（Johann Carl Friedrich Gauss）出版了一部关于天体动力学的重要著作。此书彻底改变了科学家们对行星轨道内的摄动现象的计算方法。19世纪的某些天文学家正是利用他的研究成果预测并发现了海王星（1846）。在这一过程中，科学家对天王星轨道内的摄动现象的研究是功不可没的。

1812年

英军在1812年战争中对美军使用了威廉·康格里夫爵士研制的军用火箭,威廉·

麦克亨利堡地区受到了英国火箭的轰炸。受到战争的启发，美国诗人弗朗西斯·斯格特·基（Francis Scott Key）在著名的《星条旗》（*The Star-Spangled Banner*）中加入了与"火箭红色亮光"有关的词句。

1865年

法国科幻作家儒勒·凡尔纳出版了他的名著《从地球到月球》，这本书使许多人对太空旅行的相关知识产生了浓厚的兴趣，其中有一些年轻的读者后来还成为航天学的奠基人，例如，罗伯特·哈金斯·戈达德、赫尔曼·奥伯特（Hermann Oberth）和康斯坦丁·埃德多维奇·齐奥尔科夫斯基（Konstantin Eduardovich Tsiolkovsky）。

1869年

一位叫爱德华·埃弗雷特·黑尔（Edward Evcrett Hale）的美国牧师、作家出版了《砖砌的月亮》（*The Brick Moon*）一书。这本书是第一部描写载人空间站的科幻小说。

1877年

美国天文学家阿萨夫·霍尔（Asaph Hall）在华盛顿美国海军天文台工作时发现并命名了火星的两颗小卫星，即火卫二和火卫一。

1897年

英国作家赫伯特·乔治·威尔斯撰写了著名的科幻小说《星球大战》。这本书讲述了火星人入侵地球的经典故事。

1903年

俄国科幻小说家康斯坦丁·埃德多维奇·齐奥尔科夫斯基撰写了《用反作用力装置探索太空》（*The Exploration of Cosmic Space by Means of Reaction Devices*）一书，他是历史上将火箭和太空旅行联系起来的第一人。

1918年

美国物理学家罗伯特·哈金斯·戈达德撰写了《最后的迁徙》（*The Ultimate*

Migration）一书，这是一部意义深远的科幻作品。作者在书中假设：人类乘着一艘原子能宇宙飞船逃离了即将毁灭的太阳系。由于怕被世人嘲笑，戈达德将这部科幻小说的手稿藏了起来。他于 1945 年去世，而这部小说直到 1972 年 11 月才得以出版。

1919年

被后人称为美国"火箭之父"的罗伯特·哈金斯·戈达德在《史密森杂志》上发表了题为《到达极高空的方法》（*A Method of Reaching Extreme Altitudes*）的专题论文。这篇论文向世人介绍了几乎所有当代火箭学领域的基础理论。戈达德在论文中提出：人类可以利用一个小小的靠火箭助推的航天器抵达月球表面。遗憾的是，杂志社的编辑们完全没有认识到这篇论文的科学价值，认为上述观点纯属笑谈。他们索性把戈达德的观点称为"疯狂的幻想"，并给戈达德起了个绰号，叫"月球人"。

1923年

在没有得到罗伯特·哈金斯·戈达德和康斯坦丁·埃德多维奇·齐奥尔科夫斯基的任何帮助的情况下，德国太空旅行科幻作家赫尔曼·奥伯特出版了一部名为《探索星际空间的火箭》（*By Rocket into Planetary Space*）的作品，这部作品的问世令许多人激动不已。

1924年

德国工程学家沃尔特·霍曼（Walter Hohmann）撰写了名为《天体的可达到性》（*The Attainability of Celestial Bodies*）的著作。这部重要的著作详细阐述了关于火箭运动和宇宙飞船运动的数学原理。书中叙述了如何在两个共面轨道之间完成效率最高的（即能量消耗最少的）轨道路径转换，这种频繁使用的操作方式被称为霍曼轨道切换。

1926年

3 月 16 日，在位于美国马萨诸塞州奥本市的一个白雪覆盖的农场里，美国物理学家罗伯特·哈金斯·戈达德创造了太空科学的历史。他成功地发射了世界上第一枚液体动力火箭。尽管使用汽油（燃料）和液体氧气（氧化剂）的装置只燃烧了 2.5

秒钟便落在了 60 米开外的地方,但从技术上讲,这个装置完全可以被看作所有现代液体动力火箭发动机的鼻祖。

4 月,一本名为《惊奇故事》(*Amazing Stories*)的杂志问世了。这是世界上第一本专门刊登科幻小说的刊物。众多科学事实和科幻小说将现代火箭与太空旅行密切地联系在了一起。结果,很多 20 世纪 30 年代的(以及以后的)人类科学梦想最终被写成了与星际旅行有关的科幻作品。

1929年

德国太空旅行科幻作家赫尔曼·奥伯特出版了一本名为《太空旅行之路》(*Ways to Spaceflight*)的获奖著作。此书使许多非专业人士了解了太空旅行的概念。

1933年

克利特(P. E. Cleator)建立了英国星际协会(BIS),这个协会后来成为世界上最著名的倡导太空旅行的机构。

1935年

康斯坦丁·齐奥尔科夫斯基出版了他的最后一部著作——《在月球上》(*On the Moon*)。在书中,他强烈主张将宇宙飞船作为在地月之间和其他星际之间进行旅行的工具。

1936年

英国星际协会的创办者克利特写了一本名为《穿越太空的火箭》(*Rockets through Space*)的著作,这是英国学术界第一次将航空学上升到一定的理论高度。然而,几份权威的英国科学杂志嘲弄这本书为缺乏科学想象的不成熟的科幻作品。

1939—1945年

第二次世界大战中,各国纷纷使用了火箭和大小不等、形状不一的导向导弹。其中,在太空探测方面最具科研价值的是佩内明德的德军使用的 V-2 型液体动力火箭,该火箭是由冯·布劳恩(Wernher von Braun)研制的。

1942年

10月3日，德国的A-4火箭（后被重命名为"复仇武器2号"或V-2火箭）在位于波罗的海沿岸的佩内明德火箭试验发射场第一次成功发射。这一天可以被看作现代军用弹道导弹的诞生之日。

1944年

9月，德国军队向伦敦和英国南部发射了数百枚所向披靡的V-2火箭（每一枚火箭都携带了一个重量为一吨的爆炸性极强的弹头），德军从此开始对英国进行弹道导弹攻击。

1945年

德国火箭科学家冯·布劳恩和研发团队中的几个关键人物意识到德国大势已去，于5月初在德国罗伊特附近向美国军队投降。几个月内，美国的情报人员展开了代号为"别针行动"的特别行动。他们先后对许多德国火箭研究人员进行了盘问，并获得了大量的文件和装备。然后，他们对这些文件和装备进行了分类整理。后来，很多德国科学家和工程师也加入了冯·布劳恩在美国的研发团队并继续他们的火箭研发工作。美军将数以百计缴获的V-2火箭拆开，然后将零件用船运回美国。

5月5日，苏联军队在佩内明德缴获了德军的火箭设备并将所有剩余的装备和研发人员带回了国内。在欧洲战场的战事即将结束的日子里，被缴获的德国火箭技术和被俘的德国火箭研发人员为巨型导弹和太空竞赛登上冷战的舞台进行了必要的铺垫。

7月16日，美国在世界上首次试爆了核武器。这次代号为"三位一体"的试验发射是在位于新墨西哥州南部的一个地理位置比较偏远的试验发射场进行的。这次发射从根本上改变了战争的面貌。作为美国与苏联进行冷战对峙的表现之一，装有核装备的弹道导弹已经成为人类所发明的威力最大的武器。

10月，一位当时并不著名的英国工程师和作家——亚瑟·克拉克建议使用同步卫星来进行全球通信联系。他在《无线电世界》杂志上发表的题为《地球外的转播》（*Extra-terrestrial Relays*）的文章标志着通信卫星技术的诞生。通信卫星技术实际上是应用太空技术来支持信息革命的发展。

1946年

4月16日，美国军方在位于新墨西哥州南部的白沙试验基地火箭发射场发射了首枚经过美方改进的德国 V-2 火箭，这枚火箭也是在第二次世界大战中从德军那里缴获来的。

7—8月间，苏联火箭工程师谢尔盖·科罗廖夫（Sergei Korolev）着手研发德国 V-2 火箭的改进版。科罗廖夫为了进一步完善火箭的性能，增加了发动机的推力和燃料槽的长度。

1947年

10月30日，苏联的火箭工程师们成功地发射了一枚经过改装的德国 V-2 火箭。这次发射是在卡普斯京亚尔附近的一个火箭发射场进行的，该发射场位于沙漠之中。这枚火箭沿着试验飞行方向进行飞行，并最终落在距离发射点 320 千米的地方。

1948年

9月出版的《英国星际协会学报》刊登了由谢泼德（L. R. Shepherd）和克利弗（A. V. Cleaver）共同撰写的 4 篇系列学术论文中的第一篇。这篇论文探索了将核能应用于太空旅行的可行性，并提出了核电推进力和核动力火箭的概念。

1949年

8月29日，苏联在哈萨克沙漠的一个秘密试验点进行了首枚苏制核武器的爆炸试验。这次试验的代号为"首次闪电"，它不但成功地打破了美国对核武器的垄断，同时也使世界陷入了大规模的核武器军备竞赛。当然，它的成功也加速了对射程达几千千米的战略弹道导弹的研发进程。由于当时在核武器技术上还落后于美国，苏联领导人决定研发威力更大、推力更强的火箭。这些火箭可以被用来携带体积更大、设计更独特的核武器。这一决定为苏联在发射工具方面赢得了巨大的优势。为了向全世界证明各自国力，两个超级大国决定在太空展开军备竞赛（开始于 1957 年）。

1950年

7月24日，美国使用其设计的名为"WAC 下士"的二级火箭成功发射了一枚经过改造的德国 V–2 火箭。这枚火箭是美国空军在新建的远程导弹试验发射场发射的，该发射场位于佛罗里达州的卡纳维拉尔角。这枚混合多级火箭（也被称为"丰收 8 号"）成功开启了在卡纳维拉尔角进行的系列航天发射的大幕。此后，许多军事导弹和宇宙飞船在这个世界最著名的火箭发射场被发射升空。

同年 11 月，英国科幻作家亚瑟·克拉克发表了题为《电磁发射对太空飞行的主要贡献》的论文。他在文章中提出对月球的资源进行开采并利用电磁弹射器将开采到的月球物质弹射到星际空间。

1951年

科幻电影《地球停转之日》震惊了电影院里的观众。这个经典的故事讲述了强大的外星人来到地球，陪同它的还有一个机器人。它此行的主要目的是警告世界各国政府不要再继续进行愚蠢的核军备竞赛。在这部影片中，人类第一次将外星人描写成来帮助地球人的聪明使者。

荷兰裔美国天文学家杰拉德·彼得·柯伊伯（Gerard Peter Kuiper）提出在冥王星轨道的外侧存在许多冰冷的小行星体，由这群冰冷的天体构成的小行星带也被称为"柯伊伯带"。

1952年

沃纳·冯·布劳恩和威利·莱伊（Willey Ley）等太空专家在一本名为《科利尔》的杂志上发表了不同系列的配有精美插图的科普文章，这些文章使许多美国人开始对太空旅行感兴趣。其中一组有名的系列文章由 8 篇论文组成。它的第一篇发表于 3 月 22 日，这篇文章选用了一个大胆的标题——《人类即将征服太空》（*Man Will Conquer Space Soon*）。这本杂志聘请了当时最有影响力的太空美术家切斯利·邦艾斯泰（Chesley Bonestell）为其绘制彩色插图。之后的系列文章向数百万美国读者介绍了与太空空间站、月球旅行和火星探险有关的知识。

冯·布劳恩还出版了《火星计划》（*The Mars Project*）一书。他在书中提议：让 70 名宇航员搭乘 10 艘宇宙飞船到达火星，并对火星进行为期一年左右的探测活动，然后返回地球。这是科学界第一次对人类火星探险进行专门的学术研究。

1953年

8月，苏联试爆了第一枚热核武器（一颗氢弹）。这一科学发展史上的伟大成绩使超级大国之间的核武器军备竞赛进一步升级，并进一步突出了刚刚问世的战略核武器弹道导弹的重要地位。

10月，美国空军组建了一个由约翰·冯·诺伊曼领导的专家小组，对美国战略弹道导弹系统进行评估。1954年，这个小组建议对美国弹道导弹系统进行重大技术调整。

1954年

美国总统艾森豪威尔采纳了约翰·冯·诺伊曼的建议，给予发展战略弹道导弹全美国最高的战略地位。当时，在美国政府的内部，人们普遍担心在战略弹道导弹方面美国已经落后于苏联。所以，在当时的世界舞台上，冷战带来的导弹军备竞赛愈演愈烈。卡纳维拉尔角成为著名的弹道导弹发射试验场，在这里先后试验发射的重要弹道导弹包括："雷神号""宇宙神号""大力神号""民兵号"和"北极星号"等。其中许多威力巨大的军用弹道导弹在研发成功以后，被美国当作太空发射工具使用。在美国航天发展的关键时期，美国空军的伯纳德·施里弗将军（General Bernard Schriever）曾经对"宇宙神号"弹道导弹的研发工作进行了全程指挥。这枚弹道导弹的成功研发是工程学和航天技术领域取得的又一伟大成就。

1955年

沃特·迪斯尼（Walt Disney，美国娱乐科幻作家）制作了激励人心的电视片三部曲，片中描绘了著名太空专家冯·布劳恩的形象。这部系列电视片向美国观众宣传了太空旅行。随着第一集《人类在太空》（Man in Space）于3月9日播出，这部系列片开始向数百万美国电视观众介绍太空旅行的梦想。接下来的两集分别被命名为《人类和月球》（Man and the Moon）和《火星不是终点》（Mars and Beyond）。随着这些电视片的播出，冯·布劳恩这个名字和"火箭科学家"的称呼渐渐家喻户晓。

1957年

10月4日，苏联火箭科学家谢尔盖·科罗廖夫在苏联领导人赫鲁晓夫（Nikita

Khrushchev）的允许下，使用威力十足的军事火箭成功地将"斯普特尼克 1 号"（世界第一颗人造卫星）送入地球轨道。发射成功的消息在美国的政治领域和科技领域引起了强烈的冲击。"斯普特尼克 1 号"的成功发射标志着太空时代的开始。同时，它也标志着冷战时期的太空军备竞赛的开始。在冷战时期，人们通过各国在外层空间取得的成就（或失败）来衡量它们的综合国力和国际声望。

11 月 3 日，苏联发射了"斯普特尼克 2 号"——世界上第二颗人造卫星。这艘在当时看起来极为巨大的宇宙飞船携带了一只名为莱卡的小狗。在这次航天飞行结束的时候，对莱卡执行了安乐死。

美国对使用新设计的民用火箭发射第一颗卫星的计划进行了大规模的宣传。但是，人们在 12 月 6 日那一天等来的却是一场灾难。这枚"探索号"火箭在从卡纳维拉尔角的发射台升起几厘米以后发生了爆炸。苏联的"斯普特尼克 1 号"和"斯普特尼克 2 号"的成功发射和美国的"探索号"经历的富有戏剧性的失败更加激起了很多美国人的愤怒。对外层空间的探索和利用成为冷战时期政治的宣传工具。

1958年

1 月 31 日，美国成功发射了"探险者 1 号"，它是美国发射的第一颗围绕地球飞行的卫星。一支由冯·布劳恩统一指挥，由美国军队弹道导弹协会（ABMA）和加利福尼亚理工学院喷气推进实验室的工作人员匆忙组建的队伍，完成了拯救国家声望的任务。这支队伍把一颗军用弹道导弹作为发射工具。"探险者 1 号"利用爱荷华大学詹姆斯·范·艾伦博士（Dr. James van Allen）提供的科学设备发现了地球周围的辐射带——为了纪念詹姆斯·范·艾伦博士，这一辐射带现在被命名为"范艾伦辐射带"。

美国国家航空航天局于 10 月 1 日成为美国政府下属的官方民用航天机构。10 月 7 日，新成立的美国国家航空航天局宣布启动水星计划。按照这一富有开拓性的计划，美国宇航员将第一次被送入绕地运行轨道。

12 月中旬，"宇宙神号"火箭从卡纳维拉尔角被发射升空并进入绕地运行轨道。火箭的有效负载实验舱内搭载了卫星自动操纵准备装置（即进行信号传输的轨道中继转播实验设备）。这个设备播放了一段提前录好的艾森豪威尔总统的圣诞节讲话录音。这是人类的声音第一次从外层空间传回地球。

1959年

1月2日,苏联将一艘重达360千克的大型宇宙飞船——"月球1号"送往月球。尽管"月球1号"与月球表面最终还有5 000~7 000千米的距离,它仍然是第一个摆脱地球引力并进入绕月运行轨道的人造天体。

9月中旬,苏联发射了"月球2号"。这艘重量为390千克的大型宇宙飞船成功地到达了月球的表面,并成为第一个在其他星球表面着陆(或撞击其他星球表面)的人造天体。此外,"月球2号"还将苏联的国徽和国旗带到了月球表面。

10月4日,苏联发射了"月球3号"。这个飞船不仅成功地环绕月球进行了飞行,而且拍下了第一张月球背面的照片。因为月球在围绕地球运行的同时还要进行同步自转,所以地球表面的观测者只能看到月球表面的正面。

1960年

美国在3月11日将"先驱者5号"宇宙飞船发射升空并使其进入绕日飞行的预定轨道。这个体积适中的球形宇宙飞船的质量为42千克,它成功地探测了介于地球和金星之间的星际空间的基本情况。地球和金星之间的距离约为3 700万千米。

在5月24日,美国空军从卡纳维拉尔角发射了一颗导弹防御警报系统卫星。这件事在美国历史上开创了利用特殊军事监视卫星探测敌方导弹发射的先河。该卫星主要观测火箭释放出的气体具有什么样的红外线(热量)特征。由于该任务的高度机密性,公众在几十年的时间内对此事一无所知。导弹监视卫星的出现使美国政府针对苏联方面有可能发动的洲际弹道导弹(ICBM)突袭建立起可靠的早期预警系统。监视卫星帮助美国政府在冷战期间执行战略核威慑政策,并有效地预防了突发的核冲突。

美国空军成功地于8月10日在范登堡空军基地发射了"发现者13号"宇宙飞船。这艘太空飞船实际上是由美国空军和美国中央情报局共同负责的侦察计划的一部分,这个高度机密的侦察计划的代号为"日冕"。根据艾森豪威尔总统的特殊指令,这个间谍卫星计划开始实施,卫星从太空拍摄了一些地区的重要图像资料,美国在当时还无法接近这些地区。8月18日,"发现者14号"(也被叫作"日冕14号")向美国的情报机构提供了第一批卫星拍摄的关于苏联的照片。从此以后,人类社会进入了卫星侦察时代。美国国家侦察局依靠间谍卫星收集到的数据对美国的国家安全做出重大的贡献，而且这些数据也有助于在政治冲突频发的特定时期保持全球的稳定。

8月12日，美国国家航空航天局成功地发射了"回声1号"实验宇宙飞船。这个巨大的航天器的直径为30.5米，它看上去就像一个膨胀的金属球，是世界第一颗被动通信卫星。在太空电信时代即将到来的时候，美国和英国的工程技术人员利用"回声1号"实验宇宙飞船在两国之间进行无线电信号的发射与接收实验。

苏联发射了围绕地球飞行的"斯普特尼克5号"宇宙飞船。这艘巨大的飞船实际上是即将把宇航员带入太空的"东方号"飞船的实验飞船。"斯普特尼克5号"还携带了两只分别被叫作斯特莱卡和贝尔卡的小狗。当飞船的返回舱在第二天正常工作时，这两只小狗成为第一批在成功进行轨道运行以后又成功返回地球的生命体。

1961年

1月31日，美国国家航空航天局从卡纳维拉尔角成功地发射了执行水星计划的"红石号"太空舱，这个太空舱将进行亚轨道飞行。在到达海拔250千米的高空时，太空舱里的黑猩猩乘客汉姆利用降落伞安全地降落在大西洋的安全区域内。灵长类动物所进行的太空之旅的成功是把美国宇航员安全送入太空的关键一步。

苏联第一次利用宇宙飞船成功地将人类送入了环绕地球运行的轨道，这次航天任务的成功完成在人类探索宇宙空间的历史上具有里程碑式的重要意义。宇航员尤里·加加林（Yuri Gagarin）乘坐"东方1号"宇宙飞船进入了太空，他也因此成为第一个在绕地运行航天器中对地球进行观测的人类。

5月5日，美国国家航空航天局从卡纳维拉尔角将"红石号"火箭发射升空，火箭将宇航员艾伦·谢泼德（Alan B. Shepard, Jr.）送入太空，进行了15分钟具有历史意义的亚轨道飞行。在执行"水星探测计划"的"自由7号"太空舱内，谢泼德在海拔186千米的高空乘坐航天器进行飞行，他也因此成为第一个在太空旅行的美国人。

5月25日，肯尼迪总统在美国国会参众两院联席会议上发表了鼓舞人心的演讲。演讲主要涉及为了保证美国的国家安全利益当时急需完成的任务。这位刚刚上任的美国总统提出了美国在太空领域所要面对的巨大挑战。他当众宣布："在1970年之前，我们一定能成功地实现人类登月并保证宇航员安全返回地球。为了实现这一理想，我相信我们这个国家一定会全力以赴。"由于肯尼迪总统具有前瞻性的领导，美国最终被公认为冷战时期太空军备竞赛的获胜者。1969年7月20日美国宇航员尼尔·阿姆斯特朗和埃德温·奥尔德林第一次踏上了月球的表面。

1962年

2月20日，宇航员约翰·赫歇尔·格伦（John Herschel Glenn, Jr.）成为第一位乘坐宇宙飞船围绕地球飞行的美国人。美国国家航空航天局用"宇宙神号"火箭将执行"水星探测计划"的"友谊7号"太空舱从卡纳维拉尔角发射升空。在完成了3圈飞行任务以后，格伦乘坐的太空舱安全地降落在大西洋海域。

8月下旬，美国国家航空航天局从卡纳维拉尔角将飞往金星的"水手2号"宇宙飞船发射升空。1962年12月14日，"水手2号"到达了距离金星3.5万千米的宇宙空间，从而成为世界上第一个成功的星际太空探测器。宇宙飞船的观测数据显示：金星的表面温度可以达到430℃。这些数据彻底地推翻了人们在太空时代到来以前对金星的假设。当时，许多人认为：金星的表面分布着许多茂盛的热带丛林；从某种意义上讲，金星就像地球的双胞胎兄弟一样。

在10月间，苏联在古巴境内部署了具有核武器性质的攻击性弹道导弹，从而使整个世界陷入了古巴导弹危机。两个超级大国之间的对峙导致整个世界格局充满了危险，核战争一触即发。经过肯尼迪总统和众多国家安全顾问的政治斡旋，苏联领导人赫鲁晓夫撤回了苏联的弹道导弹，古巴导弹危机也最终得以化解。

1964年

11月28日，美国国家航空航天局的"水手4号"宇宙飞船在卡纳维拉尔角成功发射，它也成为第一艘从地球到火星探访的宇宙飞船。它于1965年7月14日成功地针对火星这颗红色行星进行了近天体探测飞行。当时，它与火星之间的距离是9 800千米。"水手4号"拍摄的近距离照片显示：火星的表面是一个贫瘠得如沙漠般的世界。人类对火星的早期认识也因此得到了纠正。在太空时代到来以前，许多人认为：火星的表面有许多古代的城市以及一个巨大的人工运河网络。

1965年

3月23日，一枚"大力神号"Ⅱ型火箭将载有维吉尔·伊万·格里森（Virgil "Gus" I. Grissom）和约翰·杨（John W. Young）这两名宇航员的宇宙飞船从卡纳维拉尔角发射升空。这两名宇航员乘坐的是能够容纳两名宇航员的"双子星3号"飞船。美国国家航空航天局的"双子星3号"这次所执行的飞行任务是进行第一次载人航天飞行,它标志着美国宇航员为了准备执行"阿波罗号"月球探测任务,开始进行载人太空活动了。

1966年

1月31日,苏联将"月球9号"宇宙飞船发射升空。这个飞船的目的地是月球,它的质量为100千克。这个球形航天器于2月3日在月球表面的风暴洋地区实现了软着陆。在彻底停下来以后,这个航天器展开了4个像花瓣一样的盖子,然后从月球表面传回了第一组全景电视画面。

3月31日,苏联将"月球10号"宇宙飞船发射升空,这个飞船的目的地仍是月球。这个巨大的航天器的质量为1 500千克,它也成为第一个围绕月球飞行的人造天体。

5月30日,美国国家航空航天局向月球发射了一个着陆航天器,它的名字叫"勘察者1号"。这个全能型的机器人航天器于6月1日成功地在风暴洋地区实现了软着陆,然后从月球表面传回了1万张照片,并为下一步完成"阿波罗号"探测项目的人类登月任务进行了多次土壤动力实验。

8月中旬,美国国家航空航天局从卡纳维拉尔角发射了"月球轨道器1号"飞往月球。这次航天发射是系列太空探测任务中的第一次。这些探测任务的主要目标是从月球轨道对月球进行全方位的拍摄。在每次拍摄任务结束以后,轨道环行器将会按照最初的设计落在月球的表面,以避免对未来的轨道活动产生干扰。

1967年

1月27日,灾难袭击了美国国家航空航天局的"阿波罗号"航天计划。当宇航员维吉尔·伊万·格里森、爱德华·怀特(Edward H. White)和罗杰·查菲(Roger B. Chaffee)正在位于34号航天器发射台的"阿波罗1号"宇宙飞船内进行训练时,一场突发的大火在飞船内蔓延开来,这3名宇航员不幸遇难。美国的月球登陆计划也因此延期了18个月。美国国家航空航天局还对执行"阿波罗号"航天计划的航天器在设计和安全性能方面进行了重大改进。

4月23日,悲剧也袭击了苏联的航天项目。当时,苏联宇航员弗拉基米尔·科马洛夫（Vladimir Komarov）正在刚刚投入使用的"联盟1号"宇宙飞船内执行太空飞行任务。在执行轨道飞行任务期间，科马洛夫就已经遇到了许多困难。在执行重返地球大气层的任务时，由于降落伞无法正常展开而飞船又以极高的速度撞击地球的表面，弗拉基米尔·科马洛夫不幸遇难。

1968年

12月21日，美国国家航空航天局的"阿波罗8号"宇宙飞船（只包括指挥舱和服务舱）在肯尼迪航天中心的39号航天器发射台被发射升空。这是巨大的"土星5号"探测器进行的第一次载人航天飞行。宇航员弗兰克·博尔曼、小詹姆斯·亚瑟·洛弗尔和威廉·安德斯也因此成为第一批摆脱地球引力影响的人。他们进入了围绕月球运行的轨道，并拍摄到了一组画面：美丽得令人难以置信的地球从质朴无华的月球地平线上徐徐升起。上百万人在看到这些画面以后发出了由衷的感叹，此后他们就发起了保护地球环境的运动。在围绕月球飞行了10圈以后，他们乘坐的航天器于12月27日成功地返回了地球。

1969年

7月16日，美国国家航空航天局的"阿波罗11号"航天器在世人目光的注视下从肯尼迪航天中心起飞并飞往月球。宇航员是尼尔·阿姆斯特朗、迈克尔·柯林斯和埃德温·奥尔德林3人。这些宇航员实现了人类长期以来一直拥有的梦想。7月20日，美国宇航员尼尔·阿姆斯特朗小心翼翼地从月球舱的梯子上走了下来，并最终踏上了月球的表面。他感叹："对我个人来说这仅是一小步，但却是全人类的一大步。"他和奥尔德林成为最先在其他星球上行走的地球人。很多人把"阿波罗号"月球登陆计划看作人类历史上最伟大的科学成就。

1970年

4月11日，美国国家航空航天局的"阿波罗13号"航天器从地球起飞飞往月球。4月13日，在"阿波罗号"的服务舱内突然发生了危及宇航员生命的爆炸。此时，宇航员詹姆斯·亚瑟·罗弗尔、约翰·莱昂纳德·斯威格特（John Leonard Swigert）和小弗莱德·华莱士·海斯（Fred Wallace Haise, Jr.）必须把他们的月球旅行舱当作救生艇来使用。全世界的人们都在焦急地等待和聆听他们的消息。宇航员们熟练地驾驶着已经部分失去控制的飞船继续围绕月球飞行。由于关键燃料的不足，飞船只能沿着自由轨道返回地球。4月17日，他们放弃了登月小艇（LEM）的"水瓶座号"航天器，然后登上了"阿波罗号"宇宙飞船的指令舱，并在成功返回地球大气层之后降落在太平洋海域。

1971年

4月19日，苏联发射了第一个宇宙空间站（它被叫作"礼炮1号"）。这个宇宙空间站最初处于不载人的状态。这主要是由于"联盟10号"（于4月22日被发射升空）的3名宇航员曾经试图与空间站完成对接，但是他们无法登上该空间站。

1972年

1月初，理查德·尼克松总统批准了美国国家航空航天局的航天飞机计划。这个决定为人们勾画出美国国家航空航天局在未来30年进行太空探索的蓝图。

3月2日，一枚宇宙神-半人马座运载火箭在卡纳维拉尔角被成功发射，该火箭将美国国家航空航天局的"先驱者10号"宇宙飞船送入太空。这个长距离飞行的机器人航天器成为第一个通过主小行星带的航天器，它还是第一个针对木星进行近天体探测飞行的航天器（1973年12月3日）。1983年6月13日，它穿过了海王星（当时被认为是离太阳最远的行星）的运行轨道。它被认为是第一个离开太阳系边界的人造天体。在星际空间的运行轨道内进行飞行的过程中，"先驱者10号"（和它的孪生兄弟"先驱者11号"）向那些可能存在的外星人展示它们所携带的特殊装饰板。几百万年以后，也许这些外星人会发现这个在星际空间漂流的航天器。

12月7日，美国国家航空航天局的"阿波罗17号"宇宙飞船从肯尼迪航天中心出发，开始进行20世纪最后一次月球探测之旅，它是由巨大的"土星5号"火箭发射升空的。当宇航员罗纳德·E.埃文斯（Ronald E. Evans）留守在月球轨道中时，他的同伴尤金·A.塞尔南（Eugene A. Cernan）和哈里森·H.施密特（Harrison H. Schmitt）成为在月球上进行漫步的第十一位和第十二位地球人。他们利用月球漫游车探测了陶拉斯·利特罗山谷地区。他们于12月19日成功地返回了地球，将人类的太空探索历史带入了一个漫长而壮丽的新阶段。

1973年

4月初，由宇宙神-半人马座火箭发射的美国国家航空航天局"先驱者11号"宇宙飞船从卡纳维拉尔角开始了一次星际旅行。该宇宙飞船在1974年12月2日在太空中遇到了木星，并且利用木星的引力助推作用建立了针对土星进行近天体探测飞行的运行轨道。它是第一个对土星进行近距离观测的航天器（在1979年9月1日那一天它与土星之间的距离达到了最小值）。然后，它沿着运行轨道进入了星际空间。

5月14日，美国国家航空航天局发射了"天空实验室"——美国第一个宇宙空间站。巨大的"土星5号"火箭仅利用一次航天发射就将这个巨大的航天器送入了预定轨道。由于宇宙空间站在发射升空的过程中受到了一定程度的损坏，最初的3名美国宇航员在5月25日到达预定位置以后，马上对空间站进行了紧急维修。宇航员小查尔斯·皮特·康拉德、保罗·维茨（Paul J. Weitz）和约瑟夫·科文（Joseph P. Kerwin）在空间站工作了28天。后来，宇航员艾伦·比恩、杰克·洛斯马（Jack Lousma）和欧文·加里欧特（Owen Garriott）接替了他们的工作。这一批宇航员于7月28日抵达空间站并在太空生活了59天。最后一批天空实验室的工作人员［宇航员杰拉德·卡尔（Gerard Carr）、威廉·波格（William Pogue）和爱德华·吉布森（Edward Gibson）］11月11日到达了空间站，并在那里一直居住到1974年2月8日，从而创造了在太空停留84天的纪录。美国国家航空航天局后来放弃了对天空实验室的使用。

11月初，美国国家航空航天局从卡纳维拉尔角发射了"水手10号"宇宙飞船。它在1974年2月5日与金星在太空相遇，并且利用金星的引力助推作用使自己成为第一个对水星进行近距离探测的航天器。

1975年

8月末9月初，美国国家航空航天局先后从卡纳维拉尔角向火星发射了一对卫星-登陆车组合式宇宙飞船："海盗1号"（8月20日）和"海盗2号"（9月9日）。它们在1976年到达火星表面。至此，所有执行"海盗号"太空探测计划的航天器（两个登陆车和两个人造卫星）均出色地完成了既定任务，但是利用显微镜在火星表面寻找生命的详细探究没有得出最后的结论。

1977年

8月20日，美国国家航空航天局从卡纳维拉尔角将"旅行者2号"发射升空，这个航天器将进行大规模的太空探索任务。在这期间，它会遇到太阳系的四颗行星，然后沿着星际轨道离开太阳系。利用引力助推作用，"旅行者2号"在太空中先后遇到了木星（1979年7月9日）、土星（1981年8月25日）、天王星（1986年1月24日）和海王星（1989年8月25日）。这个有弹力的机器人航天器（和它的孪生兄弟"旅行者1号"）在进行远距离太空飞行的过程中，为人类带去了来自地球的特殊星际信息，那就是被称为"地球之声"的数字记录数据。

9月5日，美国国家航空航天局从卡纳维拉尔角发射了"旅行者1号"，这个航天器将通过快速运行轨道飞向木星、土星和太阳系以外的星际空间。它于1979年3月5日和1980年3月12日先后与木星和土星相遇。

1978年

5月，英国星际协会发表了一篇关于"代达罗斯计划"的研究报告。根据这项理论研究，为了对"巴纳德"恒星进行探测，人类将在21世纪末发射一个单行机器人航天器。

1979年

12月24日，欧洲太空总署在位于法属圭亚那库鲁的圭亚那航天中心成功地发射了首枚"阿丽亚娜号"火箭，即"阿丽亚娜1号"火箭。

1980年

印度空间研究所在7月1日成功将一颗35千克的实验卫星（被叫作"罗西尼号"）发射升空，并使其进入低地球轨道。这次发射采用的发射装置是印度生产的四级火箭，这枚火箭使用固体推进剂。"标准发射器3号"（SLV-3）的成功发射，标志着从此以后印度也可以独立地对外层空间进行科学探索了。

1981年

4月12日，美国国家航空航天局从肯尼迪航天中心的39-A发射台发射了首次进行航天飞行的"哥伦比亚号"航天飞机。宇航员约翰·杨和罗伯特·克里彭（Robert Crippen）对这个新的航天器进行了全方位的测试。当这个航天器重新进入地球的大气层时，它在大气中滑行并像一架飞机一样降落在地球的表面。以前的航天器在返回地球时根本无法完成上述飞行操作。另外，以前的航天器只能使用一次，而"哥伦比亚号"航天飞机可以再一次进行航天飞行。

1986年

1月24日，美国国家航空航天局发射的"旅行者2号"与天王星相遇。

1月28日，"挑战者号"航天飞机从美国国家航空航天局肯尼迪航天中心起飞，开始了它的最后一次航天飞行。在进入STS51-L任务状态仅仅74秒钟的时候，一场致命的爆炸发生了。结果，航天飞机上的宇航员全部遇难，航天飞机也由于爆炸发生了解体。以罗纳德·里根总统（Presedent Ronald Reagan）为代表的全体美国人对在"挑战者号"事故中遇难的7名宇航员表达了深深的悼念。

1988年

9月19日，以色列使用一个"彗星号"三级火箭将这个国家的首枚卫星（被叫作"地平线1号"）发射到一个特殊的运行轨道上。在这条特殊轨道上运行的天体将会自东向西旋转，这与地球自转的方向正好相反，这样做完全是出于发射安全方面的考虑。

9月29日，"发现号"航天飞机成功发射升空，这次航天飞行主要是为了完成STS-26航天任务。在"挑战者号"失事后，美国国家航空航天局在时隔32个月后再一次将"发现号"航天飞机投入使用。

1989年

8月25日，"旅行者2号"与海王星相遇。

1994年

1月末，由美国国防部和美国国家宇航局联合建造的高科技航天器"克莱门汀号"离开了范登堡空军基地向月球进发。这个航天器传回的一些数据显示：月球表面实际上拥有大量的固态水资源，分布在终年不见阳光的两极地区。

1995年

2 月，"发现号"航天飞机在完成美国国家航空航天局的 STS-63 号航天任务时，到达了俄罗斯的和平（米尔）宇宙空间站，这也成为国际空间站发展的序曲。宇航员艾琳·玛丽·柯林斯（Eileen Marie Colins）成为有史以来第一位女航天飞行员。

3 月 14 日，俄罗斯从拜科努尔航天发射基地向和平（米尔）空间站发射了"联盟 TM-21 号"宇宙飞船。宇宙飞船上的 3 名宇航员中还包括美国宇航员诺曼·萨加德（Norman Thagard）。诺曼·萨加德是首位乘坐俄罗斯火箭来到外层空间旅行的美国人，他还是第一位在和平（米尔）空间站工作的美国人。"联盟 TM-21 号"上的宇航员还替换了此前一直在和平（米尔）空间站进行工作的宇航员，其中包括宇航员瓦列里·波利亚科夫（Valeri Poliakov），他创造了在太空中停留长达 438 天的世界纪录，并于 3 月 22 日返回地球。

6 月下旬，美国国家航空航天局的"亚特兰蒂斯号"宇宙飞船首次与俄罗斯的和平（米尔）空间站实现了对接。在执行 STS-71 号航天任务的过程中，"亚特兰蒂斯号"将第 19 组宇航员［阿纳托利·索洛维约夫（Anatoly Solovyev）和尼古拉·布达林（Nikolai Budarin）］送到和平（米尔）空间站，然后将此前一直在和平（米尔）空间站工作的第 18 组宇航员（包括美国宇航员诺曼·萨加德在内）接回地球。诺曼·萨加德在和平（米尔）空间站一共停留了 115 天。飞船与和平（米尔）空间站的对接项目是国际空间站第一阶段的任务。在 1995—1998 年间，飞船与和平（米尔）空间站一共进行了 9 次对接。

1998年

1 月初，美国国家航空航天局从卡纳维拉尔角向月球发射了月球探测器。从飞船传回的数据进一步证实了人们的猜想：在终年见不到阳光的月球两极地区拥有大量的固态水资源，这些冰块中还包含大量的尘埃。

12 月初，"奋进号"航天飞机从美国国家航空航天局的肯尼迪航天中心被发射升空，从而开始了国际空间站的第一次组装任务。在执行 STS-88 号太空任务的过程中，"奋进号"与俄罗斯此前发射的"曙光号"太空舱相会合。两国的宇航员将这个太空舱与美国建造的"联合号"太空舱对接在一起。此前,"联合号"太空舱一直被放置在"奋进号"航天飞机的货舱里。

1999年

7月,在执行 STS-93 号航天任务时,宇航员艾琳·玛丽·柯林斯成为第一位女性航天指挥员。搭载了美国国家航空航天局的钱德拉 X 射线太空望远镜的"哥伦比亚号"航天飞机进入了预定轨道。

2001年

4月初,美国国家航空航天局向火星发射了"火星奥德赛 2001 号"火星探测器。同年 10 月,该飞船成功地实现了围绕火星飞行。

2002年

5月4日,美国国家航空航天局从范德堡空军基地成功发射了"水号"探测卫星。这个结构复杂的地球观测卫星将与"土号"卫星共同完成针对地球进行的系统科学研究。

10月1日,美国国防部成立了美国战略指挥中心,这个中心将控制所有美国的战略武器(核武器)。同时,它还负责进行太空军事行动、战略预警和情报评估。此外,它还负责美国全球战略计划的制定。

2003年

2月1日,在成功地完成了为期 16 天的(STS-107)太空探测任务以后,"哥伦比亚号"航天飞机开始返回地球。在返回途中,当飞行到美国西部上空海拔 63 千米处时,"哥伦比亚号"航天飞机遭遇了一次灾难性的事故。结果,这个航天器在 18 倍声速的高速状态下解体了。这次事故夺走了所有 7 名宇航员的生命。其中的 6 名美国宇航员分别是:里克·哈兹班德(Rick Husband)、威廉·麦库(William McCool)、迈克尔·安德森(Michael Anderson)、卡尔帕娜·楚拉(Kalpana Chawla)、劳瑞尔·克拉克(Laurel Clark)和大卫·布朗(David Brown);还有 1 名以色列宇航员伊兰·拉蒙(Ilan Ramon)。

6月10日，美国国家航空航天局利用德尔塔II型火箭将"勇气号"火星探测车发射升空。"勇气号"也被称为MER-A，它于2004年1月3日安全抵达了火星表面，并且在喷气推进实验室技术人员的远程监控下开始对火星表面进行探索活动。

美国国家航空航天局利用德尔塔II型火箭发射了第二个火星探测车。这个探测车也被称为"机遇号"。它于2003年7月7日从卡纳维拉尔角空军基地被发射升空。"机遇号"也被叫作MER-B，它在2004年1月24日成功地登陆了火星。

10月15日，中国成为继俄罗斯（苏联）和美国之后第三个使用自主研发的发射器把人类送入环地球轨道的国家。10月15日，中国"长征2F号"火箭从酒泉卫星发射中心起飞，把载有航天员杨利伟的"神舟五号"飞船送入环地球轨道。10月16日，飞船重新进入大气层，杨利伟在中国内蒙古着陆场安全着陆。

2004年

7月1日，美国国家航空航天局的"卡西尼号"航天器抵达了土星，并开始了长达4年的全方位土星科学研究。

10月中旬，"远征号"的第10组宇航员乘坐从拜科努尔发射基地起飞的俄罗斯航天器到达国际空间站。"远征号"的第9组宇航员安全地返回了地球。

12月24日，重达319千克的"惠更斯号"探测器成功地实现了与"卡西尼号"宇宙飞船的分离，并且飞向土星的卫星土卫六。

2005年

1月14日，"惠更斯号"探测器进入了土卫六的大气层，并于大约147分钟后到达土卫六的表面。"惠更斯号"是第一个在月球之外的卫星上着陆的宇宙飞船。

7月4日，美国国家航空航天局的深度撞击探测器到达了"坦普尔1号"彗星的表面。

7月26日，美国国家航空航天局从佛罗里达州肯尼迪航天中心成功发射了"发现号"航天飞机，"发现号"将执行STS-114号太空探测任务。在与国际空间站对接以后，"发现号"又返回了地球，并于8月9日降落在加利福尼亚州爱德华空军基地。

8月12日，美国国家航空航天局从佛罗里达州的卡纳维拉尔角发射了火星探测卫星。

9 月 19 日，美国国家航空航天局宣布将设计一个新的航天器，把 4 名宇航员送往月球。同时，美国国家航空航天局还将利用这个航天器将宇航员和物资运往国际空间站。美国国家航空航天局还向人们介绍了两个由航天飞机发展而来的新航天发射器：一个载人火箭和一个载重量极大的载物火箭。

10 月 3 日，"远征号"的第 12 组宇航员［指挥官威廉·麦克阿瑟（William McArthur）和航天飞行工程师瓦列里·托卡雷夫（Valery Tokarev）］到达了国际空间站，并且替换了"远征号"的第 11 组宇航员。

10 月 12 日，中国成功地发射了第二艘载人飞船，即"神舟六号"。"神舟六号"的 2 名宇航员分别是费俊龙和聂海胜，他们在太空停留了将近 5 天的时间，并在围绕地球飞行了 76 圈以后安全地返回了地球。在降落伞装置的帮助下，返回舱在预定区域实现了软着陆。

2006年

1 月 15 日，美国国家航空航天局的"星尘号"宇宙飞船携带着装有彗星样本的样本包成功地返回了地球。

1 月 19 日，美国国家航空航天局从卡纳维拉尔角发射了"新视野号"宇宙飞船，并成功将这个机器人航天器发射到较长的单行轨道中。这种设计主要是为了保证它在 2015 年与冥王星系统在太空相遇。同时，这也是为了探索更遥远的柯伊伯带的部分区域。

2 月 22 日，根据美国国家航空航天局的哈勃太空望远镜提供的观测数据，科学家们得出结论：在遥远的冥王星的周围的确存在两颗新卫星。这两颗卫星暂时被称作 S/2005P1 和 S/2005P2。它们在 2005 年 5 月被哈勃太空望远镜首次发现。但是科研小组想要对冥王星星系做深入的研究，以便概括出这些新卫星的轨道特征，并最终证实此前的发现。

3 月 9 日，美国国家航空航天局的科学家宣称："卡西尼号"航天器可能在土星的卫星土卫二上找到存在液态水的证据。这些水源就像黄石国家公园内的间歇泉一样不定期地向外喷水。

3 月 10 日，美国国家航空航天局的火星探测器成功地抵达了火星，在对火星进行近距离拍摄之前，它首先要调整运行轨道的形状，这一工作持续 6 个月的时间。

4 月 1 日，"远征号"的第 13 组宇航员［指挥官帕维尔·维诺格拉多夫（Pavel Vinogradov）和航天飞行工程师杰弗里·威廉姆斯（Jeffrey Williams）］到达了国际空间站，他们接替了"远征号"的第 12 组宇航员。在随第 12 组宇航员返回地球之前，巴西的首位宇航员马科斯·庞特斯（Marcos Pontes）在国际空间站逗留了几天。

8 月 24 日，国际天文联合会（IAU）的会员国在捷克布拉格召开了该组织 2006 年度的大会。经过激烈的辩论，2 500 名与会的天文学家（通过投票）决定：将冥王星从九大行星的行列清除，并将它列入矮行星这个新的级别当中。国际天文联合会的决定使太阳系成为包括八大行星和三个矮行星的星系。这三个矮行星分别是：冥王星（也叫原型矮行星）、谷神星（最大的小行星）和被称为 2003 UB313（昵称为齐纳）的遥远的柯伊伯带天体。科学家预测：在太阳系的遥远区域内会发现其他的矮行星。

鸣 谢

....

在这里，我要感谢为本书提供公共信息的专家们，他们分别来自：美国国家航空航天局（NASA）、美国国家海洋和大气管理局（NOAA）、美国空军（USAF）、美国国防部（DOD）、美国能源部（DOE）、美国国家侦察局（NRO）、欧洲航天局（ESA）和日本宇宙航空研究开发机构（JAXA）。在本丛书的筹备过程中，这些专家提供了大量的技术材料。在这里，还要特别感谢弗兰克·达姆施塔特和 Facts On File 出版公司的其他编辑为本书的问世所作出的贡献。正是由于他们的精心润色，使本丛书从理论性很强的著作转变为可读性极强的科普读物。在这里，还要特别提及另外两位为本书作出贡献的重要人物：首先我要提到的是我的私人医生查理斯·斯图尔特博士，正是他的高超医术使我在进行本丛书的撰写工作时始终保持良好的身体状态；接下来我要提到的是我的妻子——琼，在过去的 40 年里，正是她在精神上和感情上的支持使我在事业上获得了成功。对于本丛书的成功问世，她是功不可没的。